一流本科专业一流本科课程建设系列教材

21世纪高等教育土木工程系列教材

房屋建筑学

第2版

主　编　姜立婷

副主编　初　梅

参　编　张广媚　刘海芳　李　茉　孙　剑

　　　　吴　琼　张馨月　杨　雪　董维华

机械工业出版社

本书是根据非建筑学专业学生对建筑知识的需求，并突出培养应用型人才的需要编写的，在内容上突出实用性、实践性，图文并茂、文字简练、重点突出。书中插图及实例具有时效性，体现了新材料、新结构、新技术的运用，涉及的相关规范及规程的内容都按照现行标准进行编写。

全书共14章，包括绪论、建筑平面设计、建筑剖面设计、建筑体型和立面设计、建筑构造概论、基础和地下室、墙体、楼地层构造、屋顶、楼梯与电梯、门和窗、变形缝、工业建筑概述、单层工业建筑设计。

本书可作为高等学校土木工程、建筑环境与能源应用工程、工程管理等专业的教材，也可作为建筑设计人员和建筑施工技术人员的参考书。

本书配有授课PPT、授课视频等资源，免费提供给选用本书的授课教师，需要者请登录机械工业出版社教育服务网（www.cmpedu.com）注册后下载。

图书在版编目（CIP）数据

房屋建筑学/姜立婷主编. —2版. —北京：机械工业出版社，2023.12
（2024.7重印）

一流本科专业一流本科课程建设系列教材 21世纪高等教育土木工程系列教材

ISBN 978-7-111-74832-8

Ⅰ.①房… Ⅱ.①姜… Ⅲ.①房屋建筑学–高等学校–教材 Ⅳ.①TU22

中国国家版本馆CIP数据核字（2024）第008115号

机械工业出版社（北京市百万庄大街22号 邮政编码100037）
策划编辑：李 帅 责任编辑：李 帅
责任校对：樊钟英 封面设计：张 静
责任印制：刘 媛
涿州市般润文化传播有限公司印刷
2024年7月第2版第2次印刷
184mm×260mm·16.5印张·399千字
标准书号：ISBN 978-7-111-74832-8
定价：53.00元

电话服务 网络服务
客服电话：010-88361066 机 工 官 网：www.cmpbook.com
　　　　　010-88379833 机 工 官 博：weibo.com/cmp1952
　　　　　010-68326294 金 书 网：www.golden-book.com
封底无防伪标均为盗版 机工教育服务网：www.cmpedu.com

前　言

党的二十大报告指出："增强问题意识，聚焦实践遇到的新问题""推进生态优先、节约集约、绿色低碳发展"。房屋建筑学注重培养学生的科学精神、职业素养和社会责任感，奠定扎实的房屋设计基础。

《房屋建筑学》是土木工程、建筑环境与能源应用工程、工程管理等专业学习房屋设计知识和建筑构造原理的必备教科书。为满足建筑市场对应用型人才的需求，并根据非建筑学专业培养方案的要求，本书依据现行规范进行编写，注重教材的实用性、实践性和社会性。

房屋建筑学这门课程分为民用建筑和工业建筑两部分，主要讲述民用建筑设计原理、民用建筑构造设计以及工业建筑设计原理。从实用的角度出发，介绍一般房屋的组成及各组成部分的构造原理和构造方法，研究各组成部分的要求，以及满足这些要求的理论；介绍在构造原理指导下，用建筑材料和制品构成构件和配件，以及构配件之间连接的方法。学习这门课程的目的是让学生掌握房屋构造的基本理论，初步掌握建筑的一般构造方法和构造详图的绘制方法，能识读一般的工业与民用建筑施工图，正确理解设计意图。

房屋建筑学是一门实用性很强的技术专业课，学习时应注意以下几点：

1. 从具体构造方案入手，牢固掌握房屋各组成部分常用的构造方法。

2. 了解各构造方法和设计方案的产生和发展，加深对常用典型构造方法和标准图集的理解。

3. 多参观已建成或正在施工的建筑，多参与现场实际施工操作，在实践中验证理论，充实和记忆理论。

4. 重视绘图技能的训练。通过作业和构造设计，不断提高绘制和识读施工图的能力。

5. 经常查阅相关资料，丰富自己的专业知识，了解房屋建筑学的发展态势。

本书共4篇，第1篇为民用建筑设计原理，第2篇为建筑空间构成及组合，第3篇为民用建筑构造设计，第4篇为工业建筑设计。大连大学姜立婷任主编，并编写第13、14章；大连大学初梅任副主编，并编写第9、10章；北京理工大学房山分校孙剑编写第1、2章；大连理工大学城市学院杨雪编写第3章；大连理工大学城市学院张广媚编写第4章；大连理工大学城市学院刘海芳编写第5、6章；大连理工大学城市学院李茉编写第7、8章；大连大学董维华和姜立婷编写第11、12章。由大连大学张馨月、吴琼、姜立婷录制视频。

编　者

目　　录

第4篇 工业建筑设计

第1篇

民用建筑设计原理

第1章 绪 论

导读

本章提要：主要介绍了建筑的基本构成要素，建筑的分类，建筑的等级划分，建筑设计的依据、内容与程序，建筑模数协调统一标准。本章的教学重点是建筑的分类与分级；教学难点是建筑模数在建筑设计中的应用。

有人类历史便有了建筑，建筑是伴随着人类共存。从建筑的起源发展到建筑文化，经历了千万年的变迁，有许多著名的格言可以帮助我们加深对建筑的认识，如"建筑是石头的史书""建筑是一切艺术之母""建筑是凝固的音乐""建筑是住人的机器""建筑是城市的重要标志"等。在今天的信息时代，则以"语言""符号"来剖析建筑的构成，许多不同的认识形成了建筑的各种流派，长期以来进行着热烈的讨论。

■ 1.1 建筑的含义和构成要素

建筑起源于新石器时代，欧洲的巨石建筑是人类最早的建筑活动例证，商代创造的夯土版筑技术，西周创造的陶瓦屋面防水技术体现了我国奴隶社会时期建筑的巨大成就。埃及的金字塔、希腊的雅典卫城、古罗马斗兽场和万神庙是欧洲奴隶社会的著名建筑。万里长城、赵州桥、北京故宫、十三陵等集中体现了中国古代建筑的五大特征：群体布局、平面布置、结构形式、建筑外形和造园艺术。19世纪末掀起的新建筑运动开创了现代建筑的新纪元，德国的包豪斯校舍、伦敦的水晶宫体现了新功能、新材料、新结构的和谐与统一。

新中国成立初期，我国曾提出以"适用、经济、在可能条件下注意美观"作为建筑方针。改革开放以后我国在城市建设、住宅建筑、公共建筑和工业建筑等方面取得了显著的成绩，建筑节能、智能建筑已经成为世界性的大潮流，建筑正在以前所未有的广阔领域和越来越快的速度相互交流与融合，建筑领域也同样进行着日新月异的变革和朝气蓬勃的发展。

1.1.1 建筑的含义

"建筑"一词是多义词，通常认为是建筑物和构筑物的总称。其中供人们直接在其中生产、生活或进行其他活动的房屋或场所都称为"建筑物"，如住宅、学校、办公楼、影剧院、体育馆、工厂的车间等,人们习惯上也将建筑物称为建筑。而人们不在其中生产、生活的建筑,则称为"构筑物",如水坝、水塔、蓄水池、烟囱等。建筑具有实用性,属于社会产品;建筑又具有艺术性,反映特定的社会思想意识,因此建筑又是一种精神产品。

1.1.2 建筑的构成要素

总结人类的建筑活动经验,建筑的基本构成因素有三个方面:建筑功能、建筑技术和建筑形象,统称为"建筑三要素":

(1) 建筑功能 建筑功能是指建筑物在物质和精神方面必须满足的使用要求。不同类别的建筑具有不同的使用要求,例如交通建筑要求人流线路流畅,观演建筑要求有良好的视听环境,工业建筑必须符合生产工艺流程的要求等。此外,建筑必须满足人体尺度和人体活动所需的空间尺度,如人的活动起居和站立坐卧等活动所占的空间尺度。最后,建筑还应该满足人的生理要求,如良好的朝向、采光、保温、隔热、隔声、防潮、防水、通风条件等。

(2) 建筑技术 建筑技术是建造房屋的手段,包括建筑材料与制品技术、结构技术、施工技术、设备技术等,建筑不可能脱离技术而存在。其中材料是物质基础,结构是构成建筑空间的骨架,施工技术是实现建筑生产的过程和方法,设备是改善建筑环境的技术条件。

(3) 建筑形象 构成建筑形象的因素有建筑的体型、内外部空间的组合、立面构图、细部与重点装饰处理、材料的质感与色彩、光影变化等。

建筑的三要素是相互联系、约束,又不可分割的,但又有主次之分。第一是建筑功能,起主导作用;第二是建筑技术,是达到目的的手段,技术对功能又有约束和促进作用;第三是建筑形象,是功能和技术的反映,如果充分发挥设计者的主观作用,在一定的功能和技术条件下,可以把建筑设计得更加美观。

适用、安全、经济、美观这一建筑方针是我国建筑人员进行工作的指导方针,也是评价建筑优劣的基本准则。我们应深入理解建筑方针的精神,把它贯彻到工作中去。

■ 1.2 建筑的分类

建筑按不同的方式可以分成不同的类型。

1.2.1 按建筑的使用性质分类

(1) 工业建筑 指为工业生产服务的生产车间、辅助车间、动力用房、仓库等。

(2) 农业建筑 供农业、牧业生产和加工用的建筑,如温室、畜禽饲养场、水产品养殖场、农畜产品加工厂、农产品仓库、农机修理厂(站)等。

(3) 民用建筑 主要是指为人们提供生活、起居及进行各种社会活动的建筑场所,包括居住建筑如住宅、宿舍、公寓等和公共建筑如办公建筑、文教建筑、托幼建筑、医疗建筑、商业建筑、观演建筑、体育建筑、展览建筑、旅馆建筑、交通建筑、通信建筑、园林建筑、纪念建筑、娱乐建筑等。

1.2.2 按建筑高度分类

根据 GB 50016—2014《建筑设计防火规范(2018 年版)》中的规定,高度不大于 27m

的住宅建筑（包括设置商业服务网点的住宅建筑）、建筑高度大于24m的单层公共建筑和建筑高度不大于24m的其他公共建筑为单、多层民用建筑；高度大于27m的住宅建筑和高度大于24m的公共建筑为高层民用建筑。建筑总高度超过100m时，不论是住宅还是公共建筑均为超高层建筑。

1.2.3 按结构类型分类

按承重构件所选用的材料与制作方式、传力方法的不同而划分，一般分为以下几种：

（1）砌体结构 砌体结构的竖向承重构件是采用黏土砖、多孔砖或承重钢筋混凝土小砌块砌筑的墙体，水平承重构件为钢筋混凝土楼板及屋顶板。砌体结构一般用于多层建筑中。

（2）框架结构 框架结构的承重部分是由钢筋混凝土或钢材制作的梁、板、柱形成骨架，墙体只起围护和分隔作用。这种结构可以用于多层和高层建筑中。

（3）钢筋混凝土板墙结构 这种结构的竖向承重构件和水平承重构件均采用钢筋混凝土制作，施工时可以在现场浇注或在加工厂预制，现场吊装。可以用于多层和高层建筑中。

（4）特种结构 特种结构又称为空间结构。它包括悬索、网架、拱、壳体等结构形式。特种结构多用于大跨度的公共建筑中。

1.2.4 按建筑规模和数量分类

（1）大量性建筑 指在城乡建设中量大面广的建筑，如一般性的居住建筑、中小学校、小型商店、诊所、食堂等，与人们的日常生活密切相关。

（2）大型性建筑 指规模宏大的公共建筑，如大城市火车站、机场候机厅、大型体育馆场、大型影剧场、大型展览馆等。这类建筑一般是单独设计，功能要求高，结构和构造复杂，设备考究，外观个性突出，用料以钢材、料石、混凝土及高档装饰材料为主，造价高。它可以成为一个地区甚至一个国家的标志性建筑。

1.2.5 按施工方法分类

施工方法是指建造房屋所采用的方法。按施工方法分为以下几类：

（1）现浇、现砌式 指主要构件均在施工现场砌筑（如砖墙等）或浇注（如钢筋混凝土构件等）。

（2）预制、装配式 指主要构件在加工厂预制，在施工现场进行装配。

（3）部分现浇现砌、部分装配式 一部分构件在现场浇注或砌筑（大多为竖向构件），一部分构件为预制吊装（大多为水平构件）。

■ 1.3 建筑物的等级划分

建筑物的等级包括耐久等级、耐火等级和工程等级三个方面。

1.3.1 建筑物的耐久等级

建筑物耐久等级的指标是指设计使用年限；设计使用年限的长短是依据建筑物的性质决定的；影响建筑寿命长短的主要因素是结构构件的选材和结构体系。

GB 50352—2019《民用建筑设计统一标准》中对建筑物的设计使用年限的规定见表1-1。

表1-1 设计使用年限分类

类 别	设计使用年限/年	示 例	类 别	设计使用年限/年	示 例
1	5	临时性建筑	3	50	普通建筑和构建物
2	25	易于替换结构构件的建筑	4	100	纪念性建筑和特别重要的建筑

1.3.2 建筑物的耐火等级

建筑物的耐火等级根据建筑物构件的燃烧性能和耐火极限确定，共分为4级，各级建筑物所用构件的燃烧性能和耐火极限，不应低于规定的级别和限额，见表1-2。

(1) 构件的耐火极限 对任一建筑构件按时间-温度标准曲线进行耐火试验，从受到火的作用时起，到失去支持能力（木结构），或完整性被破坏（砖混结构），或失去隔火作用（钢结构）时为止的这段时间，用小时表示。构件的燃烧性能可分为3类，即非燃烧体、难燃烧体、燃烧体。

(2) 非燃烧体 用非燃烧材料做成的构件。非燃烧材料是指在空气中受到火烧或高温作用时不起火、不微燃、不炭化的材料，如金属材料和无机矿物材料。

(3) 难燃烧体 用难燃烧材料做成的构件，或用燃烧材料做成而用非燃烧材料做保护层的构件。难燃烧材料是指在空气中受到火烧或高温作用时难起火、难燃烧、难碳化，当火源移走后燃烧或微燃立即停止的材料，如沥青混凝土，经过防火处理的木材等。

(4) 燃烧体 用燃烧材料做成的构件。燃烧材料是指在空气中受到火烧或高温作用时立即起火或燃烧，且火源移走后仍继续燃烧或微燃的材料，如木材。

表1-2 建筑物构件的燃烧性能和耐火极限

构件名称		耐 火 等 级			
		一 级	二 级	三 级	四 级
墙	防火墙	不燃性 3.00	不燃性 3.00	不燃性 3.00	不燃性 3.00
	承重墙	不燃性 3.00	不燃性 2.50	不燃性 2.00	难燃性 0.50
	楼梯间和电梯井的墙	不燃性 2.00	不燃性 2.00	不燃性 1.50	难燃性 0.50
	疏散走道两侧的隔墙	不燃性 1.00	不燃性 1.00	不燃性 0.50	难燃性 0.25
	非承重外墙	不燃性 0.75	不燃性 0.50	难燃性 0.50	难燃性 0.25
	房间隔墙	不燃性 0.75	不燃性 0.50	难燃性 0.50	难燃性 0.25
柱		不燃性 3.00	不燃性 2.50	不燃性 2.00	难燃性 0.50
梁		不燃性 2.00	不燃性 1.50	不燃性 1.00	难燃性 0.50
楼板		不燃性 1.50	不燃性 1.00	不燃性 0.75	难燃性 0.50
屋顶承重构件		不燃性 1.50	不燃性 1.00	难燃性 0.50	可燃性
疏散楼梯		不燃性 1.50	不燃性 1.00	不燃性 0.75	可燃性
吊顶（含吊顶隔栅）		不燃性 0.25	不燃性 0.25	难燃性 0.15	可燃性

注：引自 GB 50016—2014《建筑设计防火规范（2018 年版）》。

1.3.3 建筑物的工程等级

建筑物的工程等级是以其复杂程度为依据划分，共分6级，其具体特征详见表1-3。

表1-3 建筑物的工程等级

工程等级	工程主要特征	工程范围举例
特 级	1. 列为国家重点项目或以国际性活动为主的特高级大型公共建筑 2. 有全国性历史意义或技术要求特别复杂的中小型公共建筑 3. 30层以上的建筑 4. 高大空间有声、光等特殊要求的建筑物	国宾馆、国家大会堂、国际会议中心、国际体育中心、国际贸易中心、国际大型航空港、国际综合俱乐部、重要历史纪念建筑、国家级图书馆、博物馆、美术馆、剧院、音乐厅、三级以上人防等
一 级	1. 高级大型公共建筑 2. 有地区性历史意义或技术要求复杂的中、小型公共建筑 3. 16层以上、29层以下或超过50m高的公共建筑	高级宾馆、旅游宾馆、高级招待所、别墅、省级展览馆、博物馆、图书馆、科学实验研究楼（包括高等院校）、高级会堂、高级俱乐部、大于300个床位的医院、疗养院、医疗技术楼、大型门诊楼、大中型体育馆、室内游泳馆、室内滑冰馆、大城市火车站、航运站、候机楼、摄影棚、邮电通信楼、综合商业大楼、高级餐厅、四级人防、五级平战结合人防等
二 级	1. 中高级、大中型公共建筑 2. 技术要求较高的中小型建筑 3. 16层以上、29层以下住宅	大专院校教学楼，档案楼，礼堂，电影院，部、省级机关办公楼，300个床位以下（不含300床位）的医院、疗养院，地、市级图书馆，文化馆，少年宫，俱乐部，排演厅，报告厅，风雨操场，大中城市汽车客运站，中等城市火车站，邮电局，多层综合商场，风味餐厅，高级小住宅等
三 级	1. 中级、中型公共建筑 2. 7层以上（含7层）、15层以下有电梯的住宅或框架结构的建筑	重点中学、中等专业学校、教学楼、实验楼、电教楼、社会旅馆、饭馆、招待所、浴室、邮电所、门诊所、百货楼、托儿所、幼儿园、综合服务楼、1~2层商场、多层食堂、小型车站等
四 级	1. 一般中小型公共建筑 2. 7层以下无电梯的住宅、宿舍及砌体建筑	一般办公楼、中小学教学楼、单层食堂、单层汽车库、消防车库、消防站、蔬菜门市部、粮站、杂货站、阅览室、理发室、水冲式公共厕所等
五 级	1~2层单功能、一般小跨度结构建筑	1~2层单功能、一般小跨度结构建筑

1.4 建筑设计的内容和程序

1.4.1 建筑设计的内容

建筑设计有两个概念：一个是指一项建筑工程的全部设计工作，包括各个有关专业（俗称工种），确切地应称为建筑工程设计；另一个是指建筑设计专业本身的设计工作。

一栋建筑物或任何一项建筑工程的建成，都要经过许多环节。例如建设一栋民用建筑物，首先要提出任务、编制设计任务书、任务审批，其次要选址、场地勘测、工程设计，以及施工、验收，最后才能交付使用。

建筑工程设计是整个工程建设中不可缺少的重要环节，是一项政策性、技术性、综合性非常强的工作。整个建筑工程设计应包括建筑设计、结构设计和设备设计等部分。其各部分的主要内容如下：

（1）建筑设计　建筑设计是由建筑师根据建设单位提供的设计任务书，综合分析建筑功能、建筑规模、基地环境、结构施工、材料设备、建筑经济和建筑美观等因素，在满足总体规划的前提下提出建筑设计方案，并逐步完善，直到完成全部的建筑施工图设计。

建筑设计可以是一个单项建筑物的建筑设计，也可以是一个建筑群的总体设计。根据审批下达的设计任务书和国家有关政策规定，综合分析其建筑功能、建筑规模、建筑标准、材料供应、施工水平、地段特点、气候条件等因素，提出建筑设计方案，直到完成全部的建筑施工图设计。

（2）结构设计　结构设计是由结构工程师在建筑设计的基础上合理选择结构方案、确定结构布置，进行结构计算和构件设计，完成全部结构施工图设计。

（3）设备设计　设备设计是由相关专业的工程师根据建筑设计完成给水排水、采暖、通风、空调、电气照明以及通信、动力、能源等专业的方案、选型、布置以及施工图设计。

建筑工程设计中各专业设计虽然分工明确，但它们是以建筑设计为基础的整体，各专业间应密切配合，反复修正，以达到适用、安全、经济和美观的要求。建筑设计应由建筑师完成，其他各专业的设计，由相应的工程师承担。建筑设计是在反复分析比较，与各专业设计协调配合，贯彻国家和地方的有关政策、标准、规范和规定，反复修改，才逐步成熟起来的。建筑设计绝不是依靠某些公式，简单地套用，计算出来的，所以建筑设计是一种创作活动。

"全面贯彻适用、安全、经济、美观的方针，高质量、高效率地设计出具有时代性、民族性和地方性的建筑和建筑环境，不断提高工程的经济、社会和环境效益，为人民造福"，增强设计者和建设者的责任意识，弘扬工匠精神，推动高质量发展。

火神山、雷神山医院

1.4.2　建筑设计的程序

1.4.2.1　设计前的准备工作

1. 落实设计任务

（1）掌握必要的批文　建设单位必须具有以下批文才可向设计单位办理委托设计手续。

1）主管部门的批文。上级主管部门对建设项目的批准文件，包括建设项目的使用要求、建筑面积、单方造价和总投资等。

2）城市建设部门同意设计的批文。为了加强城市的管理及进行统一规划，一切设计都必须事先得到城市建设部门的批准。批文必须明确指出用地范围（常用红色线划定），以及有关规划、环境及个体建筑的要求。

（2）熟悉设计任务书　设计任务书是经上级主管部门批准提供给设计单位进行设计的依据性文件，一般包括以下内容：

1）建设项目总的要求、用途、规模及一般说明。

2）建设项目的组成，单项工程的面积，房间组成，面积分配及使用要求。

3）建设项目的投资及单方造价，土建设备及室外工程的投资分配。

4）建设基地大小、形状、地形，原有建筑及道路现状，并附地形测量图。

5）供电、供水、采暖及空调等设备方面的要求，并附有水源、电源的使用许可文件。

6）设计期限及项目建设进度计划安排要求。

2. 调查研究、收集资料

除设计任务书提供的资料外，还应当收集必要的设计资料和原始数据，如：建设地区的气象、水文地质资料；基地环境及城市规划要求；施工技术条件及建筑材料供应情况；与设计项目有关的定额指标及已建成的同类型建筑的资料；当地文化传统、生活习惯及风土人情等。

1.4.2.2 初步设计阶段

初步设计的内容一般包括设计说明、设计图样、主要设备材料表和工程概算书四部分，具体的图样和文件有：

（1）设计说明 设计指导思想及主要依据，设计意图及方案特点，建筑结构方案及构造特点，建筑材料及装修标准，主要技术经济指标以及结构、设备等系统的说明。

（2）设计图样 包括建筑总平面布置图、各层平面图、主要立面图和剖面图。

1）建筑总平面布置图是用来表明建筑物在基地上的位置、标高、道路、绿化和建筑的轮廓尺寸、层数等参数，常用的比例为1∶500~1∶2000。

2）各层平面图、主要立面图、剖面图是用来标示出建筑物平面和立面的组合形式、结构形式和造型。应标明建筑物的主要尺寸、房间名称、层高、门窗和家具、设备的位置等。

（3）主要设备材料表

（4）工程概算书

（5）其他

1.4.2.3 技术设计阶段

技术设计阶段主要任务是在初步设计的基础上进一步解决各种技术问题。技术设计的图样和文件与初步设计大致相同，但更详细。具体内容包括整个建筑物和各个局部的具体做法，各部分确切的尺寸关系，内外装修的设计，结构方案的计算和具体内容、各种构造和用料的确定，各种设备系统的设计和计算，各技术工种之间各种矛盾的合理解决，设计预算的编制等。

1.4.2.4 施工图设计阶段

施工图设计是建筑设计的最后阶段，是提交施工单位进行施工的设计文件。施工图设计的主要任务是满足施工要求，解决施工中的技术措施、用料及具体做法。施工图设计的内容包括建筑、结构、水电、采暖通风等工种的设计图样、工程说明书，结构及设备计算书和概算书。具体图样和文件有：

（1）建筑总平面图 建筑总平面图与初步设计基本相同。

（2）建筑物各层平面图、剖面图、立面图 其比例多为1∶50、1∶100、1∶200。除表达初步设计或技术设计内容以外，还应详细标出门窗洞口、墙段尺寸及必要的细部尺寸、详图索引。

（3）建筑构造详图 建筑构造详图应详细表示各部分构件关系、材料尺寸及做法、必要的文字说明。根据节点需要，比例可分别选用1∶20、1∶10、1∶5、1∶2、1∶1等。

（4）各工种相应配套的施工图样 如基础平面图、结构布置图、钢筋混凝土构件详图、水电平面图及系统图、建筑防雷接地平面图等。

（5）设计说明书 主要包括施工图设计依据、设计规模、面积、标高定位、用料说明等。

（6）结构和设备计算书

（7）工程概算书

（8）节能计算书

1.5　建筑设计的要求和依据

1.5.1　建筑设计的要求

（1）满足建筑功能要求　建筑设计应满足建筑物的功能要求，为人们的生活和生产活动创造良好的环境，是建筑设计的首要任务。

（2）采用合理的技术措施　要根据建筑空间组合的特点，选择合理的结构类型、施工方案，满足建筑物的安全、耐久性要求，并方便施工。

（3）具有良好的经济效果　应进行多因素的综合分析、多方案比较，重视经济领域的客观规律，讲究经济效果，使建筑功能要求、技术措施与造价协调统一。

（4）考虑建筑美观　建筑设计要努力创造具有时代精神的建筑空间组合与建筑形象，满足人们对建筑物在美观方面的要求。

（5）符合总体规划要求　单体建筑是总体规划中的组成部分，单体建筑应符合总体规划提出的要求，如与原有建筑风格的协调、与道路走向和基地面积大小等条件的统一等。

（6）满足可持续发展要求　提倡绿色建筑设计，节约能源，有效地利用资源和保护环境。节能、节地、节水、节材与环境保护，注重以人为本，强调可持续性发展。

1.5.2　建筑设计的依据

建筑设计以以下几方面作为依据：

1. 使用功能

建造房屋都是为了满足各种使用需要，或是为了居住，或是为了某种社会活动，或是为了某种生产，或是为了某种特殊意义的需要（如纯纪念性和纯艺术性的建筑物）。建筑物是由许多空间组成的，为了满足不同的功能要求，每个空间都必须有恰当的尺寸和尺度，否则便不能适应各种需要。这些空间要求包括以下几个方面：

（1）人体要求的空间　人体尺寸和人体活动所需要的空间是民用建筑平面和空间设计的基本依据。凡是以人的活动为主的建筑空间，都是以人的基本尺寸和活动人数所决定的，例如走廊的宽度、踏步的宽和高、门洞尺寸、房间的大小等。如图1-1、图1-2所示是我国人体基本尺寸和人体基本动作尺寸的举例。最新公布的资料表明，我国人体的平均高度比前面标出的尺寸有所提高，如男子提高到1676mm，女子提高到1570mm。

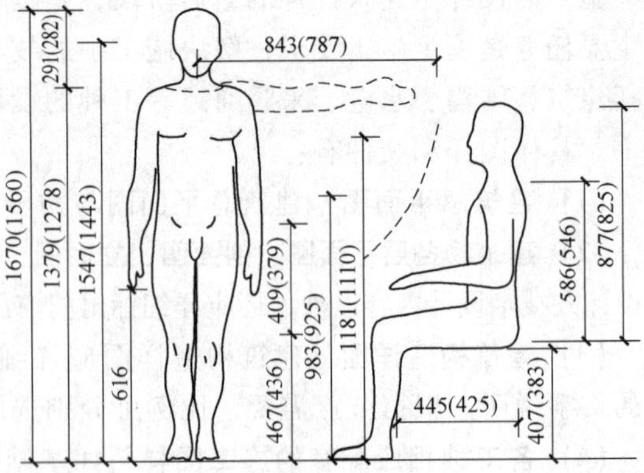

图1-1　我国基本人体尺度（括号内为女子人体尺度）

（2）家具和设备要求的空间　人在建筑中生活和工作，都需要有必要的家具或设备。家具和设备本身的尺寸及人在使用家具或操作设备所需要的空间尺寸也是考虑的主要因素。

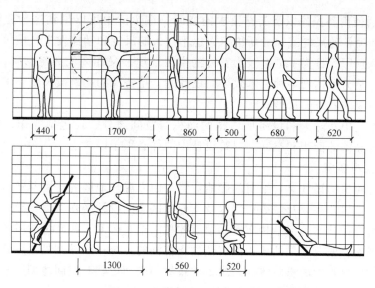

图 1-2 人体活动所需空间尺度

如图 1-3 所示是常用家具尺寸举例。

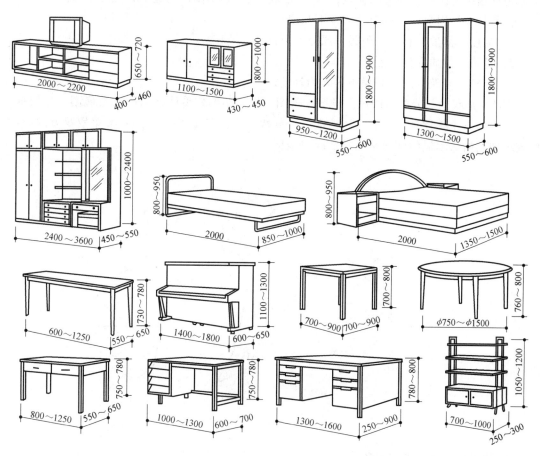

图 1-3 常用家具尺寸

（3）**特定的使用和操作以及工艺要求的空间**　在生活中可以见到这种建筑，它的尺度并不为一般人和设备的尺度或尺寸所决定，也不与人的尺度和动作发生直接关系。例如较宽大的会客室、休息厅等是为了创造较为宽松的室内环境，又如高大的纪念碑，雄伟的庙宇、教堂、柱廊等，是为了达到某种艺术效果而设计的，是特殊的比例或尺度要求，可以说是人们心理、精神所要求的空间尺度。

工业生产车间中，除人和设备所占据的面积与空间之外，还包括操作，材料、产品堆放，设备运转等必需的面积和空间，建筑设计中同样必须予以考虑。

2. 自然与人为环境

自然条件对建筑物设计有着绝对的影响。譬如南方温热地区的房屋开敞分散，北方寒冷地区则封闭集中；居住小区及城市规划以及工业厂区总图设计必须考虑主导风向；风速又是高层建筑、电视塔设计中确定结构布置和建筑体型的重要因素；降雨量对屋顶形式设计和构造设计有一定影响；西北干旱地区人们有住生土窑洞的传统；山城常见错层建筑；地震区建筑的体型要考虑抗地震力的影响等。总之，建筑物的平面形状、空间体型以及构造处理等都受到气候、地形条件和地理位置等自然环境的制约。

人为环境同样也是建筑设计中不可忽视的依据，例如街道与建筑物的相对位置和朝向、附近现存建筑的高度、环境绿化设计等；又如在城市繁华闹区的建筑，应考虑噪声影响。

自然与人为因素，可以归纳为以下几项：

1）温度、湿度、日照、雨雪、风速和风向。

2）地形、地质和地震烈度。

3）街道、建筑、绿化和噪声等人为环境。

图 1-4 是我国部分城市的风向频率玫瑰图。风向频率玫瑰图，简称风玫瑰图，是根据某一地区多年以来统计各个方向吹风次数的百分数，按一定比例以 8 个或 16 个罗盘方向绘出。风玫瑰图上所表示风的吹向是从外面吹向坐标中心。

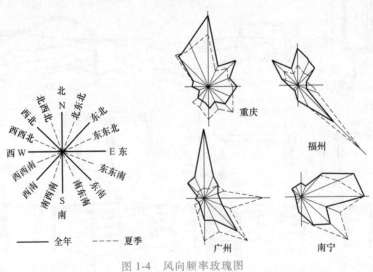

图 1-4　风向频率玫瑰图

3. 建筑材料与施工技术条件

建筑设计必须考虑建筑材料的供应情况，重视地方材料的利用。产石地区多建石房，工业发达地区、大城市多建钢筋混凝土结构和钢结构建筑。建筑设计应及时采用具有某种优越性能和效益好的新型建筑材料,如加气混凝土、岩棉、聚苯乙烯、聚乙烯等轻质保温材料。纸面石膏板、彩色压型钢板等面材的应用,都直接引起建筑设计的变化。

施工技术条件决定着建筑设计方法。高度工业化条件下的建筑生产,要按工业化建筑的设计原则进行建筑设计。例如大型板材建筑要求设计标准化和构件规格化,滑升模板建筑要求建筑物竖向造型简单而少变化,大模板建筑要求房屋开间、进深、层高等各建筑参数数量少。以简单体力劳动为主的技术落后地区的建筑,可以不受或少受技术规定的限制,但仍应在建筑设计中强调和推广小型预制构件的运用和中小型建筑机械的应用,以利于逐步提高落后地区的建筑技术水平。

4. 建筑设计规范、规程和标准

建筑"规范""规程"以及"通则"是我国常用标准的表达形式。建筑类规范是以建筑科学、建筑技术和建筑实践经验的综合成果为基础,由国务院有关部委或部门批准后颁发,作为"国家标准",是必须遵守的准则和依据。我国建筑类设计规范、标准数量甚多,建筑设计必须根据设计项目的性质、内容以及有关的各种建筑规范、标准完成设计工作。

5. 文件依据

我国各类建筑设计的依据文件有以下几类:

1)国家相关部门颁布的各种设计定额、指标以及主管部门对建设任务、建筑面积、单方造价、总投资等的批文。

2)工程设计任务书是建设单位根据使用要求提出的工程设计具体内容、房间组成及面积分配。

3)城建部门批复的准予设计的批文,如用地范围、规划与环境对拟建房屋的要求等。

■ 1.6 了解建筑模数协调统一标准

1.6.1 建筑模数概念

建筑模数是选定的标准尺寸单位,是作为建筑物、建筑构配件、建筑制品以及建筑设备尺寸间互相协调的基础。据此所制定的共同遵守的建筑标准,即 GB/T 50002—2013《建筑模数协调标准》。派生出来的还有住宅建筑、厂房建筑等各种模数协调标准。

(1)基本模数 基本模数是建筑模数协调统一标准中的基本模数数值,用 M 表示,1M＝100mm。建筑物的各部尺寸都应是基本模数的倍数。

(2)扩大模数 扩大模数是导出模数的一种,其数值为基本模数的倍数。扩大模数按3M(300mm)、6M(600mm)、12M(1200mm)、15M(1500mm)、30M(3000mm)、60M(6000mm)取用。

(3)分模数 分模数是基本模数的分倍数。为了满足细小尺寸的需要,分模数按 M/2(50mm)、M/5(20mm)、M/10(10mm)取用。

(4)模数数列 模数数列是以基本模数、扩大模数和分模数为基础,按照一定的数值展开方法扩展成的一系列尺寸。

1.6.2　建筑模数的应用

（1）水平基本模数的数列幅度　水平基本模数为 1M～20M，主要应用于门窗洞口和构配件断面尺寸。

（2）竖向基本模数的数列幅度　竖向基本模数为 1M～36M，主要应用于建筑物的层高、门窗洞口和构配件断面尺寸。

（3）水平扩大模数的数列幅度　3M 时为 3M～75M、6M 时为 6M～96M、12M 时为12M～120M、15M 时为 15M～120M、30M 时为 30M～360M、60M 时为 60M～360M，必要时幅度不限。水平扩大模数主要应用于建筑物的开间或柱距、进深或跨度、构配件尺寸和门窗洞口尺寸。

（4）竖向扩大模数的数列幅度　用于竖向尺寸的扩大模数仅为 3M、6M 两个，但可以不受数列幅度的限制，主要应用于建筑物的高度、层高和门窗洞口尺寸。

（5）分模数的数列幅度　M/10 时为 M/10～2M、M/5 时为 M/5～4M、M/2 时为 M/2～10M。分模数主要应用于缝隙、构造节点和构配件的断面尺寸。

■ 1.7　21 世纪建筑发展的趋势

1.7.1　建筑与环境

到 20 世纪五六十年代出现一系列的环境污染事件，人们开始从"大自然的报复"中觉醒。1998 年 7 月 18 日联合国环境规划署负责人指出"十大环境祸患威胁人类"。其中：

（1）土壤遭到破坏　110 个国家、承载 10 亿人口的可耕地的肥沃程度在降低。

（2）能源浪费　除发达国家外，发展中国家能源消费仍在继续增加。1990～2001 年亚洲和太平洋地区的能源消费增加 1 倍，拉丁美洲能源消费将增加 30%～77%。

（3）森林面积减少　在过去数百年中，温带国家和地区失去了大部分的森林，1980～1990 年世界上 1.5 亿 hm² 森林（占全球森林总面积的 12%）消失。

（4）淡水资源受到威胁　据估计，21 世纪初，世界上将有 1/4 的地方长期缺水。

（5）沿海地带被污染　沿海地区受到了巨大的人口压力，全世界有 60% 的人口拥挤在沿海 100 公里内的地带，生态失去平衡。

以上主要是与建筑环境直接相关的问题，也是关系建筑业发展方向的重大问题。现代建筑的设计要与环境紧密结合起来，充分利用环境，创造环境，使建筑恰如其分地成为环境的一部分。

1.7.2　建筑与城市

随着城市化的发展，已经不能仅就建筑论建筑，迫切需要用城市的观念来从事建筑活动。即强调城市规划和建筑综合，从单个建筑到建筑群的规划建设，到城市与乡村规划的结合，以至区域的协调发展。探索适应新的社会组织方式的城市与乡村的建筑形态，将是 21 世纪最引人注目的课题。

1.7.3 建筑与科学技术

科学技术进步是推动经济发展和社会进步的积极因素,是建筑发展的动力和达到建筑实用目的的主要手段,也是创造新形式的活跃因素。正因为建筑技术的提高,才使人类祖先由天然的穴居,到伐木垒土,营建宫室……直到现代建筑。当今以计算机为代表的新兴技术直接、间接地对建筑发展产生影响,人类正在向信息社会、生物遗传、外太空探索等诸多新领域发展,这些科学技术上的变革,都将深刻地影响到人类的生活方式、社会组织结构和思想价值观念,同时也必将带来建筑技术和艺术形式上的深刻变革。

1.7.4 建筑与文化艺术

建筑是人类智慧和力量的表现形式,同时也是人类文化艺术成就的综合表现形式。例如中国传统建筑也存在着与不同历史时期的社会文化相适应的艺术风格。

文化是经济和技术进步的真正量度;文化是科学和技术发展的方向;文化是历史的积淀,存留于城市和建筑中,融汇在每个人的生活之中。文化对城市的建造、市民的观念和行为起着无形的巨大作用,决定着生活的各个层面,是建筑之魂。21世纪将是文化的世纪,只有文化的发展,才能进一步带动经济的发展和社会的进步。人文精神的复萌应当被看作是当代建筑发展的主要趋势之一。

综上所述,21世纪建筑发展应遵循以下5项原则:

1) 生态观。正视生态的困境,加强生态意识。
2) 经济观。人居环境建设与经济发展良性互动。
3) 科技观。正视科学技术的发展,推动经济发展和社会繁荣。
4) 社会观。关怀最广大的人民群众,重视社会发展的整体利益。
5) 文化观。在上述前提下,进一步推动文化和艺术的发展。

进入21世纪,现代的科学技术将全人类推向了资讯时代,世界文明正在以前所未有的广阔领域和越来越快的速度互相交流与融合,建筑领域也同样进行着日新月异的变革。所以要求未来的建筑师更加放眼世界,从更广阔的知识领域和视野去了解人类文明的发生与发展,建设好我们的家园。

思 考 题

1. 建筑物的类型按使用功能如何划分?
2. 建筑物的类型按结构类型如何划分?
3. 建筑物的类型按层数如何划分?
4. 建筑物按耐久年限是怎样划分等级的?共分几级?
5. 房屋的耐火等级是怎么确定的?分几级?什么是耐火极限?什么是燃烧性能?构件的燃烧性能分几类?
6. 什么是建筑模数?什么是基本模数、扩大模数、分模数?其数值与符号是什么?

第2章　建筑平面设计

导读

　　本章提要：介绍建筑平面设计的主要内容、要求及设计原则，重点介绍了使用部分、交通联系部分的设计原理，以及平面组合的形式和组合设计的一般方法。本章的教学重点是建筑平面中各组成部分的设计原理以及涉及的相关数据；教学难点是如何在设计实践中正确使用所学原理。

　　一般而言，一幢建筑物是由若干单体空间有机地组合起来的整体空间，任何空间都具有三维性。因此，在进行建筑设计的过程中，人们常从平面、立面、剖面三个不同方向的投影来综合分析建筑物的各种特征，并通过相应的图示来表达其设计意图。建筑的平面、立面、剖面设计，三者是密切联系又相互制约的。平面设计是关键，它集中反映了建筑平面各组成部分的特征及其相互关系、使用功能的要求、是否经济合理。因此，在进行方案设计时，总是先从平面入手，同时认真分析剖面及立面的可能性和合理性，及其对平面设计的影响。只有综合考虑平面、立面、剖面三者的关系，按完整的三维空间概念去进行设计，才能做好一个建筑设计。

■ 2.1　平面设计的内容

　　建筑设计一般是先从方案的总体布置开始，而后逐步深入到平面、剖面、立面设计，也就是先宏观后微观、先整体后局部。在进行建筑平面设计时，应综合考虑平面中各方面功能的使用要求，但同时又要充分考虑到剖面、立面、组合、结构等影响因素。

　　平面设计是在总体构思方案的基础上进行的。也就是说，建筑师在进行平面设计之前，已经对总体设计作了全面分析研究，并对建筑设计方案有了初步设想。因此，在进行平面设计时要解决的主要问题是：根据建筑物的使用性质、规模，确定使用房间的面积、形状和尺寸；根据使用要求确立门厅、走廊、楼梯等交通部分设计；根据使用要求、环境条件做平面组合设计。

2.1.1　平面设计的内容及要求

　　民用建筑类型繁多，各类建筑房间的使用性质和组成类型也不相同。无论是由几个房间组成的小型建筑物或由几十个甚至上百个房间组成的大型建筑物,从组成平面各部分的使用性质来分析,均可归纳为以下两个组成部分,即使用部分和交通联系部分。

(1) 使用部分 使用部分是指各类建筑物中的主要使用房间和辅助使用房间的总和。主要使用房间是建筑物的核心,由于它们的使用要求不同,形成了不同类型的建筑物,如图 2-1 中的教室。辅助使用房间是为保证建筑物主要使用要求而设置的,与主要使用房间相比,则属于建筑物的次要部分,如公共建筑中的卫生间、贮藏室及其他服务性房间,但仍是必不可少的。

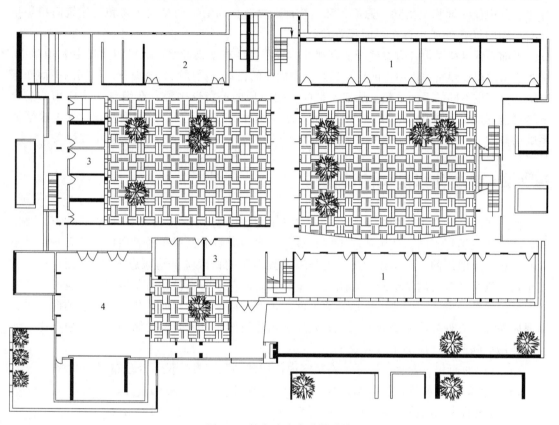

图 2-1 某庭院式中学教学楼

1—教室 2—实验室 3—办公室 4—礼堂兼风雨操场

1) 主要使用房间。如学校中的教室、实验室、办公室,住宅中的起居室、卧室,商店中的营业厅等。

2) 辅助使用房间。如学校中的厕所、储藏室,住宅中的厨房、卫生间,商店中的厕所、水暖、电气用房等。

(2) 交通联系部分 交通联系部分是建筑物中各房间之间、楼层之间和室内与室外之间联系的空间,如各类建筑物中的门厅、走道、楼梯间、电梯间等。

(3) 平面设计的内容 平面设计的内容包括单个房间平面设计及平面组合设计。

1) 单个房间平面设计。确定单个房间的面积、形状、尺寸以及门窗的大小和位置。

2) 平面组合设计。采取不同的组合方式将各单个房间合理地组合起来,形成完整的建筑物。

建筑平面设计涉及的因素很多，如房间的特征及其相互关系，建筑结构类型及其布局形式、建筑材料、施工技术、建筑造价、节约用地、节约能源及建筑造型等方面的问题，实际上平面设计就是研究解决好建筑功能、物质技术、经济及美观等问题。

2.1.2 平面利用系数

平面利用系数简称平面系数，用字母 K 来表示，数值上等于使用面积与建筑面积的百分比。其中使用面积是指除交通面积和结构面积之外的所有空间净面积之和；建筑面积是指外墙包围的（含外墙）各楼层面积总和。

平面系数是衡量设计方案的经济合理性的主要经济技术指标之一。民用建筑中 K 值越大，说明使用面积在建筑面积中占的比重越大。用同样的投资、同样的建筑面积，不同的平面布置方案，会产生不同的平面系数。从建筑平面空间布局的经济性来说，在满足功能使用的前提下尽可能提高面积利用率，这是达到设计方案经济性的有效途径，同时要防止片面追求平面系数的倾向。K 值要在同一地区、同一类型、同一标准的不同方案之间比较才有意义。

■ 2.2 主要使用房间的设计

使用房间是各类建筑的主要部分，是供人们工作、学习、生活和娱乐等活动的必要空间。由于建筑类别不同，使用功能不同，对使用房间的要求也不一样。如住宅的卧室是满足人们休息、睡眠用的；教学楼中的教室是满足教学用的；医院是给医患人员提供服务用的；火车站、汽车站是为满足交通运输用的。虽然如此，但总的来说，使用房间设计应考虑的基本因素仍然是一致的，即要求有适宜的尺度、足够的面积、恰当的形状、良好的朝向、采光和通风条件，方便的内外交通联系，有效地利用建筑面积以及合理的结构布局和便于施工。

使用房间的设计应满足以下要求：

1）房间的面积、形状、尺寸要满足室内使用活动和家具、设备合理布置的要求。

2）门窗的大小和位置应考虑人的出入方便、疏散安全及良好的采光、通风要求。

3）房间的构成应使结构布置合理、施工方便，有利于房间之间的组合。

4）要考虑人们的审美要求。

2.2.1 房间面积

房间面积是由使用人数的多少及活动特点、室内家具的数量及布置方式来决定的。一个房间的使用面积通常包括：家具、设备占用的面积；人们活动所需要的面积；室内行走需要的交通面积等。以教室和卧室为例，如图 2-2 所示。

房间面积

影响房间面积大小的因素概括起来有以下几点：

（1）容纳人数 从图 2-2 中我们看出房间面积大小与使用要求有关。无论是家具设备所需的面积或人们的活动及交通面积，都与房间的规模及容纳人数有关。如设计一个教室，首先就必须弄清教室规模、容纳多少学生上课、布置多少课桌椅；餐厅的面积大小主要决定于就餐人数及就餐方式；图书馆的书库面积大小决定于藏书的册数等。一般来说，规模大、容纳人数多的房间，面积要大些。

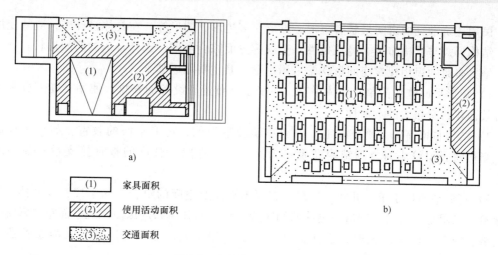

(1) □ 家具面积

(2) ▨ 使用活动面积

(3) ▒ 交通面积

图 2-2 房间使用面积分析图

a) 卧室使用面积分析图 b) 教室使用面积分析图

在实际工作中，房间面积的确定主要是依据我国有关部门及各地区制订的面积定额指标，根据房间的容纳人数及面积定额就可以得出房间的总面积。应当注意：每人所需的面积除面积定额指标外，还需通过调查研究并结合建筑物的标准综合考虑，表 2-1 是部分民用建筑房间面积定额参考指标。

有些建筑的房间面积指标未作规定，使用人数也不固定，如展览室、营业厅等。这就要求设计人员根据设计任务书的要求，对同类型、规模相近的建筑进行调查研究，充分掌握使用特点，结合经济条件，通过分析比较得出合理的房间面积。

表 2-1 部分民用建筑房间面积定额参考指标

建筑类型	项　　目		
	房 间 名 称	面积定额/(m²/人)	备　　注
中小学	普通教室	1.12~1.15	小学取下限
办公楼	一般办公室	3.5	不包括走道
	会议室	0.5	无会议桌
		2.3	有会议桌
铁路旅客站	普通候车室	1.1~1.3	—
图书馆	普通阅览室	1.8~2.5	4~6座双面阅览桌

（2）家具设备面积及人们使用它们的活动面积 任何房间为满足使用要求，都需要有一定数量的家具、设备，并进行合理的布置。如教室里有课桌椅、黑板、讲台等；卧室里有床、桌椅、柜子等；陈列室里有展板、陈列台、陈列柜等；卫生间里有大便器、洗脸盆、浴盆等。这些家具、设备数量及布置方式，人们使用它们所需的活动面积均与人的数量和人体尺度有关，且直接影响到房间使用面积的大小。

2.2.2 房间形状

房间的平面形状，主要根据室内使用活动的特点、采光、音质及视线的要求来确定。

民用建筑常见的房间形状有矩形、方形、多边形、圆形等。在具体设计中，应从使用要求、结构形式与结构布置、经济条件、美观等方面综合考虑，选择合适的房间形状。

绝大多数的民用建筑房间形状常采用矩形，其主要原因如下：

1）矩形平面体型简单，墙体平直，便于家具布置和设备的安排，使用上能充分利用室内有效面积，有较大的灵活性。

2）结构布置简单，便于施工。以中小学教室为例，矩形平面的教室，如采用预制构件，当房间面积较小时，则结构布置更为简单，可将同一长度的板直接支承在横墙或纵墙上。

3）矩形平面便于统一开间、进深，有利于平面及空间的组合。如学校、办公楼、旅馆等建筑常采用矩形房间沿走道一侧或两侧布置，统一的开间和进深使建筑平面布置紧凑，用地经济。当房间面积较大时，为保证良好的采光和通风，常采用沿外墙长向布置的组合方式。

当然，矩形平面也不是唯一的形式。就中小学教室而言，在满足视、听及其他要求的条件下，也采用方形及六角形平面（见图2-3）。方形教室的优点是进深加大，长度缩短，外墙减少，相应交通线路缩短，用地经济。同时，方形教室缩短了最后一排的视距，视听条件有所改善，但为了保证水平视角 α 的要求，前排两侧均不能布置课桌椅。

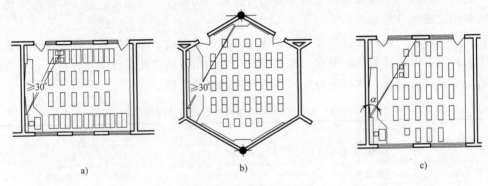

图 2-3　教室平面形状
a）矩形教室　b）六角形教室　c）方形教室

对于一些单层大空间如观众厅、杂技场、体育馆等房间，它的形状则首先应满足这类建筑的特殊功能及视听要求。如杂技场常采用圆形平面以满足马戏表演时动物跑弧线的需要。观众厅要满足良好的视听条件，既要看得清也要听得见。观众厅的平面形状一般有矩形、钟形、扇形、六角形、圆形（见图2-4）。圆形结构复杂，适用于中小型观众厅。圆形平面有严重的声场分布不均匀现象，一般观众厅很少采用，但由于视线及疏散条件较好，常用于大型体育馆。

有的小型公共建筑，结合空间所处的环境特点、建筑功能要求以及建筑师的艺术构思，房间平面常采用矩形、多边形及不规则的形状。如某中学学校教室（见图2-5），既有规则的长方形教室，又有规则的正六边形教室，还有为了适应地形要求建立的不规则形状的教室，平面空间具有活泼、开敞、轻松的气氛，平面组合多样又统一，形成了一个别具一格的中学校园环境。

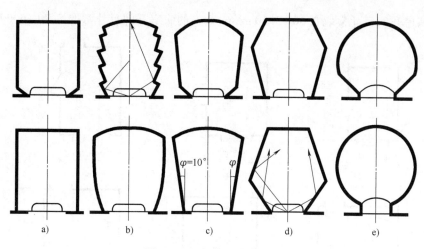

图 2-4　观众厅的平面形状

a）矩形　b）钟形　c）扇形　d）六角形　e）圆形

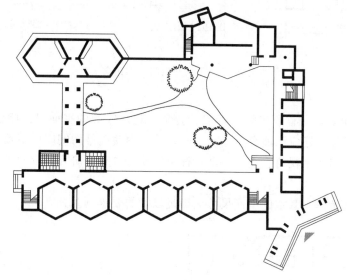

图 2-5　某中学学校教室

2.2.3　房间平面尺寸

房间尺寸是指房间的面宽和进深，而面宽常常是由一个或多个开间组成。在确定了房间面积和形状之后，确定合适的房间尺寸便是一个重要问题了。在同样面积的情况下，房间的平面尺寸可能多种多样，如何才能做到尺寸合适呢？一般从以下几方面进行综合考虑：

（1）满足家具设备布置及人们活动的要求　如卧室的平面尺寸应考虑床的大小，家具的相互关系，提高床位布置的灵活性。主要卧室要求床能两个方向布置，因此开间尺寸应保证床横放以后剩余的墙面还能开一扇门，常取 3.30m，深度方向应考虑横竖两个床中间再加一个床头柜或衣柜，常取 3.90～4.50m。小卧室考虑床竖放以后能开一扇门或放床头柜，开间尺寸常取 2.70～3.00m（见图 2-6）。医院病房主要是满足病床的布置及医护活动的要求，

3~4 人的病房开间尺寸常取 3.30~3.60m，6~8 人的病房开间尺寸常取 5.70~6.00m。

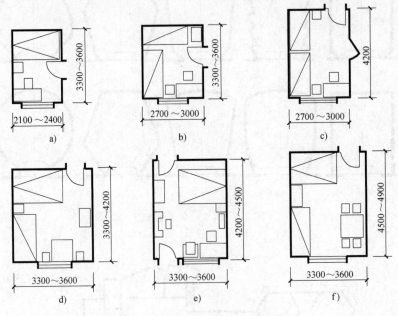

图 2-6　卧室常用的开间及进深
a)、b)、c) 小卧室　d)、e)、f) 大卧室

（2）满足视听要求　有的房间如教室、会堂、观众厅等的平面尺寸除满足家具设备布置及人们活动要求外，还应保证有良好的视听条件。为使前排两侧座位不致太偏，后面座位不致太远，必须根据水平视角、视距、垂直视角的要求，充分研究座位的排列，确定适合的房间尺寸。

从视听的功能考虑，教室的平面尺寸应满足以下的要求（见图 2-7）：

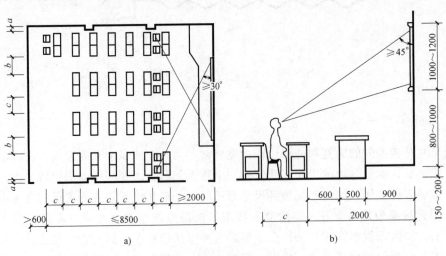

图 2-7　教室课桌椅布置要求
a) 矩形教室平面布置　b) 垂直视角

1）为防止第一排座位距黑板太近，垂直视角太小易造成学生近视，因此，第一排座位

的前沿距黑板的距离必须不小于 2m，以保证垂直视角大于 45°。

2）为防止最后一排座位距黑板太远，影响学生的视觉和听觉，后排距黑板的距离小学不宜大于 8.50m，中学不宜大于 9.00m。

3）为避免学生过于斜视而影响视力，水平视角（即前排边座与黑板远端的视线夹角）应不小于 30°。

按照以上要求，并结合家具设备布置、学生活动要求、建筑模数协调统一标准等的规定，中小学教室平面尺寸常取 6.30m×9.00m、6.60m×9.00m、6.90m×9.00m 等。

（3）良好的天然采光 民用建筑除少数有特殊要求的房间如演播室、观众厅等以外，均要求有良好的天然采光。一般房间多采用单侧或双侧采光，因此，房间的深度常受到采光的限制。为保证室内采光的要求，一般单侧采光时进深不大于窗上口至地面距离的 2 倍，双侧采光时进深可较单侧采光时增大 1 倍。如图 2-8 所示为采光方式对房间进深的影响。

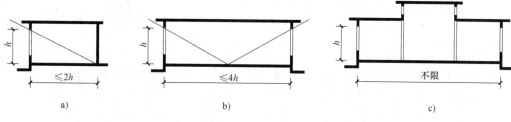

图 2-8 采光方式对房间进深的影响
a）单侧采光 b）双侧采光 c）混合采光

（4）经济合理的结构布置 一般民用建筑常采用墙体承重的梁板式结构和框架结构体系。房间的开间、进深尺寸应尽量使构件规格化、统一化，同时使梁板构件符合经济跨度要求，所以较经济的开间尺寸是不大于 4.00m，钢筋混凝土梁较经济的跨度是不大于 9.00m。对于由多个开间组成的大房间，如教室、会议室、餐厅等，应尽量统一开间尺寸，减少构件类型。

（5）符合建筑模数协调统一标准的要求 为提高建筑工业化水平，必须统一构件类型，减少规格，这就需要在房间开间和进深上采用统一的模数，作为协调建筑尺寸的基本标准。按照建筑模数协调统一标准的规定，房间尺寸一般以 300mm 为模数。如办公楼、宿舍、旅馆等以小空间为主的建筑，其开间尺寸常取 3.30m、3.60m，住宅楼梯间的开间尺寸常取 2.7m、3.0m。

下面以中小学普通教室为例，说明如何确定房间的平面尺寸。

教室的主要功能是教学，要保证每个学生的视听质量，同时还要给教师授课留有足够的空间和方便学生上下课时进出教室的通道。GB 50099—2011《中小学校设计规范》规定：为保证最小视距的要求，教室第一排课桌前沿与黑板的水平距离不宜小于 2.2m。为限制最大视距的要求，教室最后一排课桌的后沿与黑板的水平距离不宜大于 9.0m。为保证边侧学生的视线要求，前排边座的学生与黑板远端的水平视角不应小于 30°。为保证通行的要求，教室内纵向走道宽度不小于 0.6m，教室最后排座椅之后应设横向疏散走道，自最后排课桌后沿至后墙面或固定家具的净距不应小于 1.10m。沿墙布置的课桌端部与墙面或壁柱、管道等墙面突出物的净距不宜小于 0.15m。黑板的高度不应小于 1.00m；黑板的宽度小学不宜小于3.60m，中学不宜小于4.00m。综合以上各项要求和教室的面积指标（按每班50人左右考虑），中学普通教室的最小开间和进深尺寸应采用6.90m×9.30m为宜。中小学教室矩形平面的几种布置方案如图2-9所示。

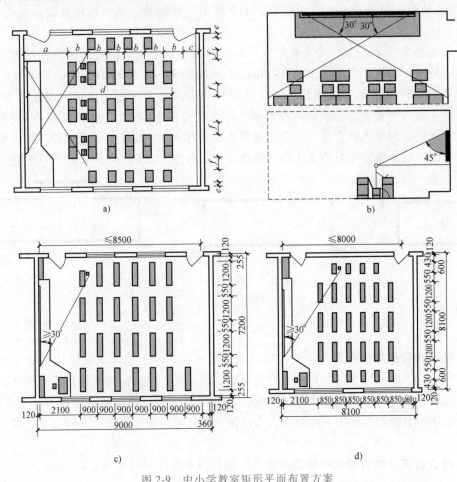

图2-9 中小学教室矩形平面布置方案
a)、c) 中学 b)、d) 小学

如果教室的开间和进深尺寸组合不当，会导致教室内部空间不符合规范要求或导致有效面积的浪费。在按使用要求和规范规定确定房间的平面尺寸的时候，还需要考虑通风等环境要求，如果单侧采光的房间进深过大，就会使远离采光面一侧照度不足，影响使用。

2.2.4 房间的门窗设置

房间的门是供出入和交通联系用，有时也兼采光和通风。窗的主要功能是采光、通风。同时门窗也是外围护结构的组成部分。因此，门窗设计是一个综合性问题，它的大小、数量、位置及开启方式直接影响到房间的通风和采光、家具布置的灵活性、房间面积的有效利用、人流活动及交通疏散、建筑外观及经济性等各个方面。

(1) 门的设置 门的宽度取决于人体尺寸、人流股数及家具设备的大小等因素。一般单股人流通行最小宽度取550mm，一个人侧身通行需要300mm宽。因此，门的最小宽度一般为700mm，常用于住宅中的厕所、浴室。住宅中卧室、厨房、阳台的门应考虑一人携带物品通行，卧室常取900mm，厨房可取800mm。普通教室、办公室等的门应考虑一人正面通行，另一人侧身通行，常采用1000mm，如图2-10所示。

当房间面积较大，使用人数较多时，单扇门宽度小，不能满足通行要求，此时应根据使用要求采用双扇门、四扇门或增加门的数量。双扇门的宽度可为1200～1800mm，四扇门的宽度可为2400～3600mm。

按照GB 55037—2022《建筑防火通用规范》的要求，公共建筑房间的疏散门数量应经计算确定且不应少于2个。特殊情况或满足一定条件时可设置1个疏散门。对于一些大型公共建筑如影剧院的观众厅、体育馆的比赛大厅等，由于人流集中，为保证紧急情况下人流迅速、安全地疏散，门的数量和总宽度应按每100人600mm宽计算，并结合人流通行方便，分别设双扇外开门在通道外，且每樘门宽度不应小于1400mm。剧院、电影院、礼堂的观众厅安全出口

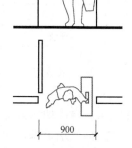

图2-10 卧室门的宽度

数目均应不少于2个，且每个安全出口的平均疏散人数不应超过250人。容纳人数超过2000人时，其超出的部分每个安全出口的平均疏散人数不应超过400人。

一些人流量集中的公共活动房间，如会场、观众厅、商场、候车厅等，要考虑消防疏散的要求，门的总宽度要依据有关规范确定，见表2-2、表2-3。

表2-2 剧院、电影院、礼堂等场所每100人所需最小疏散净宽度　　（单位：m）

观众厅座位数/座			≤2500	≤1200
耐火等级			一、二级	三级
疏散部位	门和走道	平坡地面	0.65	0.85
		阶梯地面	0.75	1.00
	楼梯		0.75	1.00

表2-3 体育馆每100人所需最小疏散净宽度　　（单位：m）

观众厅座位数范围/座			3000～5000	5001～10000	10001～20000
疏散部位	门和走道	平坡地面	0.43	0.37	0.32
		阶梯地面	0.50	0.43	0.37
	楼梯		0.50	0.43	0.37

（2）窗的面积 为获取良好的天然采光，保证房间有足够的照度值，房间必须开窗。窗口面积大小主要根据房间的使用要求、房间面积及当地日照情况等因素来考虑。不同使用要求的房间对采光要求不同，如绘图室、打字室、手术室等对采光要求很高；厕所要求较低；贮藏室、走道要求更低。根据不同房间的使用要求，建筑采光标准分为5级，每级规定相应的窗地面积比，即房间窗口总面积与地面积的比值，见表2-4。设计时可根据窗地面积比进行窗口面积的估算，也可先确定窗口面积，然后按照表中规定的窗地面积比值进行验算。

表 2-4 民用建筑采光等级表

采光等级	视觉工作特征		房间名称	窗地面积比
	工作或活动要求精确程度	要求识别的最小尺寸/mm		
I	极精密	<0.2	绘图室、制图室、画廊、手术室	1/3~1/5
II	精密	0.2~1	阅览室、医务室、健身室、专业实验室	1/4~1/6
III	中精密	1~10	办公室、会议室、营业厅	1/6~1/8
IV	粗糙	>10	观众厅、居室、盥洗室、厕所	1/8~1/10
V	极粗糙	不作规定	贮藏室、门厅、走廊、楼梯间	1/10以下

当然，采光要求也不是确定窗口面积的唯一因素，还应结合通风要求、朝向、建筑节能、立面设计、建筑经济等因素综合考虑。南方地区气候炎热，可适当增大窗口面积以争取通风量，寒冷地区为防止冬季热量从窗口过多散失，可适当减小窗口面积。有时，为了取得一定立面效果，窗口面积可根据造型设计的要求统一考虑。

（3）门窗位置 房间门窗位置直接影响到家具布置、人流交通、采光、通风等，因此，合理地确定门窗位置是房间设计又一重要因素。

1）窗位置应尽量使墙面完整，便于家具设备布置和充分利用室内有效面积。一般情况下，为了节约空间，减少门开启时占用的面积，常将门设于房间一角，不但有利于家具的合理布置，且房间面积利用率高，但对于集体宿舍，为便于多布置床，常将门设在房间墙中央，如图 2-11 所示卧室、集体宿舍门位置的比较。

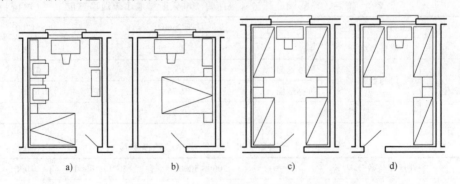

图 2-11 卧室、集体宿舍门位置的比较
a) 合理 b) 不合理 c) 合理 d) 不合理

当小房间中门的数量不止一个时，应尽量使门靠拢，以减少交通面积。对于不同类型的建筑，其门窗位置应尽量使墙面完整，便于家具设备布置和合理的组织人行通道。如图 2-12所示不同类型建筑的门窗位置比较。

2）门窗位置应有利于采光、通风。窗口在房间中的位置决定了光线的方向及室内采光的均匀性。内廊式建筑的房间采用单侧采光，这种方式外墙上开窗面积大，但光线不均匀，近窗点很亮，远窗点较暗，提高窗口高度可使远窗点光线增强。外廊式建筑的房间可设双侧窗，在外墙处设普通侧窗，靠外廊一侧墙面设普通侧窗或高侧窗，这样可改变单侧采光不均匀的现象，同时也有利于室内的通风。

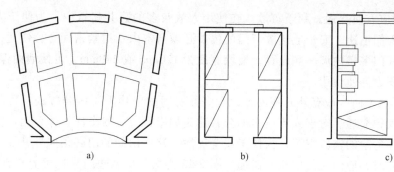

图 2-12　不同类型建筑的门窗位置比较

a）观众厅　b）集体宿舍　c）卧室

图 2-13 为普通教室窗的开设。该教室在外墙设普通侧窗，其中图 2-13a、b 三扇窗相对集中，窗间设小柱或小段实墙，光线集中在课桌区内，暗角较小，对采光有利。同时，由于左右两窗向中间靠拢，加大了黑板处窗间墙宽，可防止黑板的反射眩光。当然，过宽也会影响教室前面的采光，可保持在1000mm 左右。图 2-13c 中窗均匀布置在每个相同开间的中部，当窗宽不大时，窗间墙较宽，在墙后形成较大暗角区，影响该处桌面亮度。

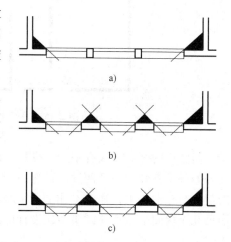

图 2-13　教室侧窗的布置度

a）侧窗相对集中时的教室采光

b）窗间设小柱或者小段石墙时的教室采光

c）侧窗均匀分布时的教室采光

房间的自然通风由门窗来组织，通过门窗的开设，使室外新鲜空气由上风一侧门窗洞口进入，再通过下风一侧的门窗洞口将污浊空气排走，从而达到室内通风换气的目的。门窗在房间中的位置决定了气流的走向，影响到室内通风的范围。因此，门窗位置应尽量使气流通过活动区，加大通风范围，并应尽量使室内形成穿堂风。图 2-14 为门窗平面位置对气流的影响。

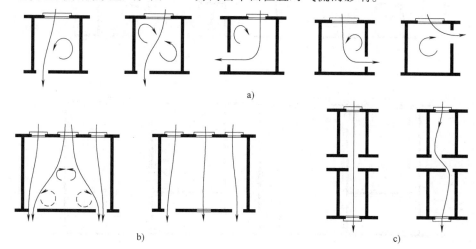

图 2-14　门窗平面位置对气流的影响

a）一般房间门窗相互位置　b）教室门窗相互位置　c）内廊式房间门窗相互位置

3）门的位置应方便交通，利于疏散。在使用人数较多的公共建筑中，为便于人流交通和在紧急情况下人们迅速、安全地疏散，门的位置必须与室内走道紧密配合，使通行线路简捷。一般情况下，门多靠内墙一侧设置，墙垛宽度为120mm或240mm，可使墙面保持完整，充分利用房间面积，方便使用。

4）门窗的开启方向一般有外开和内开，大多数房间的门均采用内开方式，可防止门开启时影响室外的人行交通。对于人流较多的公共建筑如影剧院、候车厅、体育馆、商店的营业厅，一级有爆炸危险的实验室等，为便于安全疏散，这些房间的门必须向外开。当房间内两扇门紧靠在一起时，应防止门扇相互碰撞。图2-15为房间中两边门靠近时的开启方式。

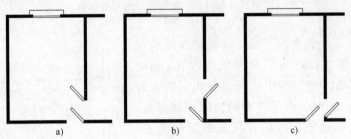

图 2-15　房间中两边门靠近时的开启方式比较

a）不好　b）好　c）较好

门常用的开启方式有平开、推拉、旋转等。平开门使用方便、制造简单，用量最多，它又分为外平开和内平开两种。在选择开启方向时，应注意其是否影响交通、正常使用和是否满足消防疏散要求，如安全出口外门的开启方向一定要与疏散方向一致，如图2-16所示。如果几个房间的位置比较集中，设计时应注意避免几扇门相互碰撞，如图2-17所示。

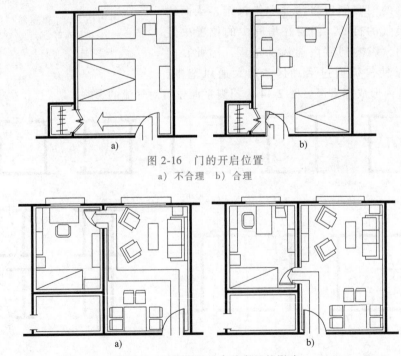

图 2-16　门的开启位置

a）不合理　b）合理

图 2-17　门的位置对家具布置的影响

a）不合理　b）合理

■ 2.3　辅助房间的设计

民用建筑除了使用房间以外，还有很多辅助性房间，这些房间在整个建筑平面中虽然属于次要地位，但却是不可缺少的部分，如果处理不当，会造成使用、维修管理不便或造价增加等缺陷。

辅助房间的设计原理和方法与使用房间基本相同。但由于在这类房间中大都布置较多的管道、设备，因此，房间的大小及布置均受到一定的限制，如厕所、盥洗室、浴室、厨房、通风机房、水泵房、配电房等。

辅助房间的平面布局和结构处理应当有利于阻隔自身的不良因素对周围房间的影响，在保证辅助房间正常使用的前提下，一般将其布置在建筑平面比较隐蔽的部位。

不同类型的建筑，辅助用房的内容、大小、形式均有所不同，其中厕所、盥洗室、浴室、厨房是最为常见的。

2.3.1　厕所

厕所是建筑中最常见的辅助房间，主要分为住宅用厕所和公共建筑用厕所两大类。厕所设计首先应了解各种设备及人体活动所需要的基本尺度，再根据使用人数确定所需的设备数量以及房间的基本尺寸和布置形式。

（1）厕所设备及数量　住宅厕所至少应配置三件卫生洁具，即便器、洗浴器（浴缸或喷淋）、洗面器。有条件时，厕所可设计成带前室的厕所，以便达到干湿分离、互不干扰的目的。此外，住宅厕所还要考虑设置洗衣机的位置。公共厕所卫生设备有大便器、小便器、洗手盆、污水池等。

大便器有蹲式和坐式两种。可根据建筑标准及使用习惯分别选用。一般多采用蹲式，这是因为蹲式大便器使用卫生、便于清洁，对于使用频繁的公共建筑如学校、医院、办公楼、车站等尤其适用。而标准较高、使用人数少或老年人使用的厕所如宾馆、敬老院等则宜采用坐式大便器。

小便器有小便斗和小便槽两种。较高标准及使用人数少的可采用小便斗，一般厕所常用小便槽。图 2-18 为厕所设备及组合所需的尺寸。

卫生设备的数量及小便槽的长度主要取决于使用人数、使用对象、使用特点。如中小学一般是下课后集中使用，因此卫生设备数量应适当多一些，以免造成拥挤。一般民用建筑每一个卫生器具可供使用的人数参考表 2-5 所列。具体设计中可按此表并结合调查研究最后确定其数量。

公共厕所的设计，应先确定卫生设备类型，然后根据使用人数和有关规定计算所需设备的数量，再根据卫生设备的尺寸进行室内布置。公共厕所的位置确定要考虑到使用频率较高的厕所和盥洗室的功能，一般设在使用方便而又较隐蔽之处，并保证良好的自然通风和自然采光，门窗的设置要注意避免视线干扰和气味的影响，寒冷地区或没有自然通风的厕所应设置可靠的排气设施。

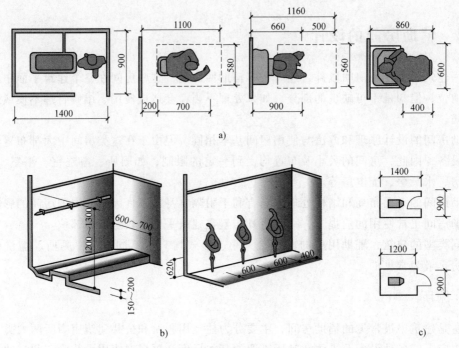

图 2-18　厕所设备及组合所需的尺寸

a）常用住宅用厕所平面布置尺寸　b）公共厕所常用设备尺寸　c）卫生间门的开启方向对平面尺寸的影响

表 2-5　部分民用建筑厕所设备个数参考指标

建筑类型	男小便器/（人/个）	男大便器/（人/个）	女大便器/（人/个）	洗手盆或龙头/（人/个）	男女比例	备　注
旅馆	20	20	12	—	—	男女比例按设计要求
宿舍	20	20	15	15	—	男女比例按实际使用情况
中小学	20	40	13	40~45	1:1	小学数量应稍多
火车站	80	80	50	150	2:1	
办公楼	50	50	30	50~80	3:1~5:1	
影剧院	35	75	50	140	2:1~3:1	
门诊部	50	100	50	150	1:1	总人数按全日门诊人次计算
幼托	—	5~10	5~10	2~5	1:1	

注：一个小便器折合 0.6m 长小便槽。

（2）厕所设计的一般要求：

1）厕所在建筑物中常处于人流交通线上，与走道及楼梯间相联系，如走道两端、楼梯间及出入口处、建筑物转角处等。同时，厕所本身从卫生和使用上考虑常设前室，以前室作为公共交通空间和厕所的缓冲地，并使厕所隐蔽一些。

2）大量人群使用的厕所，应有良好的天然采光与通风，以便排除污臭气。少数人使用的厕所允许间接采光，但必须有抽风设施（如气窗、抽风井）。为保证主要使用房间的良好朝向，厕所可布置在方位较差的一面。

3）厕所位置应有利于节省管道，减少立管并靠近室外给水排水管道。同层平面中男、女厕所最好并排布置，避免管道分散。多层建筑中应尽可能把厕所布置在上下相对应的位置。

4）结合不同类型建筑的使用特点以确定厕所的位置、面积及设备数量。对于使用时间集中、使用人数多的厕所，卫生器具应适当增多，面积宜适当加大，位置应分散、均匀布置，如中小学的厕所。

（3）厕所布置　厕所的平面形式可分为两种：一种是无前室的，另一种是有前室的（见图2-19）。带前室的厕所有利于隐蔽，可以改善通往厕所的走道和过厅的卫生条件。前室设双重门，通往厕所的门可设弹簧门，便于随时关闭。前室内一般设有洗手盆及污水池，为保证必要的使用空间，前室的深度应不小于1.5～2.0m。当厕所面积小，不可能布置前室时，应注意门的开启方向，务必使厕所蹲位及小便器处于隐蔽位置。

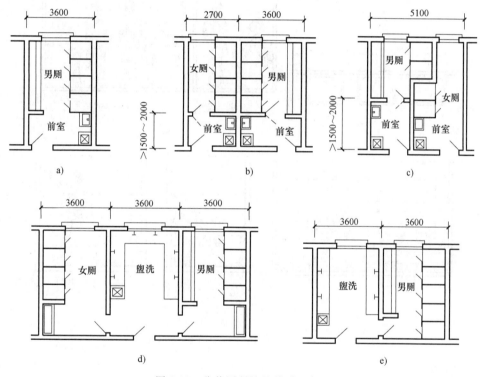

图2-19　公共厕所的几种平面布置
a）、b）、c）有前室　d）、e）无前室

专用厕所使用人数少，常用于住宅、标准较高的旅馆、医院等。这类房间面积小，一般均附设在房间周围。为保证主要使用房间靠近外墙，常将厕所沿内墙布置，采用人工照明及抽风井或气窗通风。

公共厕所可设前室，通过前室进入厕所和浴室，前室中布置盥洗设备，这样既便于隔绝污水臭气，避免过道太湿，又可遮挡视线。

2.3.2　浴室、盥洗室

浴室和盥洗室的主要设备有洗脸盆（或洗脸槽）、污水池、淋浴器，有的设置浴盆等。

除此之外，公共浴室还有更衣室，其中主要设备有挂衣钩、衣柜、更衣凳等。设计时可根据使用人数确定卫生器具的数量（见表2-6），同时结合设备尺寸及人体活动所需的空间尺寸进行房间布置。

浴室、盥洗室常与厕所布置在一起，称为卫生间，按使用对象不同，卫生间又可分为公共卫生间及专用卫生间。图2-20为公共卫生间与专用卫生间的几种平面布置。

表2-6 浴室、盥洗室设备个数参考指标

建筑类型	男浴器/（人/个）	女浴器/（人/个）	洗脸盆或龙头/（人/个）	备 注
旅馆	40	8	15	男女比例按设计
幼托	每班2个		2~5	

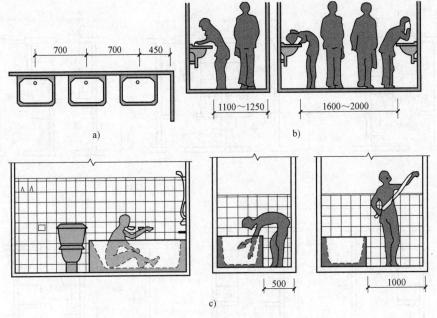

图2-20 洗浴设备及其组合尺寸
a）洗脸盆的组合及布置 b）公共卫生间走道的宽度 c）浴盆的尺寸及布置

2.3.3 厨房

厨房分两类，一类是家庭自用厨房，另一类是餐饮类建筑用厨房。这两类厨房的设计均应满足操作流程和食品卫生的要求，但前者面积小，设计简单；后者面积大，操作流程复杂，卫生要求也较高。

这里主要讲住宅、公寓内每户使用的专用厨房。它是家务劳动的中心，主要供烹调、洗刷、清洁之用，面积较大的厨房还兼作就餐用。厨房设备有灶台、案台、水池、贮藏设施及排烟装置等。

厨房设计应满足以下几方面的要求：

1）厨房应有良好的采光和通风条件，为此，在平面组合中应将厨房紧靠外墙布置。为防止油烟、废气、灰尘进入卧室、起居室，厨房布置应尽可能避免通过卧室、起居室来组织自然通风，厨房灶台上方可设置专门的排烟罩。

2）尽量利用厨房的有效空间布置足够的贮藏设施，如壁龛、吊柜等。为方便存取，吊柜底距地高度不应超过1.7m。除此以外，还可充分利用案台、灶台下部的空间贮藏物品。

3）厨房的墙面、地面应考虑防水，便于清洁。地面应比一般房间地面低20～30mm。

4）厨房室内布置应符合操作流程，并保证必要的操作空间，为使用方便、提高效率、节约时间创造条件。

家庭用厨房的布置形式有单排、双排、L形、U形、半岛形、岛形几种，如图2-21所示。从厨房作业基本流程看，L形与U形（见图2-21b、d）较为理想，提供了连续案台空间，与双排布置相比，避免了操作过程中频繁转身的缺点。

饮食类建筑的厨房主要包括：主食加工间、副食加工间、备餐间、食具洗涤、消毒间、食具存放、烧火间等，在进行布置时，应做到操作流程合理，原料与成品分开，生食与熟食分隔加工和存放。

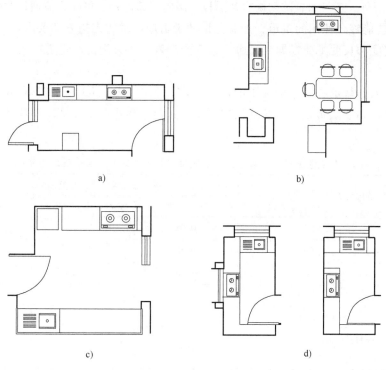

图2-21 家用厨房的布置形式
a）单排布置 b）L形布置 c）双排布置 d）U形布置

■ 2.4 交通联系部分的设计

一幢建筑物除了有满足要求的使用房间和辅助房间之外，还需要有交通联系部分把各个房间及室内外联系起来。建筑物内部的交通联系部分包括水平交通联系部分和垂直交通联系部分。水平交通联系部分主要有走道、门厅、过厅等；垂直交通联系部分主要有楼梯、电梯、自动扶梯和坡道等。建筑物是否适用，除主要使用房间和辅助房间本身及其位置是否恰当外，很大程度上取决于主要使用房间及辅助房间与交通联系部分相互位置是否恰当，以及交通联系部分本身是否使用方便。

交通联系部分的设计要求有足够的通行宽度；联系便捷，对人流能起导向的作用；有良好的采光、通风和照明条件；紧急情况下疏散迅速、安全防火。此外，在满足使用要求的前提下，应尽可能节约交通面积，提高建筑物的面积利用率。

2.4.1　走道

走道又称为过道、走廊，是用来联系同层内各大小房间用的，有时也兼有其他的从属功能。

按走道的使用性质不同，可以分为以下三种情况：

1）完全为交通需要而设置的走道，如办公楼、旅馆、电影院、体育馆的安全走道等都是供人流集散用的，这类走道一般不允许安排作其他功能的用途。

2）主要作为交通联系同时也兼有其他功能的走道，如教学楼中的走道，除作为学生课间休息活动的场所外，还可布置陈列橱窗及黑板，医院门诊部走道可作人流通过和候诊之用。

3）多种功能综合使用的走道，如展览馆的走道应满足边走边看的要求。

走道的宽度和长度主要根据人流通行、安全疏散、防火规范、走道性质、空间感受来综合考虑。

为了满足人的行走和紧急情况下的疏散要求，我国 GB 55037—2022《建筑防火通用规范》规定疏散出口、疏散走道和疏散楼梯每 100 人所需最小疏散净宽度不应小于表 2-7 的规定值。

表 2-7　疏散出口、疏散走道和疏散楼梯每 100 人所需最小疏散净宽度　（单位：m）

建筑层数或埋深		建筑的耐火等级或类型		
		一、二级	三级、木结构建筑	四级
地上楼层	1 层~2 层	0.65	0.75	1.00
	3 层	0.75	1.00	—
	不小于 4 层	1.00	1.25	—
地下、半地下楼层	埋深不大小 10m	0.75	—	—
	埋深大小 10m	1.00	—	—
	歌舞娱乐放映游艺场所及其他人员密集的房间	1.00	—	—

走道的宽度应满足正常人流通行和紧急情况下疏散的要求。走道单股人流的通行宽度为 550~600mm，公共建筑的走道应考虑至少满足两股人流的通行，其宽度不宜小于 1100~1200mm。公共建筑的门开向走道时，走道宽度通常不小于 1500mm。中小学教学楼的走道宽度，采用单外廊时不宜小于 1800mm，当采用单内廊时不宜小于 2400mm。除此之外，走道的宽度还要考虑消防疏散的要求，如图 2-22 所示。

总之，一般民用建筑常用走道宽度如下：当走道两侧布置房间时，学校为 2.10~3.00m，门诊部为 2.40~3.00m（见图 2-23），办公室为 2.10~2.40m，旅馆为 1.50~2.10m，作为局部联系或住宅内部走道宽度应不小于 0.90m，当走道一侧布置房间时，其走道的宽度

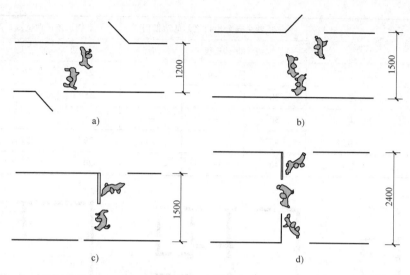

图 2-22　走廊的宽度
a) 双人通过　b) 三人通过　c)、d) 门开向走廊时对走廊宽度的影响

应相应减小。

走道的长度应根据建筑性质、耐火等级及防火规范来确定。按照 GB 50016—2014《建筑设计防火规范（2018 年版）》的要求，最远房间出入口到楼梯间安全出入口的距离必须控制在一定的范围内，见表 2-8。如果走廊离楼梯间安全出入口的距离过长，可采取相应措施减少走廊长度，如图 2-24 所示。

走道的采光和通风主要依靠天然采光和自然通风。外走道由于只有一侧布置房间，可以获得较好的采光通风效果。内走道由于两侧均布置房间，如果设计不当，就会造成光线不足、通风较差，一般是通过走道尽端开窗，利用楼梯间、门厅或走道两侧房间设高窗来解决。

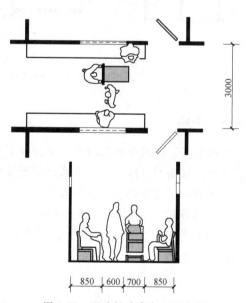

图 2-23　医院候诊廊宽度的确定

表 2-8　直通疏散走道的房间疏散门至最近安全出口的距离　（单位：m）

名　称			位于两个安全出口之间的疏散门			位于袋形走道两侧或尽端的疏散门		
			一、二级	三级	四级	一、二级	三级	四级
托儿所、幼儿园、老年人建筑			25	20	15	20	15	10
歌舞娱乐放映游艺场所			25	20	15	9	—	—
医疗建筑	单、多层		35	30	25	20	15	10
	高层	病房部分	24	—	—	12	—	—
		其他部分	30	—	—	15	—	—

（续）

名 称		位于两个安全出口之间的疏散门			位于袋形走道两侧或尽端的疏散门		
		一、二级	三级	四级	一、二级	三级	四级
教学建筑	单、多层	35	30	25	22	20	10
	高层	30	—	—	15	—	—
高层旅馆、展览建筑		30	—	—	15	—	—
其他民用建筑	单、多层	40	35	25	22	20	15
	高层	40	—	—	20	—	—

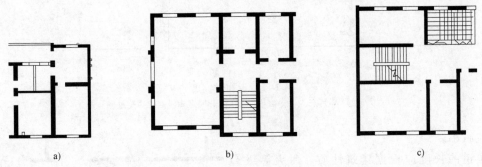

图 2-24　减少走廊长度措施
a) 加大走廊深度　b) 走廊端头设大房间　c) 走廊端头设楼梯

2.4.2　楼梯

楼梯是多层建筑中常用的垂直交通联系手段，应根据使用要求选择合适的形式、布置恰当的位置，根据使用性质、人流通行情况及防火规范综合确定楼梯的宽度及数量，并根据使用对象和使用场合选择最舒适的坡度。

（1）楼梯的形式与位置　楼梯的形式主要有直行跑梯、平行双跑梯、三跑梯等形式。直行跑梯方向单一，不转向，构造简单，常给人以严肃向上的感觉。除常用于层高较小的建筑外，大型公共建筑为解决人流疏散和加强大厅的气氛也常采用这种形式，如北京人民大会堂宴会厅大楼梯。平行双跑梯是民用建筑中最为常用的一种形式，往往布置在单独的楼梯间中，占用面积小，使用方便。三跑梯体态灵活，造型美观，但梯井较大，常布置在公共建筑门厅和过厅中，可取得较好的效果。此外，楼梯还有弧形、螺旋形、剪刀式等多种形式。

民用建筑楼梯的位置按其使用性质可分为主要楼梯、次要楼梯、消防楼梯等。

（2）楼梯的宽度和数量　楼梯的宽度和数量主要根据使用性质、使用人数和防火规范来确定。一般供单人通行的楼梯宽度应不小于 900mm，双人通行为 1100～1200mm，三人通行为 1500～1650mm（见图 2-25）。一般民用建筑楼梯的最小净宽度应满足两股人流疏散要求，但住宅内部楼梯可减小到 850～900mm。高层建筑的楼梯梯段宽度的总和应按照 GB 50016—2014《建筑设计防火规范（2018 年版）》的最小净宽度进行校核，见表 2-9。

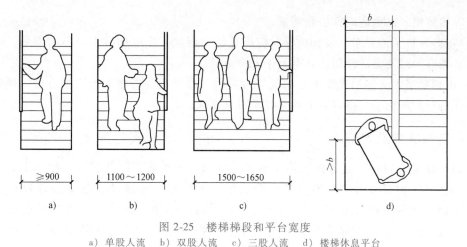

图 2-25 楼梯梯段和平台宽度
a）单股人流 b）双股人流 c）三股人流 d）楼梯休息平台

表 2-9 高层公共建筑内楼梯间的首层疏散门、首层疏散外门、

疏散走道和疏散楼梯的最小净宽度 （单位：m）

建 筑 类 别	楼梯间的首层疏散门、首层疏散外门	疏散走道		疏散楼梯
		单面布房	双面布房	
高层医疗建筑	1.30	1.40	1.50	1.30
其他高层公共建筑	1.20	1.30	1.40	1.20

楼梯的数量应根据使用人数及防火规范要求来确定，必须满足关于走道内房间门至楼梯间的最大距离的限制（见表 2-8）。符合下列条件之一的公共建筑，可设置一个安全出口或者一部疏散楼梯：①除托儿所、幼儿园外，建筑面积不大于 200m² 且人数不超过 50 人的单层公共建筑或者多层公共建筑的首层。②除医疗建筑、老年人照料设施、儿童活动场所、歌舞娱乐放映游艺场所外，符合表 2-10 规定的公共建筑。

表 2-10 仅设置一个安全出口或一部疏散楼梯的公共建筑

建筑的耐火等级或类型	最 多 层 数	每层最大建筑面积/m²	人 数
一、二级	3 层	200	第二、三层的人数之和不大于 50 人
三级、木结构建筑	3 层	200	第二、三层的人数之和不大于 25 人
四级	2 层	200	第二层人数不大于 15 人

2.4.3 电梯

电梯作为高层建筑中的主要垂直交通设施，在设计中应给予足够的重视。一般高层建筑中的电梯台数不应少于 2 台，其他有特殊功能要求的多层建筑，如大型宾馆、百货公司、医院等，除设置楼梯外，还需设置电梯以解决垂直升降的问题。

电梯按其使用性质可分为乘客电梯、载货电梯、消防电梯、客货两用电梯、杂物电梯等几类。

确定电梯间的位置及布置方式时，应充分考虑以下几点要求：

1）电梯间应布置在人流集中的地方，如门厅、出入口等，位置要明显，电梯前面应有足够的等候面积，以免造成拥挤和堵塞。

2）按防火规范的要求，设计电梯时应配置辅助楼梯，供电梯发生故障时使用。布置时可将两者靠近，以便灵活使用，并有利于安全疏散。

3）电梯井道无天然采光要求，布置较为灵活，通常主要考虑人流交通方便、通畅。电梯等候厅由于人流集中，最好有天然采光及自然通风。

2.4.4　自动扶梯及坡道

自动扶梯是一种在一定方向上能大量、连续输送流动客流的装置。一般用于人流量大且持续的场所，如百货大楼、展览馆、游乐场、火车站、地铁站、航空港等建筑。自动扶梯除了提供乘客一种既方便又舒适的上下楼层间的运输工具外，自动扶梯还可引导乘客走一些既定路线，以引导乘客和顾客游览、购物，并具有良好的装饰效果。在具有频繁而连续人流的大型公共建筑中，将自动扶梯作为主要垂直交通工具考虑，其布置方式如图 2-26 所示。

自动扶梯的驱动速度一般为 0.45 ~ 0.50m/s，可正向、逆向运行。由于自动扶梯运行的人流都是单向，不存在侧身避让的问题，因此，其梯段宽度比楼梯更小，通常为 600 ~ 1000mm。

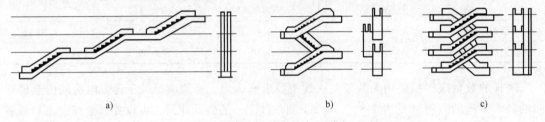

图 2-26　自动扶梯的布置形式
a）单向布置　b）转向布置　c）交叉布置

垂直交通联系部分除楼梯、电梯和自动扶梯外还有坡道。室内坡道的特点是上下比较省力（楼梯的坡度在 30° ~ 40°，室内坡道的坡度通常小于 10°），通行人流的能力几乎和平地相当（人群密集时，楼梯由上往下人流通行速度为 10m/min，坡道人流通行速度接近于平地的 16m/min），但是坡道的最大缺点是所占面积比楼梯面积大得多，在多层车库中常采用；又如医院为了病人上下和手推车通行的方便，可采用坡道；为儿童上下的建筑物，也可采用坡道；有些人流量集中的公共建筑，如大型体育馆的部分疏散通道，也可用坡道来解决垂直交通联系。

2.4.5　门厅

门厅作为交通枢纽，其主要作用是接纳、分配人流，室内外空间过渡及各方面交通（如过道、楼梯等）的衔接。同时，根据建筑物使用性质不同，门厅还兼有其他功能，如医院门厅常设挂号、收费、取药的房间，旅馆门厅兼有休息、会客、接待、登记、小卖等功能。除此以外，门厅作为建筑物的主要出入口，其不同空间处理可体现出不同的意境和形象，诸如庄严、雄伟与小巧、亲切等不同气氛。因此民用建筑中门厅是建筑设计重点处理的部分。

门厅的大小应根据各类建筑的使用性质、规模及质量标准等因素来确定，设计时可参考有关面积定额指标。表2-11为部分建筑门厅面积设计参考指标。

表2-11 部分建筑门厅面积设计参考指标

建筑名称	面积定额	备注
中小学校	0.06~0.08m²/每生	
食堂	0.08~0.18m²/每座	包括洗手、小卖
城市综合医院	11m²/每日百人次	包括衣帽和询问
旅馆	0.2~0.5m²/床	
电影院	0.13m²/每个观众	

门厅的布局可分为对称式与非对称式两种（见图2-27）。对称式门厅（见图2-27a、b）的布置常采用轴线的方法表示空间的方向感，将楼梯布置在主轴线上或对称布置在主轴线两侧，具有严肃的气氛；非对称式门厅（见图2-27c）布置没有明显的轴线，布置灵活，楼梯可根据人流交通布置在大厅中任意位置，室内空间富有变化。在建筑设计中，常常由于自然地形、布局特点、功能要求、建筑性格等各种因素的影响采用对称式门厅和非对称式门厅。

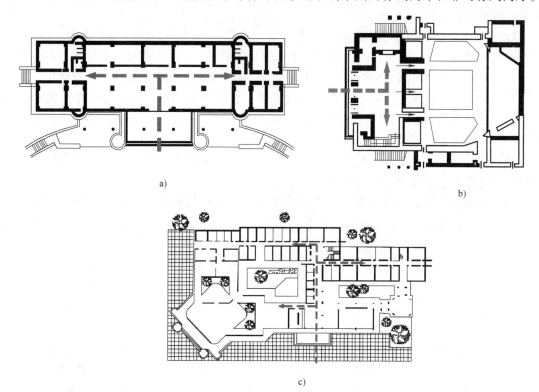

a)

b)

c)

图2-27 对称式门厅和非对称式门厅
a)、b) 对称式门厅 c) 非对称式门厅

门厅设计应注意：门厅应处于总平面中明显而突出的位置，一般应面向主干道，使人流出入方便；门厅内部设计要有明确的导向性，同时交通流线组织简明醒目，减少相互干扰或不知所措的现象；由于门厅是人们进入建筑物首先到达、经常停留的地方，因此门厅的设计，除了合理地解决好交通枢纽等功能要求外，门厅内的空间组合和建筑造型要求，也是公

共建筑中重要的设计内容之一；门厅对外出口的宽度按防火规范的要求不得小于通向该门厅的走道和楼梯宽度的总和。外门的开启方向一般宜向外或采用弹簧门。

2.5　建筑平面组合设计

建筑平面组合设计主要讨论各个房间及交通联系部分在水平方向的组合问题，也就是将建筑平面中的使用部分、交通联系部分有机地联系起来，使之成为一个使用方便、结构合理、体型简洁、构图完整、造价经济且与环境协调的建筑物。

建筑平面组合涉及的因素很多，主要有基地环境、使用功能、物质技术、建筑美观、经济条件等。组合设计时，必须综合分析各种因素，分清主次，认真处理好各方面的关系，反复思考，不断调整修改，才能做出合理完善的建筑平面图。

2.5.1　平面组合设计的要求

建筑平面功能是平面组合设计应当考虑的主要问题，只有认真分析建筑的平面功能，才能做好建筑的平面组合。

1. 使用功能对平面组合的影响

不同的建筑，由于性质不同，也就有不同的功能要求。而一幢建筑物的合理性不仅体现在单个房间上，而且很大程度取决于各种房间按功能要求的组合上。如教学楼设计中，虽然教室和办公室本身的大小、形状、门窗布置均满足使用要求，但它们之间的相互关系及走道、门厅、楼梯的布置不合理，就会造成不同程度的干扰，人流交叉、使用不便。因此，可以说使用功能是平面组合设计的核心。

平面组合的优劣主要体现在合理的功能分区及明确的流线组织两个方面。当然，采光、通风、朝向等要求也应予以充分的重视。

(1) 房间的主次、内外关系　合理的功能分区是将建筑物若干部分按不同的功能要求进行分类，并根据它们之间的密切程度加以划分，使之分区明确，又联系方便。在分析功能关系时，常借助于功能分析图来形象地表示各类建筑的功能关系及联系顺序。

具体设计时，可根据建筑物不同的功能特征，从以下三个方面进行分析：

1) 主次关系。组成建筑物的各房间，按使用性质及重要性，必然存在着主次之分。在平面组合时应分清主次、合理安排。如教学楼中，教室、实验室是主要使用房间；办公室、管理室、卫生间等则属于次要房间。居住建筑中的居室是主要房间，厨房、卫生间、贮藏室是次要房间。商业建筑中的营业厅，影剧院中的观众厅、舞台都属主要房间。平面组合中，一般是将主要使用房间布置在朝向较好的位置，靠近主要出入口，并有良好的采光通风条件，次要房间可布置在条件较差的位置。如图 2-28 所示居住建筑房间的主次关系图。

2) 内外关系。各类建筑的组成房间中，有的对外联系密切，直接为公众服务，有的对内关系密切，供内部使用。如办公楼中的接待室、传达室是对外的，而各种办公室是对内的。又如影剧院的观众厅、售票房、休息厅、公共卫生间是对外的，而办公室、管理室、贮藏室是对内的。平面组合时应妥善处理功能分区的内外关系，一般是将对外联系密切的房间布置在交通枢纽附近，位置明显便于直接对外，而将对内性强的房间布置在较隐蔽的位置。如图 2-29 所示餐厅的内外关系，对于饮食建筑，餐厅是对外的，人流量大，应布置在交通方便、位置明显处，而对内性强的厨房等部分则布置在后部，次要入口面向内院较隐蔽的地方。

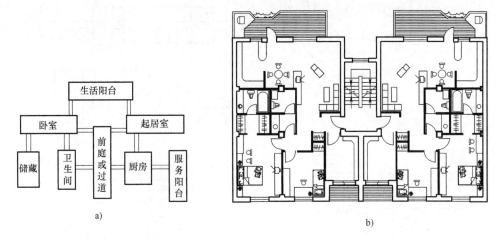

图 2-28 居住建筑房间的主次关系图
a）功能分析图 b）平面图

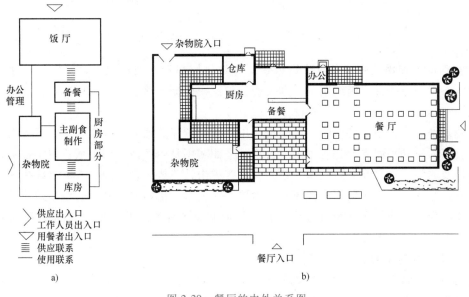

图 2-29 餐厅的内外关系图
a）食堂功能分析图 b）某职工食堂平面图

3）联系与分隔。在分析功能关系时，常根据房间的使用性质如"闹"与"静""清"与"污"等方面进行功能分区，使其既分隔而互不干扰，又有适当的联系。如教学楼中的多功能厅、普通教室和音乐教室，它们之间联系密切，但为防止声音干扰，必须适当隔开。教室与办公室之间要求方便联系，但为了避免学生影响教师的工作，需适当隔开。因此，教学楼平面组合设计中，对以上不同要求部分的联系与分隔处理，是促使功能合理的重要手段（见图 2-30）。

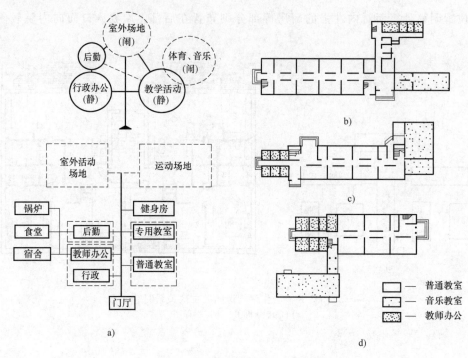

图 2-30 教学楼房间的联系与分隔
a) 功能分析图 b)、c)、d) 教学楼平面图

（2）房间的使用顺序和交通路线组织 各类民用建筑，因使用性质不同，往往存在着多种流线。多种流线都要组织明确，即要使各种流线简捷、通畅，不迂回逆行，尽量避免相互交叉。

在建筑平面设计中，各房间一般是按使用流线的顺序关系有机地组合起来的。组织合理与否，直接影响到平面组合是否紧凑、合理，平面利用是否经济等。如展览展室常常是按人流参观路线的顺序连贯起来。火车站建筑有旅客进出站路线、行包线，人流路线按先后顺序为：到站——问讯——售票——候车——检票——上车，出站时经站台验票出站。平面布置时以人流线为主，使进出站及行包线分开并尽量缩短各种流线的长度，如图 2-31 所示为小型火车站流线关系及平面图。

2. 结构形式对平面组合的影响

建筑结构与材料是构成建筑物的物质基础，在很大程度上影响着建筑的平面组合。因此，平面组合在考虑满足使用功能要求的前提下，应选择经济合理的结构方案，并使平面组合与结构布置协调一致。

目前民用建筑常用的结构类型有三种，即混合结构、框架结构、空间结构。随着建筑技术、建筑材料和结构理论的进步，新型高效的建筑结构也有了飞速的发展，出现了各种大跨度的新型空间结构，如薄壳、悬索、网架等。这类结构用材经济，受力合理，并为解决大跨度的公共建筑提供了有利条件。图 2-32a、b、c 分别为薄壳结构、网架结构、悬索结构的大跨度建筑。

3. 设备管线对平面组合的影响

民用建筑中的设备管线主要包括给水排水、空气调节以及电气照明等所需的设备管线，

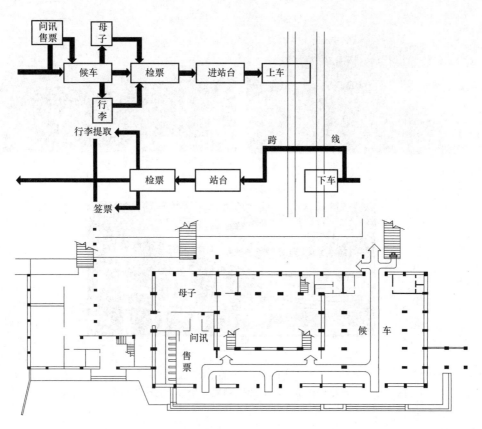

图 2-31　小型火车站流线关系及平面图

它们都占有一定的空间。在进行平面组合时，除应考虑一定的设备位置，恰当地布置相应的房间，如卫生间、盥洗室、配电房、空调机房、水泵房等以外，对于设备管线比较多的房间，如住宅中的厨房、卫生间；学校、办公楼中的卫生间、盥洗室；旅馆中的客房卫生间、公共卫生间等，在满足使用要求的同时，应尽量将设备管线集中布置、上下对齐，方便使用，有利于施工和节约管线。

图 2-33 中旅馆卫生间成组布置，利用两个卫生间中间的竖井作为管道垂直方向布置的空间，管道井上下叠合，管线布置集中。

4. 建筑造型对平面组合的影响

建筑平面组合除受到使用功能、结构类型、设备管线的影响外，建筑造型在一定程度上也影响到平面组合。当然，造型本身是离不开功能要求的，它一般是内部空间的直接反映。但是，简洁、完美的造型要求以及不同建筑的外部性格特征又会反过来影响到平面布局及平面形状。一般来说，简洁、完美的建筑造型无论对缩短内部交通流线，还是对于结构的简化、节约用地、降低造价以及抗震性能等都是非常有利的。

5. 环境对平面组合的影响

建筑平面设计还应考虑总体规划、基地环境、当地气候、地理、地震烈度等外界因素，才能具体确定房屋基地的位置、平面形状、室外用地等各方面的问题，使建筑物的平面组合能够切合当时、当地的具体条件，成为建筑群体的有机组成部分。

a)   b)

c)

图 2-32　空间结构

a）国家大剧院—薄壳结构　b）某体育馆—网架结构　c）北京南站雨篷—悬索结构

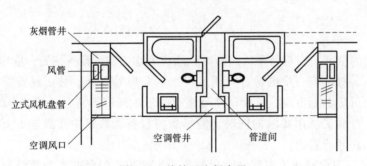

图 2-33　旅馆卫生间布置

2.5.2　平面组合形式

各类建筑由于使用功能不同，房间之间的相互关系也不同。有的建筑由一个个大小相同的重复空间组合而成，如学校、办公楼；有的建筑主要有一个大房间，其他均为从属房间，环绕着这个大房间布置，如电影院、体育馆；有的建筑房间按使用联系顺序而定，如展览馆、火车站等。平面组合就是根据使用功能特点及交通路线的组织，将不同房间组合起来。常见组合形式如下：

（1）走道式组合　走道式组合的特点是使用房间与交通联系部分明确分开，各房间沿走道（走廊）一侧或两侧并列布置，房间门直接开向走道，通过走道相互联系；各房间基本上不被交通穿越，能较好地保持相对独立性；各房间有直接的天然采光和通风，结构简单，施工方便等。这种形式广泛应用于一般民用建筑，特别适用于房间面积不大、数量较多的建筑如学校、宿舍、医院、旅馆等。

根据房间与走道布置关系不同，走道式可分为单外廊、双外廊、单内廊和双内廊等多种组合形式（见图2-34）。

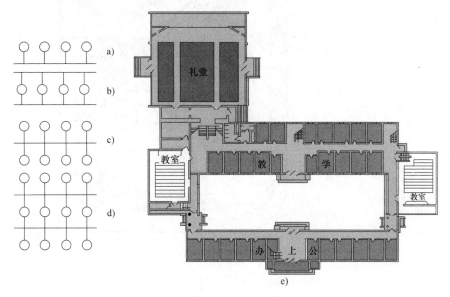

图 2-34　走道式组合—某校办公楼平面
a）单外廊　b）双外廊　c）单内廊　d）双内廊　e）某办公楼平面图

1）单外廊。可保证主要房间有好的朝向和良好的采光通风条件。南方地区的建筑多采用单侧外走道的布置形式。但这种布局造成走道过长，交通面积大，房屋进深小，占地和造价均不够经济。

2）双外廊。由于交通面积占用较多、造价高，一般多用于有特殊要求的房屋，如有实验室、手术室的建筑。

3）单内廊。各房间沿走道两侧布置，平面紧凑，占地面积小，节约用地，外墙长度较短，对寒冷地区建筑热工有利。但这种布局难免出现一部分使用房间朝向较差，且走道采光通风较差，房间之间相互干扰较大。

4）双内廊。双内廊布置平面紧凑，但中间房屋及北面房间的采光、通风条件较差。

（2）套间式组合　套间式组合的特点是用穿套的方式按一定的序列组织空间。房间与房间之间相互穿套，不再通过走道联系。其平面布置紧凑，面积利用率高，房间之间联系方便，但各房间使用不灵活，相互干扰大。

套间式组合按其空间序列的不同又可分为串联式和放射式两种。串联式是按一定的顺序关系将房间连接起来；放射式是将各房间围绕交通枢纽呈放射状布置（见图2-35）。

（3）大厅式组合　大厅式组合是以公共活动的大厅为主穿插布置辅助房间。这种组合的特点是主体房间使用人数多、面积大、层高大，辅助房间与大厅相比，尺寸大小悬殊，常布置在大厅周围并与主体房间保持一定的联系（见图2-36）。

（4）单元式组合　单元式组合是将关系密切的房间组合在一起成为一个相对独立的整

体，称为单元。将一种或多种单元按地形和环境情况在水平或垂直方向重复组合起来成为一幢建筑，这种组合方式称为单元式组合。

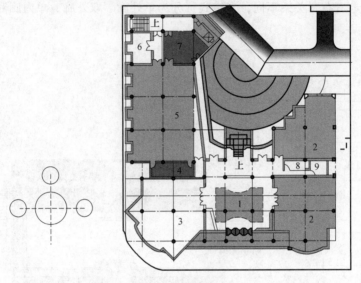

图 2-35　放射式组合图
1—门厅　2—报刊阅览室　3—目录大厅　4—借还书处　5—基本书库
6—电脑检索　7—采编室　8—女厕　9—男厕

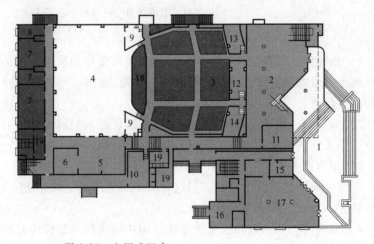
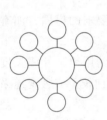

图 2-36　大厅式组合
1—平台　2—前厅　3—池座　4—主台　5—侧台　6—道具　7—化妆　8—配电
9—耳光　10—贵宾室　11—值班室　12—放映室　13—声控室　14—光控室
15—售票室　16—办公室　17—商店　18—乐池　19—卫生间

单元式组合的优点是：能提高建筑标准化，节省设计工作量，简化施工；功能分区明确，平面布置紧凑，单元与单元之间相对独立，互不干扰；布局灵活，能适应不同的地形，形成多种不同组合形式。因此，广泛用于大量性民用建筑，如住宅、学校、医院等（见图 2-37）。

以上 4 种平面组合的方式，在各类建筑平面中，不一定都是以单一的形式出现，经常是以一种为主，几种方式并存的形式出现，即综合式的平面组合方式，如图 2-38 所示。

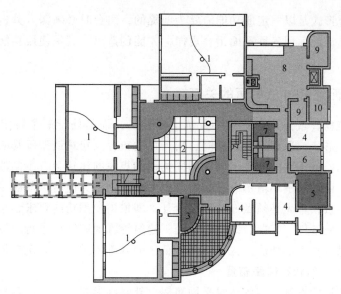

图 2-37 单元式组合

1—活动室/卧室 2—中庭 3—晨检 4—办公 5—会议 6—教师休息
7—厕所 8—厨房 9—库房 10—休息

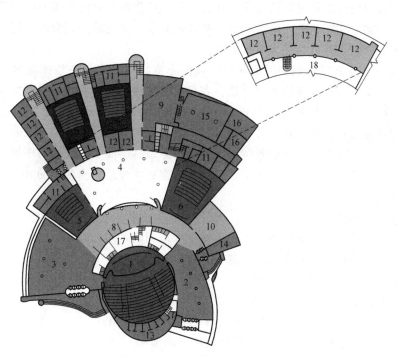

图 2-38 综合式的平面组合方式

1—260座观众厅 2—休息厅 3—接待大厅 4—中庭 5—40座观众厅 6—80座观众厅
7—60座观众厅 8—图片展廊 9—餐厅 10—多功能厅 11—放映室 12—洽谈室 13—办公室
14—总机室 15—厨房上空 16—小餐厅上空 17—化妆室 18—中庭上空

　　随着时代的进步，建筑物的使用功能也会不断发生变化，加上新结构、新材料、新设备
的不断出现，新的组合形式将会层出不穷，如自由灵活的大空间分隔形式及庭园式空间组合

形式等。平面组合形式是以一定的功能需要为前提的，组合时必须深入分析各类建筑的特殊要求，结合实际灵活地运用各种平面组合规律，才能创造出既满足使用功能，又符合经济美观要求的建筑来。

2.5.3　建筑平面组合与总平面的关系

任何一幢建筑物（或建筑群）都不是孤立存在的，而是处于一个特定的环境之中，它在基地上的位置、形状、平面组合、朝向、出入口的布置及建筑造型等都必然受到总体规划及基地条件的制约。由于基地条件不同，相同类型和规模的建筑会有不同的组合形式，即使是基地条件相同，由于周围环境不同，其组合也会不相同。为使建筑既满足使用要求，又能与基地环境协调一致，首先必须做好总平面设计，即根据使用功能要求，结合城市规划的要求、场地的地形地质条件、朝向、绿化以及周围建筑等因地制宜地进行总体布置，确定主要出入口的位置，进行总平面功能分区，在功能分区的基础上进一步确定单体建筑的布置。

1. 基地的大小、形状和道路布置

基地的大小和形状直接影响到建筑平面布局、外轮廓形状和尺寸。基地内的道路布置及人流方向是确定出入口和门厅平面位置的主要因素。因此在平面组合设计中，应密切结合基地的大小、形状和道路布置等外在条件，使建筑平面布置的形式、外轮廓形状和尺寸以及出入口的位置等符合城市总体规划的要求。在设计时，应将各部分建筑按不同的功能要求进行分类，将性质相同、功能相近、联系密切、对环境要求一致的部分划分在一起，组成不同的功能区，各区相对独立并成为一个有机的整体。

图 2-39 为某小学在进行规划时的几个不同的方案比较。该学校整体地形呈不规则的类三角形地带，方案设计要跟环境要求一致，并且要考虑到各自的使用性质。方案一中绿地的位置太靠外，绿地是为学校的师生提供一个安静舒适的休憩场所，太靠外部使用起来不方便，而且紧邻交通道路，噪声和空气质量都影响其使用。方案二和方案三中各部分的功能分区相对比较合理，方案二的操场和教学楼因地形的原因，形成了不规则的图形，实际利用率偏低。综合起来，这三种方案相比之下，第三种方案更为合适，而最终的方案就是在此方案的基础上形成的。

2. 基地的地形条件

基地地形若为坡地时，则应将建筑平面组合与地面高差结合起来，以减少土方量，而且可以造成富于变化的内部空间和外部形式。

坡地建筑的布置方式有以下几种：

1）地面坡度在 25%以下时，建筑物适宜平行于等高线布置。

2）地面坡度在 25%以上时，建筑物适宜垂直于等高线布置。

3）建筑物与等高线斜交布置时应结合朝向要求选用。

3. 建筑物的朝向和间距

（1）朝向　建筑物的朝向主要是考虑太阳辐射强度、日照时间、主导风向、建筑使用要求及地形条件等综合的因素。

1）日照。我国大部分地区处于夏季热、冬季冷的状况。为保证室内冬暖夏凉的效果，建筑物的朝向应为南向，南偏东或偏西少许角度。在严寒地区，由于冬季时间长、夏季不太热，应争取日照，建筑朝向以东、南、西为宜。

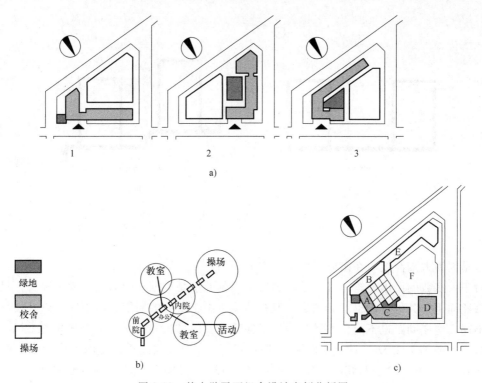

图 2-39　某小学平面组合设计实例分析图
a）总平面方案比较　b）小学功能关系分析　c）最终方案
1—方案一　2—方案二　3—方案三
A—办公　B、C—教学楼　D—多功能教室　E—扩建教学楼　F—操场

2）通风。根据当地的气候特点及夏季或冬季的主导风向，适当调整建筑物的朝向，使夏季可获得良好的自然通风条件，而冬季又可避免寒风的侵袭。

3）基地环境。对于人流集中的公共建筑，房屋朝向主要考虑人流走向、道路位置和邻近建筑的关系，对于风景区建筑，则应以创造优美的景观作为考虑朝向的主要因素。此外是考虑建筑物的性质、基地环境等因素。

（2）间距　建筑物之间的距离主要应根据日照、通风等卫生条件与建筑防火安全要求来确定。除此以外，还应综合考虑防止声音和视线干扰，绿化、道路及室外工程所需的间距以及地形利用、建筑空间处理等问题。

日照间距是为了保证房间有一定的日照时数，建筑物彼此互不遮挡所必须具备的距离。为保证日照的卫生要求，日照间距的计算一般以冬至日正午 12 时太阳能照到底层窗台高度为设计依据，借以控制建筑的日照间距（见图 2-40）。

日照间距的计算公式为

$$L = \frac{H}{\tan\alpha}$$

式中　L——日照间距；

　　　H——南向前排房屋檐口至后排房屋底层窗台的垂直高度；

　　　α——当房屋正南向时冬至日正午的太阳高度角。

我国大部分地区日照间距为（1.0~1.7）H。越往南日照间距越小，越往北日照间距越

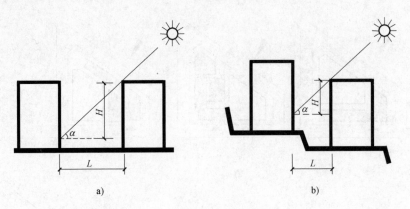

图 2-40　建筑物的日照间距
a）平地　b）向阳坡

大，这是因为太阳高度角在南方要大于北方的原因。

对于大多数的民用建筑，日照是确定房屋间距的主要依据，因为在一般情况下，只要满足了日照间距，其他要求也就能满足。但有的建筑由于所处的周围环境不同，以及使用功能要求不同，房屋间距也不同，如教学楼为了保证教室的采光和防止声音、视线的干扰，间距要求应大于或等于 $2.5H$，且最小间距不小于 12m。又如医院建筑，考虑卫生要求，间距应大于 $2.0H$，对于 1~2 层病房，间距不小于 25m；3~4 层病房，间距不小于 30m；对于传染病房与非传染病房的间距，应不小于 40m。为节省用地，实际设计采用的建筑物间距可能会略小于理论计算的日照间距。

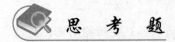 思 考 题

1. 建筑平面设计是由哪几部分组成？
2. 如何确定使用房间的面积？
3. 确定房间的形状应考虑哪些因素？
4. 交通联系部分包括哪些内容？
5. 房屋的耐火等级是怎么确定的？如何确定楼梯的宽度、数量、形式及楼梯间的形式？
6. 运用功能分析法进行平面组合，一般应进行哪几个方面的分析？
7. 建筑物的间距是如何确定的？
8. 建筑平面的组合形式有哪些？各有什么特点？

第2篇

建筑空间构成及组合

第3章　建筑剖面设计

导　读

本章提要：主要介绍建筑物的剖面图以及如何进行剖面设计，具体包括确定房间各部分高度、剖面形状、房屋层数和剖面组合方式等。本章的教学重点是确定房间高度；教学难点是剖面组合方式。

■ 3.1　认识建筑剖面图

建筑剖面图指的是建筑物的垂直剖面图，即用垂直平面剖切建筑物所得到的剖面图。它能够表示建筑物内部垂直方向上的主要结构形式、分层情况、构造做法以及尺寸。剖面图的剖切位置应根据图样的用途或设计深度在平面图上选择，一般选择能反映结构和构造特征，以及有代表性的位置。根据建筑的复杂程度和实际需要，剖面图可以绘制一个或数个，如果房屋局部有构造变化，还可以增加局部剖面图。剖切符号习惯只在底层平面图中画出。

3.1.1　建筑剖面图的画法特点及要求

（1）比例　剖面图的比例宜与建筑平面图一致，一般根据建筑规模与图样大小，取1：50，1：100，1：200，1：300等。不同比例的剖面图，其抹灰层、楼地面，材料图例的省略画法，应符合下列规定：

1）比例大于1：50的剖面图，应画出抹灰层、保温隔热层等与楼地面、屋面的面层线，并宜画出材料图例。

2）比例等于1：50的剖面图，宜画出楼地面、屋面的面层线，宜绘出保温隔热层，抹灰层的面层线应根据需要确定。

3）比例小于1：50的剖面图，可不画出抹灰层，但剖面图宜画出楼地面、屋面的面层线。

4）比例为1：100~1：200的剖面图，可画简化的材料图例，但剖面图宜画出楼地面、屋面的面层线。

5）比例小于1：200的剖面图，可不画材料图例，剖面图的楼地面、屋面的面层线可不画出。

（2）**定位轴线**　画出剖面图两端的轴线及编号以便与平面图对照。有时也可注写中间位置的轴线。

（3）**图线**　同平面图要求类似，剖切到的墙身轮廓画粗实线，现浇板与梁是涂黑的（表示钢筋混凝土）或按照材料图例来表示，室内外地坪线用更粗一些的实线表示。可见部分的轮廓线如门窗洞口、踢脚线、楼梯栏杆、扶手等画一般实线，而图例线、引出线、标高符号等可以用细实线画出。

（4）**投影要求**　剖面图中除了要画出被剖切到的部分，还应画出投影方向能看到的部分。室内地坪以下的基础部分，一般不在剖面图中表示，而在结构施工图中表达（如有基础墙可用折断线隔开）。

（5）**图例**　门、窗按规定图例绘制，砖墙、钢筋混凝土构件的材料图例与建筑平面图相同。

（6）**尺寸标注**　一般沿外墙需要标注三道尺寸线，最外面一道从室外地坪到女儿墙压顶或到坡屋面的屋脊顶面，这表示室外地面以上的总高尺寸，第二道为层高尺寸，第三道为门窗洞口高度、洞间墙高度、檐口高度等细部尺寸，这些尺寸应与立面图吻合。

（7）**标高**　一般将建筑物底层室内某平面的标高指定±0.000，单位是米（m），高于这个标高是正标高，低于这个标高为负标高。剖面图一般需要用标高符号标出室内外地坪、楼地面、地下层地面、阳台、平台、檐口、屋脊、女儿墙、雨篷、门、窗、台阶等处的标高。平屋面等不易标明建筑标高的部位可标注结构标高，但应进行说明。结构找坡的平屋面，屋面标高可标注在结构板面最低点，并注明找坡坡度。

（8）**其他标注**　某些局部构造表达不清楚时可用索引符号引出，另绘详图。细部做法如地面、楼面的做法，可用多层构造引出标注。

3.1.2　建筑剖面图读图举例

剖面通常选择通过楼梯间、门窗洞口和内部结构比较复杂或者有变化的部位。

如图3-1所示剖面图的比例为1∶100，其室内外地坪线画加粗线（1.4b），地坪线以下的基础部分无须画出。剖切到的楼面、屋顶涂黑表示。剖切到的钢筋混凝土梁、楼梯均涂黑表示。每层楼梯由两个梯段和一个休息平台组成，称为双跑楼梯。楼层高3m。图3-1中还画了未剖切到而可以看见的梯段等。

3.1.3　建筑剖面图的绘图步骤

1）画基准线，即按尺寸画出房屋的定位轴线和层高线，注意定位轴线与平面图保持一致。

2）画墙及构配件的轮廓和门窗洞口线以及可见的部分等。

3）按规定画门窗图例、细部构造并注写尺寸、标高和文字说明等。

■ 3.2　建筑剖面设计

剖面设计主要分析建筑物各部分应有的高度、形式、建筑的层数、建筑空间的组合和利用，以及建筑剖面中的结构、构造关系等，它和房屋的使用、造价和节约用地等有密切关系，也反映了建筑标准的一个方面。其中一些问题需要将平面、剖面结合在一起研究，才能

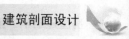

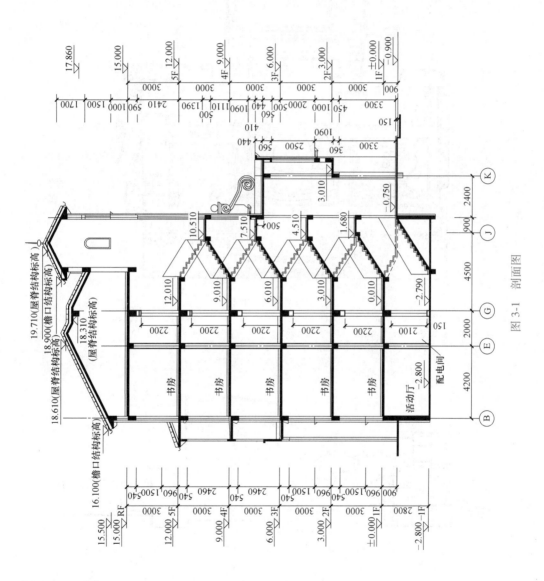

图 3-1 剖面图

具体确定下来。例如：平面中房间的分层安排、各层面积大小和剖面中房屋层数的通盘考虑，大厅式平面中不同高度房间竖向组合的平面、剖面关系，以及垂直交通联系部分楼梯间的位置和进深尺寸的确定等。图3-2、图3-3为某剧院的平面、剖面图，由于观众厅的视线、音响和舞台箱的吊景等具有不同的空间高度和剖面形状的要求，形成了如图3-3所示的剖面形状。

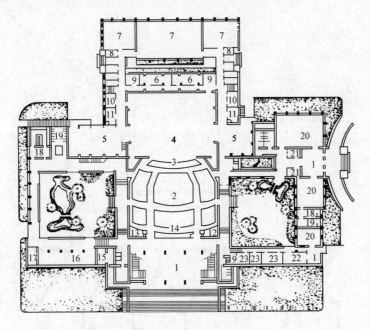

图 3-2 某剧院平面图

1—门厅 2—观众厅 3—乐池 4—舞台 5—侧台 6—化妆室 7—排练场 8—更衣室 9—服装室
10—候演室 11—化妆室 12—实况转播室 13—导演室 14—翻译室 15—小卖部
16—冷饮室 17—制冰室 18—男厕 19—女厕 20—接待室
21—服务室 22—会客室 23—办公室

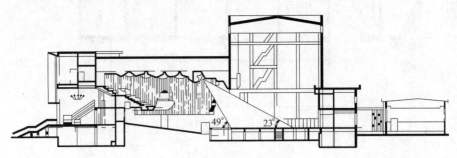

图 3-3 某剧院剖面图

3.2.1 房间的高度和剖面形状的确定

房间剖面的设计，首先需要确定建筑物的高度，建筑物每一层的高度是该部分的使用高度、结构高度和有关设备所占用高度的总和。这个高度一般称为层高，就是建筑物内某一层楼（地）面到其上一层楼面间的垂直高度，也就是在剖面图上需标注的第二道尺寸。一般来说，结构构件的高

房间的高度和
剖面形状的确定

度和设备所占用的空间高度是在给定条件下通过计算确定的。因此，建筑物各部分的使用高度是控制建筑物层高的制约因素，使用高度一般用净高表示，即房间内楼地面到顶棚或其他构件底面的垂直距离。室内净高和房间剖面形状的确定主要需要考虑以下几个方面：

（1）室内使用性质和活动特点的要求　不同的使用要求和不同的活动特点对空间的高度要求不同，例如：羽毛球训练馆和乒乓球训练馆由于活动的不同，净高要求也不同。生活用的房间住宅的起居室、卧室等，由于室内人数少、房间面积小，从人体活动的尺寸和家具布置等方面考虑，室内净高可以低一些，一般要求 2.4~2.7m；而宿舍的卧室也属于生活用房，但是由于室内人数比住宅起居室的稍多，又考虑到设置双层铺的可能性，因此，房间所需要的净高也比住宅的卧室稍高，一般要求 3.4m。而即使同样是汽车库，由于停放的汽车的不同，净高要求是不同的，如果停放微型车和小型车，最小净高要求是 2.2m，要是停放中型或者大型客车，最小净高要求则是 4.2m。一些室内人数较多、面积较大、具有视听等使用特点的活动房间，如学校的阶梯教室、电影院和剧院的观众厅、会场、体育馆等，这些房间的高度和剖面形状，需要综合视线要求、音质方面的要求，拍摄要求、电影放映要求及体育活动要求等许多方面的因素才能确定其房间的高度和剖面形状。

表 3-1 是一些常见的主要使用房间的最小净高要求。

表 3-1　常见房间的最小净高要求

建筑类别	房间名称	最小净高/m
住　宅	起居室、卧室	2.4
	厨房、卫生间	2.2
宿　舍	寝室（单层床）	2.6
	寝室（双层床）	3.4
旅　馆	客房（设空调）	2.4
	客房（不设空调）	2.6
	卫生间、走廊	2.1
办　公	办公室（一类）	2.7
	办公室（二类）	2.6
	办公室（三类）	2.5
	走廊	2.2
学　校	普通教室（小学）	3.1
	普通教室（中学、中师、幼师）	3.4
	实验室	3.4
	舞蹈教室	4.5
	教学辅助用房	3.1
	办公及服务用房	2.8
商　场	营业厅（自然通风）	3.2
	营业厅（机械通风）	3.5
	营业厅（空调）	3

（续）

建 筑 类 别	房 间 名 称	最小净高/m
饮 食	餐厅（小）	2.6
	餐厅（大）	3
	餐厅（设空调）	2.4
	厨房	3
车 站	候车室	3.6

（2）采光、通风的要求 室内光线的强弱和照度是否均匀，除了和平面中窗户的宽度及位置有关外，还和窗户在剖面中的高低及高度有关。房间里光线的照射深度，主要依靠侧窗的高度来解决。进深越大，要求侧窗上沿的位置越高，即相应房间的净高也要高一些。当房间采用单侧采光时，通常窗户上沿离地面的高度，应大于房间进深的一半；当房间允许两侧开窗时，房间的净高不小于总深度的1/4。为了避免在房间顶部出现暗角，窗户上沿到房间顶棚底面的距离，应尽可能留得小一些。但是需要考虑到房屋的结构、构造要求，即框架梁或窗户过梁或房屋圈梁等必要的尺寸。

窗台的高度主要根据室内的使用要求、人体尺度、家具或设备的高度来确定。一般民用建筑中生活、学习或工作用房，窗台的高度常采用900~1000mm，这样的尺寸和桌子的高度（约800mm），人坐时的视平线高度（约1200mm），相互的配合关系比较恰当。幼儿园建筑结构则结合儿童尺度，活动室的窗台高度采用600~700mm。对疗养建筑和风景区的一些建筑物，由于要求室内阳光充足或便于欣赏室外景色，一般降低窗台高度或做落地窗，这时候必须做好安全防护措施（可设置防护栏杆）。一些展览建筑，由于室内利用墙面布置展品，常将窗台提高到2500mm以上，高窗的布置对展品的采光有利（见图3-4），这时也需要相应提高房间的净高。

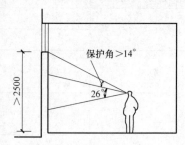

图 3-4　展览馆陈列室

（3）经济技术方面的要求 层高是影响建筑造价的一个重要因素。在满足使用功能要求的条件下，为了节约成本，应尽可能地降低层高。降低层高，可以减少墙体等建筑材料的用量，减轻房屋自重，改善结构受力状况。同时，在居住建筑设计中，降低层高又能减小房屋间距，从而节约用地。在严寒地区和炎热地区降低层高，也能减少采暖、空调费用。

（4）美观方面的要求 确定房间净高时，还应该考虑房间高度与房间的长度及宽度的比例及空间观感，满足人们的精神感受和审美要求。通常面积小的房间，净高宜低一些，具有亲切、安静、安全的气氛；面积大的房间，净高宜高一些，具有严肃、庄重的气氛，避免给人压抑感，设计的时候，可以通过不同的处理手法获得不同的空间效果。例如：西方的教堂利用窄而高的空间形成宗教建筑的神秘感。

3.2.2 室内外高差

一般民用建筑为了防止室外雨水流入室内，并防止墙身受潮，底层室内地面要高出室外地面，形成室内外地面高差。该高差主要受以下几个因素的影响：

（1）内外联系方便　建筑物内外高差应方便联系，对于一般的住宅、商店等建筑更是如此。室内外高差以不超过 600mm，即不超过四级台阶为宜；对于仓库、工业建筑，因常有车辆出入，为方便运输，入口处常设坡道，且高差不宜超过 300mm，这样不会由于坡道过长而影响室外道路布置。

（2）防水、防潮要求　为了防止室外雨水流入室内，防止墙身受潮，室内外地面应有一定的高差，一般要求为 300~600mm。对于地下水位较高或降雨量较大的地区以及防潮要求较高的建筑物，应当适当提高室内地坪高度，防止室内过潮。

（3）地形及环境条件　位于山地和坡地的建筑，应结合地形、地貌等因素，综合确定底层标高，使其既方便内外联系，又有利于室外排水和减少土石方工程量。

（4）建筑物性格特征　一般的民用建筑如住宅、旅馆、学校、办公楼等，是人们工作、学习和生活的场所，应具有亲切、平易近人的感觉，因此室内外高差不宜过大；而一些重要的建筑或纪念性建筑，通常要加大室内外高差，采用较高的台基或较多的踏步，来烘托严肃、庄重的气氛。

■ 3.3　房屋的层数与总高度

影响建筑层数与总高度的因素很多，主要有房屋使用要求，建筑结构和施工材料要求，基地环境和城市规划要求以及建筑防火要求等。

3.3.1　使用要求

不同使用功能和性质的建筑对层数的要求不同。托儿所、幼儿园、养老院等建筑为了使用安全和便于儿童和老人的户外活动，其层数不宜超过 3 层；医院、学校等建筑为了使用方便也宜控制在 3~4 层；体育馆，影剧院等大型公共建筑，具有较大的面积，集聚的人数多，为迅速而安全地进行疏散，宜建成单层或低层；住宅、办公楼等建筑，使用人数不多，房间的层高较低，面积不大，房间荷载不大，这一类建筑可以采用多层或高层，利用楼梯、电梯作为垂直交通工具。

3.3.2　建筑结构、材料的要求

建筑结构和材料是影响房屋层数的基本因素。砌体结构的建筑一般不超过 6 层，多层和高层建筑可采用梁柱承重的框架结构、剪力墙结构等结构体系。各种结构体系的适用层数及高度见表 3-2。

大跨度空间结构体系（如薄壳、网架、悬索结构等）则适用于单层或低层的大跨建筑，如影剧院、体育馆、火车站等。

表 3-2　各种结构体系的适用层数及高度

结构体系名称	适用功能	适用层数（高度）
框架	商业、娱乐、办公	12 层（50m）
框架剪力墙	酒店、办公	12 层（80m）
剪力墙	住宅、公寓	40 层（120m）

（续）

结构体系名称	适用功能	适用层数（高度）
框筒	办公、酒店	30层（100m）
筒体	办公、酒店、公寓	100层（400m）
筒中筒	办公、酒店、公寓	110层（450m）
束筒	办公、酒店、公寓	110层（450m）
带刚臂框筒	办公、酒店、公寓	120层（500m）
巨型支撑	办公、酒店、公寓	150层（800m）

3.3.3　建筑基地环境与城市规划

　　房屋的层数与所在地段的大小、高低起伏有关。如在相同建筑面积的要求下，基地范围小，相应的层数需多一些；若地形变化陡，为减少土石方量、布置灵活，建筑长度、进深不宜过大，从而要增加建筑层数。同时，确定房屋的层数不能脱离一定的环境条件，尤其是位于城市干道、广场、道路交叉口的建筑，对城市面貌影响很大，必须做到与周围建筑物、道路、绿化等相协调一致。同时要符合各地区城市规划部门对城市整体风貌的统一要求。

3.3.4　建筑防火要求

　　按照 GB 50016—2014《建筑设计防火规范（2018 年版）》的规定，不同耐火等级建筑的允许建筑高度或层数、防火分区最大允许建筑面积的规定，见表 3-3。

表 3-3　不同耐火等级建筑的允许建筑高度或层数、防火分区最大允许建筑面积

名　称	耐火等级	允许建筑高度或层数	防火分区的最大允许建筑面积/m²	备　注
高层民用建筑	一、二级	按本规范第 5.1.1 条确定	1500	对于体育馆、剧场的观众厅，防火分区的最大允许建筑面积可适当增加
单、多层民用建筑	一、二级	按本规范第 5.1.1 条确定	2500	
	三级	5层	1200	—
	四级	2层	600	—
地下或半地下建筑（室）	一级	—	500	设备用房的防火分区最大允许建筑面积不应大于 1000m²

　　注：1. 表中规定的防火分区最大允许建筑面积，当建筑内设置自动灭火系统时，可按本表的规定增加 1.0 倍；局部设置时，防火分区的增加面积可按该局部面积的 1.0 倍计算。
　　　　2. 裙房与高层建筑主体之间设置防火墙时，裙房的防火分区可按单、多层建筑的要求确定。

3.4 建筑剖面组合设计与空间利用

3.4.1 建筑剖面组合设计

在进行建筑空间剖面组合设计时，应根据使用性质和使用特点将各房间进行合理的垂直分区，做到分区明确、流线清晰、合理利用空间，同时应注意结构合理、设备管线集中。对于不同空间类型的建筑也应采取不同的剖面组合方式，主要有以下几种方式：

1. 重复小空间的剖面组合设计

这类空间的特点是面积大小、剖面高度相等或相近，在一栋建筑物内房间的数量较多，功能要求各房间相对独立。在剖面组合设计中，将剖面高度相同，使用功能相近的房间组合在同一层上，以楼梯、电梯将各垂直排列的空间联系起来构成一个整体。这种形式有利于统一各层标高、简化结构。适用于走道式和单元式的组合方式，如住宅、医院、学校、办公楼等。

2. 大小、高低相差悬殊的剖面组合设计

（1）以大空间为主体，小空间围在大空间周围或看台下 常用于影剧院、体育馆等以大空间为主体的建筑类型的空间组合时，以大空间为中心，在其周围布置小空间，如化妆间、办公、卫生间或运动员休息室、更衣室、贵宾室等。与"广厅式"平面组合方式是对应的，如图 3-5 所示。

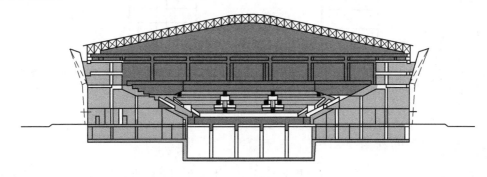

图 3-5 某体育馆剖面图

（2）以小空间组合成主体建筑，灵活布置大空间 某些类型的建筑，构成建筑的主要房间为小空间，但还需要布置少量大空间，如教学楼中的阶梯教室、办公楼中的大会议室、旅馆中的餐厅、临街商住楼中的营业厅等。这类建筑一般的空间组合处理方法有以下两种：

1）主体与大空间脱开布置。即以小空间为主形成主体建筑，将个别的大空间附建于主体建筑旁，大空间可根据需要选择合适的结构形式，从而不受主体建筑的层高和结构的限制，如图 3-6 所示。

2）将大空间布置在主体建筑中。可以将大空间布置在主体建筑的顶层或底层，如图 3-7所示。

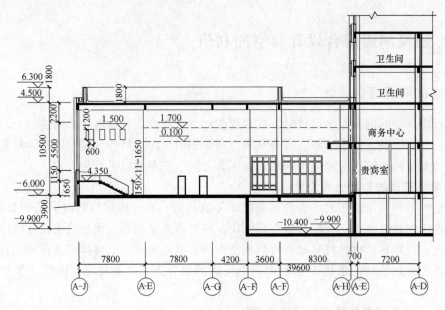

图 3-6 某高层大厦局部剖面

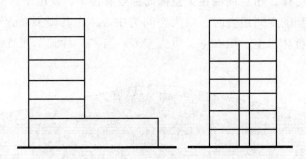

图 3-7 大空间布置在顶层或者底层

3.4.2 建筑空间的利用

建筑空间的利用涉及建筑的平面及剖面设计,体现在剖面体型设计和室内空间利用两方面。因此,合理地最大限度地利用空间以扩大使用面积,是空间组合的重要问题。

(1) 结构悬挑增加使用空间 有些建筑的楼层、顶层结构,可采用结构悬挑的方式增加使用面积。更有一些建筑以层层悬挑的独特倒金字塔的形式,充分利用空间的同时,也增加了立面空间的效果,如 2010 年上海世博会的中国馆(见图 3-8)。

(2) 室内空间的利用 充分利用室内空间不仅可以增加使用面积,还可以起到改善室内空间比例、丰富室内空间的艺术效果。

1)夹层空间的利用。前面介绍的体育馆、影剧院建筑,在观众厅周围或看台下布置小空间,也是利用夹层空间的一种设计方法。在普通公共建筑中,例如营业厅、候机楼等,由于功能要求其主体空间与辅助空间的面积和层高不一致,因此常采取在大空间周围布置夹层的做法,从而达到利用空间及丰富室内空间效果的目的。

2)结构空间的利用。在空间组合设计中,将结构空间与功能空间在面积、形状、层高

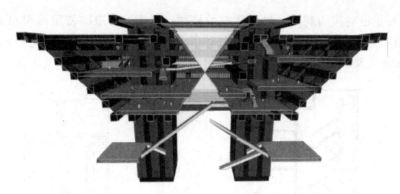

图 3-8 上海世博会中国馆剖透视图

上尽量统一起来，是充分利用空间的有效方式。此外，结构构件所占用的空间应尽量利用，如可利用墙体厚度设置壁龛、窗台柜，利用角柱布置书架及工作台等，如图 3-9 所示。

图 3-9 利用墙体厚度设置壁龛和休息座

在我国各地的传统民居中，有许多优秀的空间利用的设计手法值得借鉴，如利用坡屋顶的阁楼部分拓展使用空间等，如图 3-10 所示。

图 3-10 坡屋顶的空间利用

3）楼梯及走道空间的利用。民用建筑的楼梯、走廊、走道的使用面积和宽度都较小，因此高度也相应要求低一些。因而可以充分利用这些地方的上部的空间，进行吊顶处理，利用其布置设备管道及照明线路或储藏等，如图 3-11 所示。

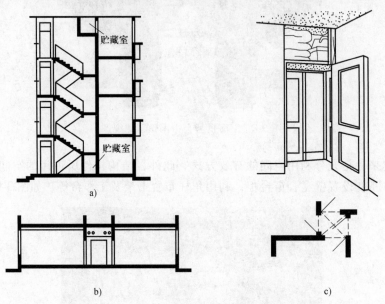

图 3-11　楼梯及走道部分的空间利用
a）楼梯间上下空间作贮藏室　b）走道上空作技术夹层　c）住宅走道上空作吊柜

1. 房间高度和剖面形状需要考虑哪些方面因素？
2. 什么是层高、净高？
3. 确定建筑物的层数应考虑哪些因素？
4. 室内外地面高差的确定应考虑哪些因素？

第4章 建筑体型和立面设计

 导 读

本章提要：建筑体型和立面设计是民用建筑设计的重要组成部分。本章主要以大量的建筑实例来讲解建筑体型和立面设计的原则、建筑体型和立面设计的美学与秩序原理、建筑体型设计方法、建筑立面设计内容与方法。本章的教学重点是建筑体型和立面设计方法；教学难点是美学与秩序原理在建筑体型和立面设计上的应用。

建筑体型指建筑物的轮廓形状，它反映了建筑物总的体量大小、组合方式以及比例尺度等。建筑立面是指建筑物的门窗组织、比例与尺度、入口及细部处理、装饰与色彩等。建筑体型是建筑的雏形，而立面设计是建筑物体型的进一步深化。

建筑体型和立面是构成建筑的重要元素。它作为建筑的外在表现，不仅能够为建筑遮风挡雨，同时也是文化的表征，以不同的材质、色彩、造型体现建筑的形象与风格。建筑体型和立面更是人们与城市对话的平台，代表着一个城市的精神风貌。随着城市化进程的快速发展，建筑体型和立面设计在改善居住环境、美化城市、文化传承等方面的作用日益为人们所重视，相关的设计及改造项目也越来越多。

建筑体型和立面设计是整个建筑设计的重要组成部分，贯穿整个设计的始终。在方案设计一开始，就应在功能、物质技术条件等的制约下按照美学原则，考虑建筑体型及立面的雏形。随着设计不断深入，在平面、剖面设计的基础上对建筑外部形象从总体到细部反复进行推敲，使之达到形式与内容的统一，这是建筑体型和立面设计的主要方法。

■ 4.1 建筑体型和立面设计的原则

4.1.1 时代性原则

设计的时代性原则不是片面、单向的。它包含两个层次：首先，要立足于时代，既要从时尚中寻求灵感，又要超越时尚把握内在的本质；其次，经典和传统是时代性之根，建筑立面设计离不开经典和传统的作用，一方面是对经典永恒价值有选择地借鉴，另一方面是对传统内在精神有目的地传承。如图4-1所示，拉萨火车站继承了藏族传统建筑特点，并结合现代建筑设计手法和技术手段，建筑立面设计充分体现了时代性原则。

图 4-1 拉萨火车站

4.1.2 地域性原则

地域性原则是一种开放的态度。一个民族或地域的建筑特色，来源于本国、本区域建设资源的最佳利用（广义讲包括自然资源和人文资源），体现地域特色和文化，使人们在精神上有归属感。自然资源，如地形、光线、风和气候等；人文资源，如种族、身份、历史、风俗以及构造方法等。建筑立面设计应该在尊重地方自然资源与人文资源的基础上进行设计，才能体现地域特色和文化，使人们在情感上得到一种认同和归属。

（1）符合城市规划的要求　单体建筑是规划群体的一个局部，群体建筑是更大的群体或城市规划的一部分，所以拟建房屋无论是单体或群体的体型、立面，还是建筑内外空间组合以及建筑风格等方面，都要认真考虑和规划建筑群体的配合（见图 4-2）。

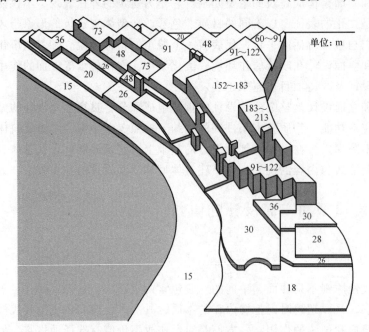

图 4-2 建筑单体与城市规划的关系

（2）**符合基地环境的要求** 建筑本身处于一定的基地环境之中，是构成该处景观的重要因素。因此建筑体型及立面设计要注意与周围道路、原有建筑呼应配合，考虑与地形、绿化等基地环境协调一致，使建筑与室外环境有机融合在一起，达到和谐统一的效果（见图4-3）。

图4-3 流水别墅融合于环境之中

4.1.3 功能性原则

（1）**反映建筑使用功能要求** 建筑是供人们生产、生活、工作、娱乐等活动而建造的房屋。这就要求建筑设计首先要从功能出发，不同的功能要求形成了不同的建筑空间，而不同的建筑空间所构成的建筑实体又形成建筑外形的变化，因而产生了不同类型的建筑外观。与此同时，建筑外观形象又反映出建筑的性质、类型。形式服从功能是建筑设计遵循的原则。

（2）**符合建筑类型特征** 一般一个优秀的建筑外部形象必然要充分反映出室内空间的要求和建筑物的不同性格特征，达到形式与内容的辩证统一，由此产生建筑类型特征。建筑外部形象若能充分地反映其内部功能所决定的内部空间特征，就具备了强烈的可识别性，也就是"形式追随功能"。例如住宅建筑，由于功能的要求，空间较小，立面常采用亲切的尺度构图，如成组的阳台和小巧的窗户，使人感到舒适性，可识别性强（见图4-4）；商业建筑，由于人流较多，常采用大体块构图形成虚实对比关系，并用明亮的色彩营造出热烈的气氛（见图4-5）。

图4-4 住宅建筑

图4-5 商业建筑

4.1.4　技术性原则

（1）符合材料性能、结构、构造和施工技术　建筑是运用大量的建筑材料，通过一定的技术手段建造起来的，可以说，没有将建筑变成现实的物质基础和工程技术，就没有建筑艺术。因此它必然在很大程度上受到物质和技术条件的制约。

不同的结构形式由于受力特点不同，反映在体型和立面上也截然不同。如砖混结构，由于外墙要承受结构的荷载，立面开窗就受到严格的限制，因而其外部形象就显得厚重；而框架结构由于外墙不承重，则可以开大窗或带形窗，外部形象就显得开敞、轻巧；空间结构不仅为大型活动提供了理想的使用空间，同时各种形式的空间结构又赋予建筑极富感染力的独特的外部形象。此外，不同装修材料的运用，其艺术表现效果明显不同，在很大程度上影响到建筑作品的外观和效果（见图4-6、图4-7）。

图 4-6　框架结构——萨伏依别墅

图 4-7　网架结构——大连市民健身中心

（2）符合国家建筑标准和相应的经济技术指标　各种不同类型的建筑物，根据其使用性质和规模，必须严格把握国家规定的建筑标准和相应的经济技术指标。在建筑标准、所用材料、造型要求和建筑装饰等方面要区别对待，防止片面强调建筑的艺术性而忽略建筑设计的经济性。应在合理满足使用要求的前提下，用较少的投资建造美观、简洁、朴素、大方的建筑。

4.1.5　经济性原则

建筑物从总体规划、建筑空间组合、材料选择、结构形式、施工组织直到维修管理等都包含着经济因素。经济性原则要求建筑体型和立面设计应有准确的定位。由于建筑立面设计可以用作表达财富和经济地位的象征，很容易导致不顾建筑的艺术性而将豪华材料堆砌起来，成为实现"形象工程"的手段。从经济性原则出发的建筑立面设计，既不是盲目地追求豪华气派，也不是不顾场合地降低标准，而是本着节约和控制的原则，根据建筑的性质、周围的环境、社会的经济和技术条件等因素理性的确定建筑立面设计的定位。

4.1.6　审美性原则

建筑体型和建筑立面设计中的审美性原则，就是指建筑构图的一些基本规律，例如均衡与稳定、节奏与韵律、比例与尺度、对比与协调等。这些有关造型和立面设计的美学基本原则，不仅适用于单体建筑的外部，而且适用于建筑内部空间处理和建筑总体布局。

4.1.7 大众性原则

建筑立面设计不应是设计师个性化的体现和实验性的产物，而是综合社会、经济、技术、文化等诸多因素的设计；建筑立面装饰应该注意到人们的生活经验和审美习惯，创造出能够为广大群众所理解和认同的装饰，做到"雅俗共赏"。建筑最终是为大众服务的，所以设计师更应该从大众的需要出发进行设计，使设计与大众联系起来。

■ 4.2 建筑体型和立面设计的美学与秩序原理

4.2.1 以简单的几何形状取得统一

正方形、正三角形、圆形等简单几何图形，由于构成几何形状的要素之间具有严格的制约关系，从而给人以明确、肯定的感觉——这本身就是一种秩序和统一。古代许多著名的建筑都曾借这些简单的几何形状而获得高度的统一性，就是到了近代，尽管功能要求复杂多样，但建筑师还是通过它来获得构图上的完整统一。例如古罗马万神庙和拉维莱特科学城球形电影厅都采用了球形体量（见图4-8、图4-9）。

图4-8 古罗马万神庙

图4-9 拉维莱特科学城球形电影厅

4.2.2 主从与重点

植物的干与枝、花与叶；动物的躯干与四肢（或翼）；各种艺术形式中的主题与副题、主角与配角等都表现为一种主与从的关系。这给我们一种启示：在一个有机统一的整体中，各组成部分是不能不加区别而一律对待的，它们应当有主与从的差别、有重点和一般的差别、有核心和外围组织的差别，不然的话，各种要素平均分布、同等对待，即使排列的整整齐齐也难免会流于松散单调而失去统一性。

在建筑设计领域中，从平面组合到立面处理，从内部空间到外部体型，从群体布局到细部装饰，为了达到统一应处理好主从关系。由若干要素组合而成的整体，如果把作为主体的体量要素置于中央突出地位，而把其他次要要素从属于主体，这样就可以使之成为有机统一的整体（见图4-10、图4-11）。

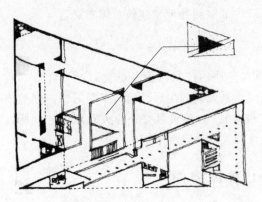

图 4-10　华盛顿美国国家艺术博物馆东馆平面图　　　图 4-11　华盛顿美国国家艺术博物馆东馆外观

4.2.3　均衡与稳定

处于地球引力场内的一切物体，如果要保持平衡、稳定，必须具备一定的条件。例如像山那样下部大上部小，像树那样向四周对应地出权，像人那样具有左右对称的体型，像鸟那样具有双翼……自然界这些客观存在既然不可避免地要反映于人的感官，就必然会给人以启示：凡是符合上述条件的，就会使人感到均衡和稳定，而违反这些条件的，就会使人产生畸重畸轻，即将倾覆和不安定的感觉。

山和树表现为一种静态的均衡和稳定，靠的是接近地面的部位大而重；下端粗上端细的树干的支承、向四面八方对应地长出枝权等，这些都会使人联想到方尖锥形的金字塔、古典柱式的收分，各种对称形式的格局（见图 4-12）。

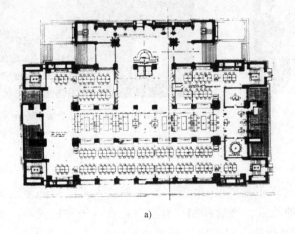

a)

b)

图 4-12　静态平衡：拉金公司办公楼，劳埃德·赖特
a）平面图　b）外观

除了静态均衡外，有些物体则是依靠运动来求得平衡的（见图 4-13），例如旋转着的陀螺、展翅飞翔的鸟、行驶着的自行车……这种平衡称之为动态平衡。在建筑领域中，采用砖石结构的中西方古典建筑，多遵循静态均衡的原则；随着现代结构技术的发展和进步，动态均衡对于建筑形体处理的影响将日益显著。

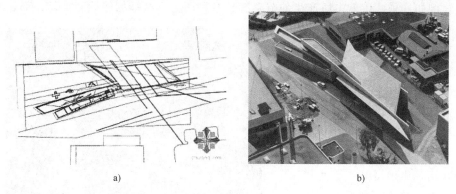

a)   b)

图 4-13　动态平衡：维特拉消防站，扎哈·哈迪德
a）平面图　b）外观

4.2.4　对比与微差

一个有机统一的整体，各种要素除按照一定秩序结合在一起外，必然还有各种差异，对比与微差所指的就是这种差异性。对比指显著的差异，微差指不显著的差异。就形式美来讲，这两者都是不可缺少的。对比可以借相互之间的烘托、陪衬而突出各自的特点以求得变化；微差可以借彼此之间的连续性以求得谐调。只有把这两者巧妙地相结合，才能获得统一性（见图 4-14）。

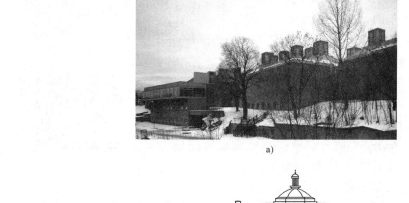

a)

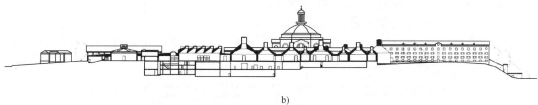

b)

图 4-14　斯德哥尔摩现代艺术博物馆，拉斐尔·莫尼奥
a）外观　b）剖面图

4.2.5　韵律与节奏

自然界中许多事物和现象，往往由于有规律地重复出现或有秩序的变化而激发人们的美感，并使人们有意识地加以模仿和运用，从而出现了以具有条理性、重复性、连续性为特征

的韵律美。例如音乐、诗歌中所产生的节奏感，某种图案、纹样的连续和重复，都是韵律美的一种表现形式。

由于韵律本身具有极其明显的条理性、重复性，连续性，因而在建筑设计领域中借助于韵律处理既可以建立起一定的秩序，又可以获得各种各样的变化，就是说有助于获得有机统一性。关于这点我们可以从韵律在建筑中运用的广泛性和普遍性，不论是整体或细部、内部空间或外部体型，单体或群体，也不论是古今中外的建筑，都能得到有力的证明（见图4-15）。

图 4-15　芝贝欧文化中心，伦左·皮阿诺

4.2.6　比例与尺度

尺度是指某物比照参考标准或其他物体大小时的尺寸；比例则是指一个部分与另外一个部分或整体之间的适宜或和谐的关系。这种关系不仅仅是重要程度的关系，也是数量大小与级别高低的关系。在决定事物的比例时，设计者通常有一个选择范围，有些是通过材料的性质，通过建筑要素的应力方式以及事物的构成方式呈现给我们（见图4-16）。

在建筑设计领域中从全局到每个细节无不存在这样一些问题：大小是否合适？高低是否合适？长短是否合适？宽窄是否合适？粗细是否合适？厚薄是否合适？收分、斜度、坡度是否合适？这一切其实就是度量之间的制约关系，也就是比例问题。总而言之，前

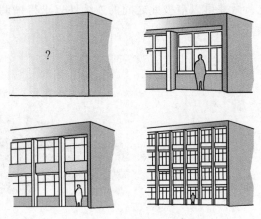

图 4-16　建筑的尺度感

面所讲的主从、轻重、对比、微差等归根到底也还是个比例问题。由此可见，如果没有良好的比例关系，就不可能达到真正的统一（见图4-17）。

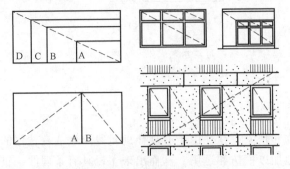

图 4-17　以相似比例达到和谐统一

4.3 建筑体型设计方法

4.3.1 积聚

所谓积聚指一些形态要素的积集聚合。积聚是一种"加法"的操作。这种手法是将基本的几何形体（如球体、圆柱、棱柱、长方体等）进行各种组合，从而产生抽象而又丰富的外立面形式。

（1）增加 一种形式可以通过在其容积上增加要素的方法取得变化。增加过程的性质、添加要素的数量和相对规模，决定了原来形式的特性是被改变了还是被保留下来（见图4-18）。

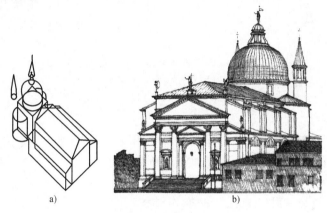

a) b)

图4-18 伊尔·瑞登托教堂，帕拉迪奥
a) 分析 b) 外观

（2）穿插 穿插是一种相交的形态。穿插可以是面与体穿插，也可以是相同形穿插或异形穿插（见图4-19）。

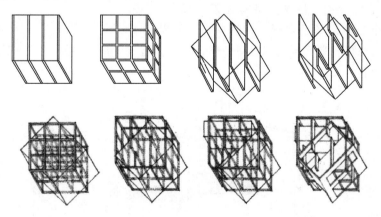

图4-19 三号住宅，彼得·埃森曼

（3）相似与重复 相似与重复是通过不同角度，以不同的组合方式表现同样的形状。重复使单体变为组合体，使有个性单体的性格特征进一步加强。重复不仅强化了个体的性质，而且通过它们的相互作用，造成群体的综合效果。它们可能是一种质感，或是一种图形、一种韵律（见图4-20）。

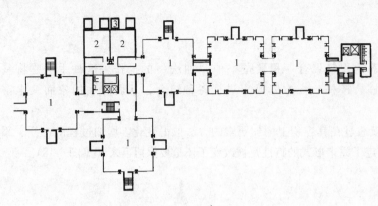

a) 　　　　　　　　　　　　　　　　　　b)

图 4-20　理查德研究楼，路易斯·康
a）平面图　b）外观

4.3.2　切割

积聚是把基本形态作空间运动，按骨骼系统集积起来成为整体。而切割是把一个整体形态分割成一些基本形进行再构成。

（1）消减　切割是一种"减法"的操作过程。可以将一个形象或者一个块体作各种不同的分割，从而赋予形态以不同的、新的性格，进一步可以去掉一部分基本形，形成减缺、穿孔或消减（见图4-21）。

（2）错位　也可以把切割出来的基本形作各种位置的变化，加以滑动、拉开、错落等移位操作。因为原本是一个整体，经过切割、移位操作，如果

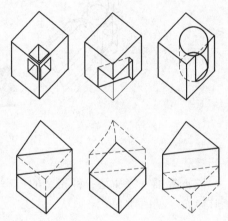

图 4-21　建筑形体的消减

其变化还能看出原形，那么各局部之间的形态张力会造成一种复归的力量，使整体形态具有统一的效果（见图4-22）。

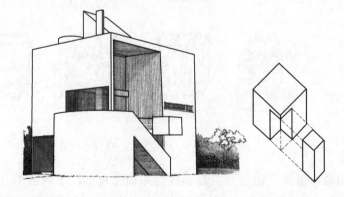

图 4-22　格瓦斯梅住宅，查尔斯·格瓦斯梅

4.3.3 变形

将基本素材进行变形，是形态设计中另一种操作手段。将形态进行变形的操作，主要指对基本形态线、面、块进行卷曲、扭弯、折叠、挤压、生长、膨胀等各种操作，使形态力发生变化，产生紧张感，从而形成各种新形态。变形的结果称为写形，写形依附原形，但与原形不同。可以认为在变形的过程中原形有着逐渐膨胀、分散的倾向。从有秩序向无秩序过渡的倾向，从主观的、机械的操作到无意识的、情感的创作的倾向。这种变形的形态操作过程（同样也适合于积聚和切割的操作过程，如果把变形的概念扩大的话，积聚和切割也是一种变异）帮助形态设计中逻辑与情感这两种思维元素的结合。

（1）仿生 模仿生物形态的造型，表现生命形态的生机和活力，有利于融合人、建筑与自然的关系。例如乌鲁鲁–卡塔–楚塔土著人文化中心的建筑体型就是受到当地的传说中的蛇的造型的启发（见图4-23）。

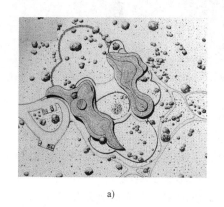

a)

b)

图4-23 乌鲁鲁–卡塔–楚塔土著人文化中心，格里戈里·巴格斯
a）总平面图 b）外观

（2）几何变异 几何形具有规则性和简洁鲜明的特征，而规则也有局限性。从某种程度上说，几何形的规范是对生命发展的对抗。几何变异反映生命所固有的运动变化趋势。物体在力的作用下发生变形，变形反映力的作用，力是生命力和运动的暗示。几何变形表达受力之感和生命的律动感（见图4-24）。

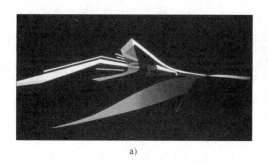

a)

b)

图4-24 园艺博览会展览馆，扎哈·哈迪德
a）概念模型 b）外观

■ 4.4 建筑立面设计内容与方法

4.4.1 建筑立面设计内容

根据建筑外观的构成元素来划分，建筑立面设计的内容包括建筑入口墙体、屋顶、门窗、细部以及环境。

(1) 入口 建筑入口是从室外进入室内的部分，主要起到组织交通的作用，同时还具有空间的过渡与转换、建筑功能的标志与识别、建筑文化内涵的体现等其他功能。因此，建筑入口的设计在建筑立面设计中具有非常重要的作用。一般情况下，建筑立面的入口与建筑台阶、坡道、雨篷、标志、装饰构筑物等共同组成建筑的入口，成为建筑外观中重要的组成元素之一，也是建筑立面设计重要推敲的部位（见图 4-25）。

图 4-25 芬兰赫尔辛基美术馆入口

(2) 墙体 墙体在建筑立面中占有绝大部分的面积，对建筑立面的形式、风格等起着决定性作用。墙体在设计时要满足承重、围护、分隔空间等使用功能的需求，同时对不同的建筑结构形式，墙体所起的作用也有区别。例如，砖混结构和剪力墙结构的墙体起到承重、围护和分隔空间的作用，而框架结构的墙体多使用砌块砌筑，主要起到围护和分隔空间的作用，因此，设计师应该先了解建筑结构及特点，然后对墙体进行合理的设计。同时建筑外墙还须满足保温、隔热、隔声等物理技术指标的要求，在墙面的空间处理、材料质感、色彩搭配等方面进行美化装饰（见图 4-26）。

a) b)

图 4-26 中国国家游泳馆立面设计
a) 外观 b) 墙体细部

(3) 门窗 门作为建筑的构成元素，是建筑的入口，同时也具有坚固的防护性。门的设计需要注意门的尺度、开启方式、造型、门与周边界面的处理、门的细部设计等。

窗户是建筑立面的组成部分，窗户的形式、大小、排列方式都影响着建筑的形象。窗户在设计时，需要考虑窗的尺寸是否符合相关规范的要求，如窗口尺寸应符合 GB/T 50002—2013《建筑模数协调标准》的规定，各类窗的高度与宽度尺寸通常采用扩大模数 3M 作为洞口的标志尺寸。此外，窗户的尺寸还应满足窗地比的要求和采光通风、保温、隔热的要求。外墙窗户的设置还要考虑室内空间的划分和空间的高度，形式要与建筑的形象、风格统一协调（见图 4-27）。

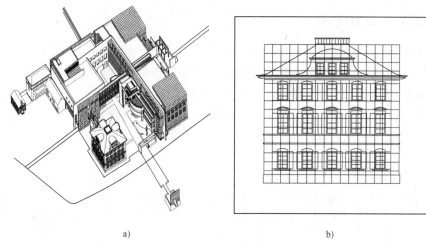

图 4-27　装饰艺术博物馆窗的设计，理查德·迈耶
a）外观　b）窗设计分析

（4）屋顶　屋顶是建筑的主要遮蔽要素，被称为建筑的第五立面。其形式取决于结构的材料、跨越空间的方式，以及上面的荷载。作为一个视觉设计要素，屋顶是建筑的"帽子"，对建筑的外观造型有极大的影响（见图 4-28）。

屋顶的表现形式有三种形式：一是位于建筑上方成为独立的遮蔽物；二是与墙融合为一体，强调建筑的体量；三是在气候炎热的地区，屋面可以抬高，让凉爽的微风吹进来。

屋顶设计时还要考虑建筑的保温、隔热等物理技术指标。在严寒和寒冷地区屋顶需要设置保温层，增加建筑的保温性；在夏热冬暖地区需要考虑屋顶的隔热设计，需要设置通风层、蓄水屋面、种植屋面（见图 4-29）等，达到降低室内温度的作用。同时屋顶应做好防水设计，设置防水混凝土、高分子防水材料、改性沥青等防水层。

图 4-28　朗香教堂屋顶设计，柯布西耶

图 4-29　种植屋面

（5）**细部** 建筑立面的细部设计可分为功能性细部设计和装饰性细部设计两种。功能性细部设计是指功能性构件本身的细部设计以及与其他构件连接处的细部处理，例如入口雨篷的设计、室外楼梯的设计、玻璃幕墙钢结构与玻璃之间的连接处理等。而装饰性细部设计是指线脚、雕塑、图案、纹样等，是从美观的角度对建筑的外立面进行装饰。

4.4.2 建筑立面设计方法

（1）**点式** 由小的、相对独立的形式单位构成整体的模式，常用在城市规划中的建筑布局和建筑的立面设计中。点式结构具有活泼感。建筑中常用窗洞的自然分布形成外立面。例如点式建筑立面上的点具有跳动感，有利于活跃建筑气氛（见图4-30）。

（2）**三段式** 三段式是一种特殊的横线式构图，在建筑立面造型中广泛采用，三段式具有简明的节奏感（见图4-31）。

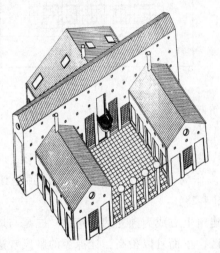

图 4-30 点式建筑立面　　　　　　　图 4-31 三段式建筑立面

（3）**线式** 线式分为水平式（见图4-32）和垂直式（见图4-33）两种形式，这种形式在建筑立面中应用较多。

图 4-32 水平式建筑立面　　　　　　　图 4-33 垂直式建筑立面

（4）**网格式**　网格式是一种采用方格对位排列、均衡展开的模式。最常见的网格是以几何方形为基础的。因为它的几个量度相等，两个方向对称，所以一个一个正方形的网格基本上是无等级、无方向的。网格可以用来细分一个表面的尺度，使之布满可以度量的单位，并使该表面具有均匀的质感（见图4-34）。

（5）**对称式**　对称式沿轴线对称布置，秩序井然，具有严整、规则之感（见图4-35）。

图4-34　网格式建筑立面　　　　　　　　　　　图4-35　对称式建筑立面

（6）**边框式**　边框式用在立面造型中的半圆台式、围合式结构，又称为门式，是一种周围实、中间虚的中空式结构（见图4-36）。

（7）**螺旋式**　螺旋式是从中心出发，顺着旋转方向均衡变化的运动。螺旋式表达环绕、向心和向上攀升的姿态。螺旋式具有运动感（见图4-37）。

图4-36　边框式建筑立面　　　　　　　　　　图4-37　螺旋式建筑立面

需要指出的是，列举的建筑形式结构的基本样式是在总结建筑造型设计的规律性，在具体的建筑中，尽管某些单纯的样式是存在的，但是在一般情况下，各类样式之间还是互相补充、互相渗透的，建筑造型是个综合的创作过程，单独采用一种样式常常不能满足多方面的表现要求，在实际设计中，往往是以一两种样式为主，建筑师还可以根据具体的条件和环境，结合其他形式做出取舍和变化，不断创造出新的、具有特色的建筑立面。

思 考 题

1. 建筑体型和立面设计的美学与秩序原理有哪些？
2. 建筑体型设计常采用哪些方法？
3. 建筑立面设计方法有几种？具体说明。
4. 绘制教学楼（或办公楼）和住宅的立面。

第3篇

民用建筑构造设计

第5章 建筑构造概论

导读

本章提要：建筑构造是研究建筑物各组成部分的构造原理和构造方法的学科。主要讲述房屋是由哪些基本构件组成，各构件在房屋中所起的作用，介绍影响建筑构造的主要因素、建筑构造的设计原则及建筑构造图的基本表达方法。本章的主要任务是根据建筑物的使用功能、技术经济和艺术造型要求提供合理的构造方案，作为建筑设计的依据。本章的教学重点是建筑物的构造组成及影响建筑构造的基本因素；教学难点是详图符号、索引符号的表达方法。

5.1 建筑物的构造组成

各种建筑虽然在使用要求、空间处理、构造方式及规模大小方面有着各自特点，但构成建筑物的主要部分一般都是基础、墙或柱、楼地层、楼电梯、屋顶和门窗等几大部分（见图5-1），它们在不同的部位，发挥着各自的作用。

建筑物的构造组成

（1）基础　基础是位于建筑物最下部的承重构件，直接与土层接触，承受着建筑物的全部荷载，并将这些荷载传给地基。因此地基必须坚固、稳定而可靠。

（2）墙或柱　墙或柱为竖向承重构件，支撑屋顶、楼面等，并将这些荷载和自重传给基础。

（3）楼地层　楼地层包括楼板层和地坪层，是水平方向分隔房屋空间的承重构件，楼板层分隔上下楼层空间，地坪层分隔大地与底层空间。

（4）楼电梯　楼电梯作为楼层间垂直交通构件，用于楼层之间和较大高差时的交通联系。在设有电梯、自动梯作为主要垂直交通手段的多层和高层建筑中也要设置楼梯。高层建筑尽管采用电梯作为主要垂直交通工具，但仍然要保留楼梯供火灾时逃生之用。

（5）屋顶　屋顶是房屋顶层覆盖的外围护结构和水平受力构件，是用于抵御自然界的风霜雨雪、太阳辐射、气温变化以及其他不利因素。

（6）门窗　门窗按其所处的位置不同分为围护构件和分隔构件，要求具有保温、隔热、隔声、防水、防火、节能等功能。门和窗是建筑物围护结构系统中重要的组成部分，又是建筑造型的重要组成部分，所以它们的形状、尺寸、比例、排列、色彩、造型等对建筑的整体造型都有很大的影响。

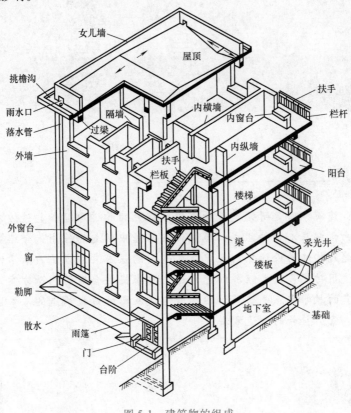

图 5-1　建筑物的组成

■ 5.2　影响建筑构造的因素和设计原则

5.2.1　影响建筑构造的主要因素

建筑物建成投入使用后，要经受自然界各种因素的影响。为了提高建筑物对外界各种影响的抵御能力，延长建筑物的使用寿命，更好地满足使用功能要求，在进行建筑构造设计时，必须充分考虑到各种对建筑物的影响因素，以便根据影响程度，提供合理的构造方案。影响建筑构造的因素很多，归纳起来可以分为以下几个方面：

（1）外力作用的影响　作用在建筑物上的各种外力统称为荷载。荷载可分为恒荷载（如建筑物的结构自重）和活荷载（如人群、家具、设备、风雪及地震荷载等）两种。荷载的大小是建筑设计的主要依据，也是结构选型的重要基础，它决定着构件的尺度和用料。而构件的选材、尺寸、形状等又与构造密切相关。所以在确定建筑构造方案时，必须考虑外力的影响。在外荷载中，风力的影响不可忽视，风力往往是高层建筑水平荷载的主要因素，随着地面高度的不同而变化；特别是在沿海、沿江地区，风力影响更大，设计时必须遵照有关设计规范执行。此外，地震力是目前自然界中对建筑物影响最大的一种因素。我国是地震多发国家之一，地震分布也相当广泛，因此必须引起高度重视。在进行建筑物抗震设计时，应以各地区所采用的抗震设防烈度为依据予以设防。地震烈度是指在地震过程中，地表及建筑物受到影响和破坏的程度。

（2）人为因素的影响　人们在从事生产和生活的活动过程中，往往会造成对建筑物的影响。如火灾、战争、爆炸、机械振动、化学腐蚀、噪声等，都属于人为因素的影响。所以，在进行建筑构造设计时，必须针对各种可能的因素，采取相应的防火、防爆、防振、防腐蚀、隔声等构造措施，以防止建筑物遭受不应有的损失。

（3）自然气候条件的影响　我国地域辽阔，各地区之间的地理环境不同，大自然的条件也有差异。由于南北纬度相差较大，从炎热的南方到寒冷的北方，气候条件差别也较大。由于气温的变化，太阳的热辐射，自然界的风、霜、雨、雪，地下水等，都是构成影响建筑物使用功能和建筑构配件使用质量的重要因素。有的会因材料的热胀冷缩而开裂，严重的甚至会遭受破坏；有的会出现渗漏水现象；有的会因室内温度过热或过冷而妨碍工作等。总之会影响建筑物的正常使用。故在建筑构造设计时，应针对建筑物所受影响的性质与程度，对各有关构配件及相关部位采取必要的防范措施，如设置防潮层、防水层、保温层、隔热层、隔蒸气层、变形缝等，以保证建筑物的正常使用。

（4）建筑技术条件的影响　随着社会的进步，社会劳动生产力水平的不断提高，建筑材料、建筑结构、建筑设备、建筑施工技术等也在发生着翻天覆地的变化。因此，民用建筑的构造设计也随之变得更加丰富多彩了。例如新型材料在建筑工程中的应用，有效地解决了建筑结构的大跨度问题，新的装饰装修及采光通风构造不断涌现。所以，建筑构造也并非是一成不变的固定模式。在建筑构造设计中要正确解决好采光、通风、保温、隔热、洁净、防潮、防水、防振、防噪声等问题，应以构造原理为基础，在利用原有的、标准的、典型的建筑构造的同时，不断发展和创造新的构造方案。

（5）经济条件的影响　随着建筑技术的不断发展和人们生活水平的不断提高，各类新型的节能材料，新型的防火、防水材料，配套的高档家具设备、家用电器等相继涌现，人们对建筑的使用要求也越来越高。建筑标准的变化，必然使建筑质量标准和建筑造价也发生较大的变化，所以，对建筑构造的要求也必将随着经济条件的改变而发生着较大的变化。

5.2.2　建筑构造设计原则

建筑构造设计应遵循以下几项基本原则：

（1）满足建筑使用功能的要求　使用功能是建筑设计的首要原则。在构造设计时，建筑物使用性质和所处条件、环境的不同对构造设计有不同的要求。如北方地区要求建筑在冬季能保温，南方地区则要求建筑通风、隔热的功能好，有的建筑物还要考虑吸声、隔声等要求。因此，要较好地满足建筑使用功能需要，在构造设计时就必须综合考虑有关技术知识，进行合理的设计，选择并确定经济合理的构造方案。

（2）确保结构安全　建筑物除根据荷载大小、结构的要求确定构件的必须尺寸之外，对一些零部件的设计都必须在构造上采取必要的措施，保证构件的整体刚度及构件之间的连接，确保建筑物在使用时的安全。

（3）适应建筑工业化和建筑施工的需要　确定的建筑方案不仅要符合当地的施工条件，还应大力推广先进技术，在构造设计时应选用各种新型建筑材料，采用标准设计和定型构件，为构配件生产的工厂化、现场施工的机械化创造有利条件，以提高建设速度，改善劳动条件，保证施工质量并适应建筑工业化的需要。

（4）注重社会、经济和环境效益　工程建设项目是投资较大的项目，保证建设投资的合理运用是每个设计人员义不容辞的责任，在构造设计方面同样如此。其中牵涉到材料价格、加工和现场施工的进度、人员的投入、有关运输和管理等方面的相关内容。此外，选用材料和技术方案等方面的问题还涉及建筑长期的社会效益，如安全性能和节能等方面的问题，在设计时应有足够的考虑。

（5）注重美观要求　构造方案的处理还要考虑其造型、尺寸、质感、色彩等艺术和美观问题，如有不当就会影响建筑物整体设计的效果。

综上所述，在建筑构造设计中，坚固适用、技术先进、经济合理、美观大方是最根本的原则。

5.3 建筑构造图的表达

建筑构造设计通过构造详图来加以表达。构造详图通常是在建筑的平、立、剖面图上，通过引出放大或进一步剖切放大节点的做法，将细部用详图表达清楚。

5.3.1 详图的索引方法

图样中的某一局部构件如需画详图，则应以索引符号引出，索引符号用细实线画出，圆的直径为10mm。索引符号应按下列规定编写：

（1）索引出的本张详图　如果与被索引的图样在同一张图纸内，则应在索引符号的上半圆中用阿拉伯数字注明该详图的编号，并在下半圆中间画一段水平细实线（见图5-2a）。

（2）索引出的另张详图　如果与被索引的图样不在同一张图纸内，则应在索引符号的下半圆中用阿拉伯数字注明该详图所在的图纸号（见图5-2b）。

（3）索引出的标准图　如果采用标准图集中的图，则应在索引符号水平直径的延长线上加注该标准图册的编号（见图5-2c）。

（4）索引剖面详图　应在引出线的一端加一粗短线，表示剖切位置线，引出线所在一侧代表剖视方向，索引符号中分子、分母数字的含义同前（见图5-2d）。

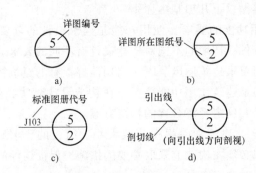

图 5-2　索引符号

a）被索引详图在本张图样　b）被索引详图在另张图纸
c）索引标准图　d）索引剖面详图

5.3.2 详图符号表示

详图的位置和编号，应以详图符号表示，详图符号以粗实线绘制，直径为 14mm。详图符号应按下列规定编写：

1）详图与被索引的图样在同一张图纸内时，应在详图符号内用阿拉伯数字注明详图的编号（见图 5-3a）。

2）详图与被索引的图样不在同一张图纸内时，应在详图符号的上半圆中注明详图编号，在下半圆中注明被索引图样的图纸编号（见图 5-3b）。

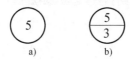

图 5-3 详图符号
a）与被索引图样在同一张图纸内　b）与被索引图样不在同一张图纸内

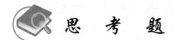 思 考 题

1. 房屋构造研究的对象和任务是什么？
2. 民用建筑由哪几部分组成？简述各部分的主要作用。
3. 简述影响建筑构造的因素。
4. 简述建筑构造设计的原则。
5. 简述索引符号和详图符号的表达方法。

第6章 基础和地下室

导 读

　　本章提要：主要介绍地基和基础的基本概念及相互关系；基础埋置深度；影响基础埋置深度的因素；基础的类型与构造；地下室的类型及防潮、防水构造。重点掌握基础的构造形式、地下室的类型及防潮、防水构造。本章的教学重点是基础的类型与构造及影响基础埋深的因素；教学难点是地下室的防水、防潮构造。

6.1 地基和基础的基本概念

1. 地基与基础

　　基础是建筑物的重要组成部分，是位于建筑物的地面以下的承重构件，直接与土层相接，承受建筑物的全部荷载，并将这些荷载连同自重传给地基（见图6-1）。

　　地基不是建筑物的组成部分，是支撑基础的土体或岩体，承受基础传来的全部荷载。地基有天然地基和人工地基两类。凡天然土层具有足够的承载能力，不需经过人工加固就可直接在其上部建造房屋的土层称为天然地基。凡天然土层本身的承载能力弱，或建筑物上部荷载较大，须预先对土壤层进行人工加工或加固处理后才能承受建筑物荷载的地基称为人工地基。

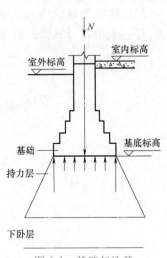

图 6-1　基础与地基

2. 人工加固地基的常用做法

　　（1）**压实法**　利用重锤、碾压和振动法将土层压实。此方法简单易行，对提高地基承载力收效较大。

　　（2）**换土法**　当地基土为淤泥、冲填土、杂填土及其他高压缩性土时，应采用换土法。换土所用材料宜选用中砂、粗砂、碎石或级配石等空隙大、压缩性低、无侵蚀性的材料。

　　（3）**打桩法**　在建筑物荷载大、层数多、高度高，地基土又较松软时，一般应采用桩基。

　　（4）**化学加固法**　通过使用化学药剂的方法使地基加固。

■ 6.2 基础的埋置深度

6.2.1 基础的埋置深度定义

基础埋置深度一般是指基础底面到室外设计地面的距离，简称基础埋深（见图6-2）。埋深大于等于5m的基础称为深基础；埋深在0.5～5m之间的基础称为浅基础；基础直接做在地表面上的称为不埋基础。

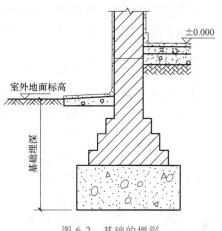

图6-2 基础的埋深

6.2.2 影响基础埋深的因素

基础埋深的深浅关系到地基的可靠性、施工的难易程度及造价的高低。影响基础埋深的因素很多。其主要影响因素有：

（1）建筑物自身的影响 当建筑物设置地下室、设备基础或地下设施时，基础埋深应满足其使用要求，高层建筑基础埋深随建筑高度的增加而加大，才能满足稳定性的要求。荷载大小和性质也影响基础埋深，一般荷载较大时应加大深埋，受到向上拔力的基础，应有较大埋深以满足抗拔力的要求。

（2）地基土质的影响 基础应建在坚实可靠的地基上，而不能设置在承载力低压缩性高的软弱土层上。地基土通常有多层土组成。在满足地基稳定和变形要求的前提下，基础应尽量浅埋，但通常不浅于0.5m。

（3）地下水位的影响 存在地下水时，在确定基础埋深时一般应考虑将基础埋于最高地下水位以上不小于0.2m处。当地下水位较高，基础不能埋置于地下水位以上时，宜将基础埋置在最低地下水位以下不少于0.2m处（见图6-3）。地下水位以下的基础，选材时应考虑地下水是否对基础有腐蚀性，如有腐蚀性，应采取防腐措施。

（4）冰冻深度的影响 土的冻结深度即冰冻线，不冻胀土的基础埋深可以不考虑冻结深度的影响，对于有冻胀性的地基，基础应埋在冰冻线以下200mm处（见图6-4）。

（5）相邻建筑物的影响 当存在相邻建筑物时，一般新建建筑物基础的埋深不应大于原有建筑物基础的埋深，以保证原有建筑物的安全。

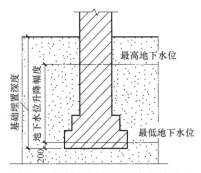

图6-3 基础埋深和地下水位的关系

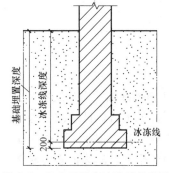

图6-4 基础埋深和冰冻线的关系

6.3 基础的类型

基础的类型很多，按基础所用材料和受力特点分为刚性基础和非刚性基础；按构造形式分为条形基础、独立基础、井格式基础、筏形基础、桩基础、箱形基础等。

6.3.1 按所用材料和受力特点分类

（1）刚性基础 由刚性材料制作的基础称为刚性基础。一般抗压强度高，而抗拉、抗剪强度较低的材料称为刚性材料，常用的有砖、灰土、混凝土、三合土、毛石等。为满足地基允许承载力的要求，基底宽 B 一般大于上部墙宽，为了保证基础不被拉力、剪力而破坏，基础必须具有相应的高度。通常按刚性材料的受力状况，基础在传力时只能在材料的允许范围内控制，这个控制范围的夹角称为刚性角，用 α 表示（见图6-5），如果基础底面宽度超过控制范围，基础会因受拉而破坏，所以刚性基础底面宽度的增大要受到刚性角的限制。砖、石基础的刚性角控制在（1:1.25）~（1:1.50）（26°~33°）以内（见图6-6），混凝土基础刚性角控制在 1:1（45°）以内（见图6-7）。

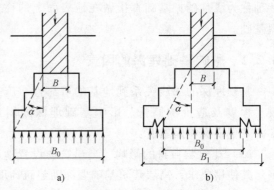

图6-5 刚性基层的受力和传力特点
a）基础受力在刚性角范围以内
b）基础宽度超过刚性角范围而破坏

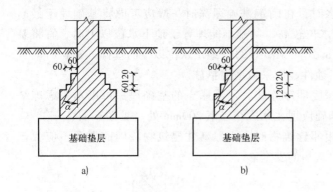

图6-6 砖砌基础的刚性角范围
a）二一间隔收，刚性角 $\alpha = 33°50'$
b）二皮一收，刚性角 $\alpha = 26°50'$

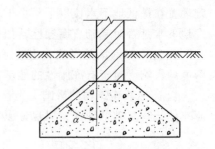

图6-7 素混凝土基础的刚性角范围

（2）非刚性基础 当建筑物的荷载较大而地基承载能力较小时，基础底面 b 必须加宽，如果仍采用混凝土材料做基础，势必加大基础的深度，这样很不经济。如果在混凝土基础的底部配以钢筋，利用钢筋来承受拉应力，使基础底部能够承受较大的弯矩，这时，基础宽度不受刚性角的限制，故称钢筋混凝土基础为非刚性基础或柔性基础（见图6-8）。

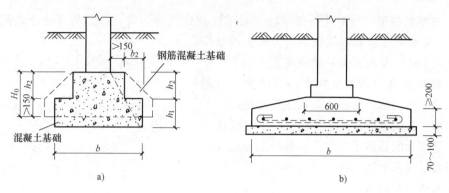

图 6-8　钢筋混凝土基础

a）混凝土与钢筋混凝土基础比较　b）基础配筋情况

6.3.2　按基础的构造形式分类

按基础的构造形式分类

基础构造形式随建筑物上部结构形式、荷载大小及地基土质情况而定。在一般情况下，上部结构形式直接影响基础的形式，当上部荷载增大且地基承载能力有变化时，基础形式也随之变化。常见基础有以下几种：

（1）条形基础　当建筑物上部结构采用承重墙时，基础沿墙身设置，多做成长条形，这类基础称为条形基础（见图6-9）。条形基础一般用于多层混合结构的承重墙下，低层或小型建筑常用红砖、毛石、混凝土等材料。如果上部建筑为钢筋混凝土墙，或地基分布不均匀及荷载较大，则一般采用钢筋混凝土条形基础。

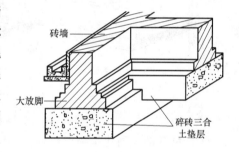

图 6-9　条形基础

（2）独立基础　当建筑物上部结构采用框架结构或单层排架结构承重时，基础常采用方形或矩形的独立式基础，这类基础称为独立式基础或柱式基础（见图6-10）。独立式基础是柱下基础的基本形式。当柱采用预制构件时，则基础做成杯口形，然后将柱子插入并嵌固在杯口内，故称为杯形基础（见图6-10c）。

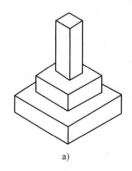
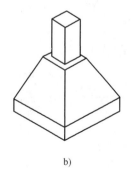
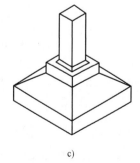

a）　　　　　b）　　　　　c）

图 6-10　独立基础

a）阶梯形　b）锥形　c）杯形

（3）**井格式基础**　当地基条件较差，为了提高建筑物的整体性，防止柱子之间产生不均匀沉降，常将柱下基础沿纵横两个方向扩展连接起来，做成十字交叉的井格基础（见图6-11）。

（4）**筏形基础**　当建筑物上部荷载大，而地基又较弱时，采用简单的条形基础或井格基础已不能适应地基变形的需要，通常将墙或柱下基础连成一片，使建筑物的荷载承受在一块整板上，这种满堂式的板式基础称为筏形基础。筏形基础有平板式和梁板式两种（见图6-12a、b）。

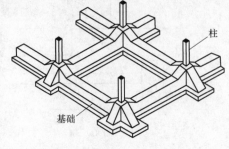

图6-11　井格式基础

（5）**箱形基础**　当板式基础做得很深时，常将基础改做成箱形基础。箱形基础是由钢筋混凝土底板、顶板和若干纵、横隔墙组成的整体结构，基础的中空部分可用作地下室（单层或多层的）或地下停车库。箱形基础整体空间刚度大，整体性强，能抵抗地基的不均匀沉降，适用于高层建筑或在软弱地基上建造的重型建筑物（见图6-12c）。

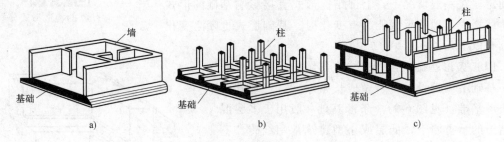

图6-12　满堂基础
a）平板式　b）梁板式　c）箱形

（6）**桩基础**　当建筑物荷载较大，地基软弱土层的厚度在5m以上，基础不能埋在软弱土层内，或对软弱土层进行人工处理较困难或不经济时，常采用桩基础（见图6-13）。

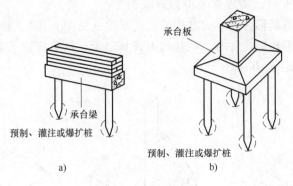

图6-13　桩基础
a）墙下桩基础　b）柱下桩基础

打好基础是盖房修路建桥的头等大事，我们要学习、传承"两路"精神，未来成为一名优秀的社会主义建设者。

■ 6.4 地下室的构造

建筑物下部的地下使用空间称为地下室。

6.4.1 地下室的类型及构造组成

1. 地下室分类

1）按埋入地下深度的不同，可分为：

① 全地下室是指地下室地面低于室外地坪的高度超过该房间净高的 1/2。

② 半地下室是指地下室地面低于室外地坪的高度为该房间净高的 1/3 ~ 1/2。

2）按使用功能不同，可分为：

① 普通地下室，一般用作高层建筑的地下停车库、设备用房；根据用途及结构需要可做成一层或二、三层、多层地下室（见图6-14）。

② 人防地下室，结合人防要求设置的地下空间，用以应付战时情况下人员的隐蔽和疏散，并有具备保障人身安全的各项技术措施。

2. 地下室的构造组成

地下室一般由墙体、顶板、底板、门窗、楼梯等部分组成（见图6-15）。

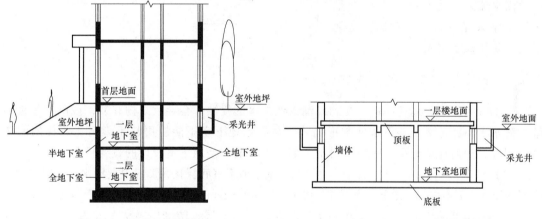

图 6-14　地下室的类型　　　　　　图 6-15　地下室的组成

（1）墙体　地下室的外墙应按挡土墙设计，如用钢筋混凝土或素混凝土墙，应按计算确定，其最小厚度除应满足结构要求外，还应满足抗渗厚度的要求。其最小厚度不低于300mm，外墙应作防潮或防水处理，如用砖墙（现在较少采用）其厚度不小于490mm。

（2）顶板　可用预制板、现浇板或者预制板上作现浇层（装配整体式楼板）。如为防空地下室，必须采用现浇板，并按有关规定决定厚度和混凝土强度等级，在无采暖的地下室顶板上，即首层地板处应设置保温层，以利于首层房间的使用舒适。

（3）底板　底板处于最高地下水位以上，并且无压力产生作用的可能时，可按一般地面工程处理，即垫层上现浇混凝土 60 ~ 80mm 厚，再做面层；如底板处于最高地下水位以下时，底板不仅承受上部垂直荷载，还承受地下水的浮力荷载，因此应采用钢筋混凝土底板，并双层配筋，底板下垫层上还应设置防水层，以防渗漏。

（4）门窗　普通地下室的门窗与地上房间门窗相同，地下室外窗如在室外地坪以下时，应设置采光井和防护箅，以利室内采光、通风和室外行走安全。防空地下室一般不允许设窗，如需开窗，应设置战时堵严措施。防空地下室的外门应按防空等级要求，设置相应的防护构造。

（5）楼梯　可与地面上房间结合设置，层高小或用作辅助房间的地下室，可设置单跑楼梯，防空要求的地下室至少要设置两部楼梯通向地面的安全出口，并且必须有一个是独立的安全出口。这个安全出口周围不得有较高建筑物，以防空袭倒塌堵塞出口影响疏散。

6.4.2　地下室的采光井

　　地下室可通过两侧外墙设采光井采光和通风。一般每个窗设一个采光井，采光井由三面侧墙和底板构成，侧墙用砖砌筑，底板应使用混凝土浇筑。

　　采光井的深度根据地下室窗台的高度而定，一般采光井底面低于窗台250~300mm，以防雨水溅入室内；井底应作1%~3%的纵坡，将雨水引入排水管道，采光井侧墙顶面应比室外底面高250~300mm，以防地面水流入采光井内。图6-16是半地下室采光井构造示意图。全地下室主要靠人工采光。

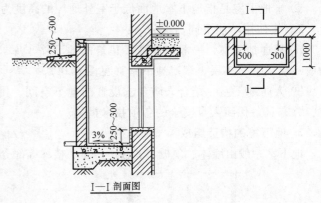

图6-16　地下室采光井

6.4.3　地下室的防潮和防水构造

　　地下室的外墙、地坪等构件受到地潮或地下水的侵蚀，会导致结构开裂，或由于忽视防潮、防水工作，地潮或地下水便乘虚而入，会导致地下室不能使用甚至影响建筑物的耐久性。因此，如何保证地下室在使用时不受潮、不渗漏，是地下室设计的首要任务。

　　（1）地下室的防潮　当设计最高地下水位低于地下室底板且无形成上层滞水可能时，地下水不能浸入地下室内部，地下室底板和外墙可以做防潮处理，地下室防潮只适用于防无压水。

　　地下室防潮的构造要求是：在外墙外侧设垂直防潮层，防潮层做法一般为1:2.5水泥砂浆找平、刷冷底子油一道、热沥青两道，防潮层做至室外散水处，然后在防潮层外侧回填低渗透性土壤如黏土、灰土等，并逐层夯实，底宽500mm左右。此外，地下室所有墙体，必须设两道水平防潮层。一道设在底层地坪附近，一般设置在结构层之间。另一道设在室外地面散水以上150~200mm的位置，使整个地下室防潮层连成整体，以防地潮沿地下墙身或勒脚处进入室内（见图6-17）。

　　（2）地下室的防水　当设计最高水位高于地下室地坪时，地下室的外墙和底板都浸泡在水中，应考虑进行防水处理。常采用的防水措施有3种：

　　1）卷材防水

　　① 外防水。将防水层贴在地下室外墙的外表面和底板下面，这对防水有利，但维修困难。其构造要点是：卷材应铺贴在自底板垫层至墙体顶端的基面上，形成一个封闭的防水层。卷材铺贴前应在基层表面上涂刷基层处理剂，基层处理剂应与卷材及胶粘剂的材料相

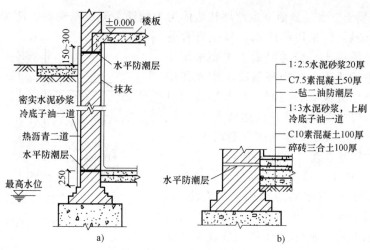

图 6-17 地下室防潮处理
a）墙身防潮 b）地坪防潮

容，可采用喷涂或涂刷法施工，喷涂应均匀一致、不露底，待表面干燥后方可铺贴卷材。两幅卷材短边和长边的搭接宽度均不应小于 100mm。当采用多层卷材时，上下两层和相邻两幅卷材的接缝应错开 1/3 幅宽，且两层卷材不得相互垂直铺贴。在阴阳角处，卷材应做成圆弧，而且应当像在有女儿墙处的卷材防水屋面的做法一样，加铺一道相同的卷材，宽度不小于 500mm（见图 6-18a）。

② 内防水。将防水层贴在地下室外墙的内表面和底板上面，这样施工方便，容易维修，但对防水不利，故常用于修缮工程。

地下室地坪的防水构造是先浇混凝土垫层，厚约 100mm；再以选定的柔性卷材层数在地坪垫层上做防水层，并在防水层上抹 20~30mm 厚的水泥砂浆保护层，以便于上面浇筑钢筋混凝土。为了保证水平防水层包向垂直墙面，地坪防水层必须留出足够的长度以便与垂直防水层搭接，同时要做好转折处柔性卷材的保护工作，以免因转折交接处的柔性卷材断裂而影响地下室的防水。垂直防水层外侧砌半砖厚的保护墙一道（见图 6-18b）。

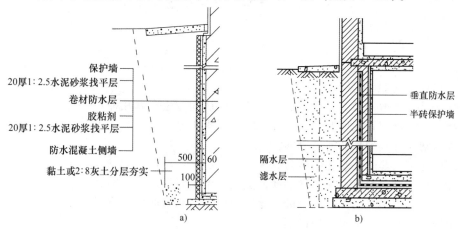

图 6-18 地下室卷材防水构造
a）外包防水 b）内包防水

2）防水混凝土防水。当地下室地坪和墙体均为钢筋混凝土结构时，应采用抗渗性能好的防水混凝土材料，常采用的防水混凝土有普通混凝土和外加剂混凝土。普通混凝土主要采用不同粒径的骨料进行级配，并提高混凝土中水泥砂浆的含量，使砂浆充满骨料之间，从而堵塞因骨料间不密实而出现的渗水通路，以达到防水目的。外加剂混凝土是在混凝土中掺入加气剂或密实剂，以提高混凝土的抗渗性能（见图6-19）。

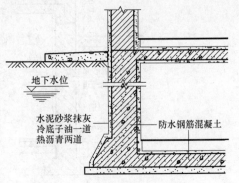

图 6-19　混凝土构件自防水

3）弹性材料防水。随着新型高分子合成防水材料的不断涌现，地下室的防水构造也在更新。例如我国目前使用的聚乙烯丙纶复合防水卷材，能充分适应防水基层的伸缩及开裂变形，拉伸强度高，拉断延伸率大，能承受一定的冲击荷载，是耐久性极好的弹性卷材；又如聚氨酯涂膜防水材料，有利于形成完整的防水涂层，对在建筑内有管道、转折和高差等特殊部位的防水处理极为有利（见图6-20）。

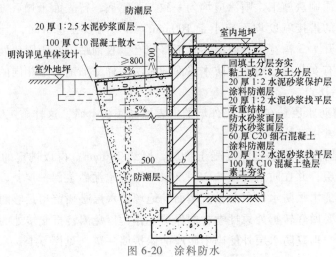

图 6-20　涂料防水

思考题

1. 基础和地基有何区别？
2. 什么是天然地基和人工地基？人工地基的加固方法有哪几种？
3. 什么是基础埋置深度？影响基础埋深的因素主要有哪些？
4. 浅基础和深基础是如何划分的？
5. 刚性基础与非刚性基础的传力原理。
6. 什么是刚性角？哪种材料基础底面宽度的增大要受刚性角限制？
7. 基础按构造形式是如何分类的？绘图说明条形基础的构造形式。
8. 全地下室和半地下室有何区别？
9. 地下室防潮构造如何考虑？
10. 地下室防水构造设计有哪几种？各种做法的原理及方法是什么？

第7章 墙 体

导读

本章提要：主要介绍建筑物中墙体的类型及设计要求；块材墙的构造、墙体的细部构造；隔墙构造；幕墙构造和墙面装修做法；墙体的保温与隔热措施。本章的教学重点是墙体的类型及设计要求，块材墙、框架填充墙的构造；教学难点是墙体的细部构造做法和墙体的节能措施。

■ 7.1 墙体类型及设计要求

墙体的类型

7.1.1 墙体的类型

（1）按所处位置及方向分类 墙体按墙所处位置可分为外墙和内墙。外墙位于房屋的四周，又称为外围护墙，起遮风挡雨、保温、隔热的维护作用。内墙位于房屋内部，主要起分隔内部空间作用。墙体按布置的方向又可分为纵墙和横墙。沿建筑物长轴方向布置的墙称为纵墙，沿建筑物短轴方向布置的墙称为横墙，外横墙俗称山墙。另外，根据墙体与门窗的位置关系，平面上窗洞口之间的墙体可以称为窗间墙，立面上窗洞下部的墙体可以称为窗下墙。墙体分类如图 7-1 所示。

（2）按受力情况分类 墙体按结构竖向的受力情况可分为承重墙和非承重墙两种。承重墙直接承受楼板及屋顶传下来的荷载；非承重墙不承受外来荷载，仅起围护与分隔作用。在砖混结构中，非承重墙又可以分为自承重墙和隔墙。自承重墙仅承受自重，并把自重传给基础；隔墙则把自重传给楼板层或附加的小梁。

在框架结构中，非承重墙可以分为填充墙和幕墙。填充墙是位于框架梁柱之间的墙体，起围护和分隔作用，重力由梁柱承担。当墙体悬挂于框架梁柱的外侧起围护作用时，称为幕墙，幕墙的自重由其连接固定部位的梁柱承担。位于高层建筑外围的幕墙，虽然不承受竖向的外部荷载，但受高空气流影响需承受以风力为主的水平荷载，并通过梁柱的连接传递给框架系统。墙体按受力情况分类，如图 7-2 所示。

（3）**按材料分类**　墙体按所用的材料不同可分为砖墙、石墙、土墙、钢筋混凝土墙、砌块墙及多种材料结合的组合墙等。组合墙由两种以上材料组合而成，如钢筋混凝土外贴保温板的组合墙体，其中钢筋混凝土起承重作用，外贴保温板起保温隔热作用。

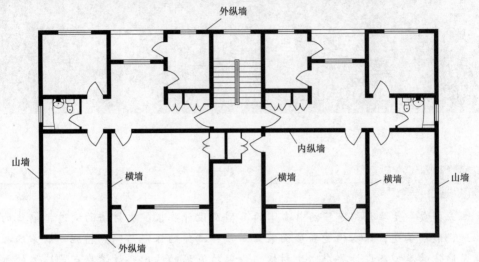

图 7-1　不同位置方向的墙体名称

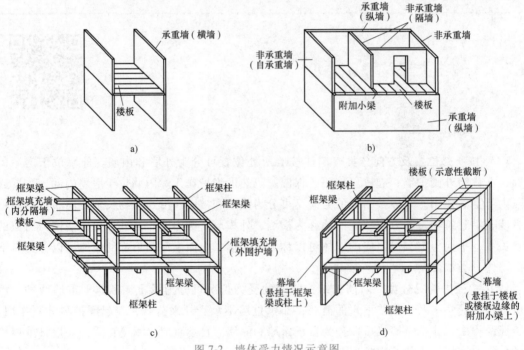

图 7-2　墙体受力情况示意图
a）砖混结构（横墙承重）　b）砖混结构（纵墙承重）
c）框架结构——框架填充墙　d）框架结构——幕墙

（4）**按施工方法分类**　墙体按施工方法可分为块材墙、板筑墙和板材墙三种。块材墙是用砂浆等胶结材料将砖石块材等组砌而成，如砖墙、石墙及各种砌块墙等。板筑墙是在现场立模板，现浇而成的墙体，如现浇混凝土墙等。板材墙是预先制成墙板，施工时安装而成的墙，如预制混凝土大板墙、各种轻质条板内隔墙。

7.1.2 墙体的设计要求

因墙体的作用不同，在选择墙体材料和确定构造方案时，应根据墙体的性质和位置，分别满足结构、热工、隔声、防火、防潮、工业化等要求。

1）具有足够的强度和稳定性，其中包括合适的材料性能、适当的断面形状和厚度以及连接的可靠性。

2）满足保温、隔热等热工方面的要求。

3）满足防火要求，选择燃烧性能和耐火极限符合防火规范规定的材料。

4）满足隔声要求。

5）满足防水、防潮要求。

6）满足建筑工业化及经济方面的要求。

■ 7.2 块材墙构造

块材墙是用砂浆等胶结材料将砖石块材等组砌而成，如砖墙、石墙及各种砌块墙等，也可以简称为砌体。它应具有保温、隔热、隔声和承载能力，生产制造及施工操作简单，不需要大型施工设备，但是现场湿作业较多、施工速度慢、劳动强度较大。曾在大量民用建筑中较为广泛使用，近年来为节约耕地其使用受到限制。

7.2.1 墙体材料

1. 常用块材

块材墙中常用的块材有各种砖和砌块。

1）砖的种类很多，从材料上分有黏土砖、灰砂砖、页岩砖、煤矸石砖、粉煤灰砖、水泥砖以及各种工业废料砖，如炉渣砖。从形状上分有实心砖、空心砖和多孔砖。从其制作工艺看，有烧结和蒸压养护成型等方式。目前，常用的有烧结普通砖、烧结空心砖和烧结多孔砖、蒸压粉煤灰砖、蒸压灰砂砖等。砖的强度等级按其抗压强度平均值分为 MU30、MU25、MU20、MU15、MU10 等（MU30，即其抗压强度平均值 $\geqslant 30.0 N/mm^2$）。

① 烧结普通砖是指各种烧结的实心砖，以黏土、粉煤灰、煤矸石和岩石等为主要原材料。黏土砖具有较高的强度和热工、防火、抗冻性能，但由于黏土材料占用农田，我国已限时禁止使用实心黏土砖。取而代之的是多孔砖、空心砖、工业小砖、承重及非承重混凝土砌块、加气混凝土制品及各种轻质板材。

常用的实心砖规格（长×宽×高）为 240mm×115mm×53mm，加上砌筑时所需的灰缝尺寸（10mm），正好形成4∶2∶1 的比例关系，便于砌筑时相互搭接和组合（见图 7-3）。

② 烧结空心砖和烧结多孔砖都是以黏土、页岩、煤矸石等为主要原料经焙烧而成的。这两种砖主要适用于非承重墙体，但不应用于地面以下或防潮层以下的砌体。

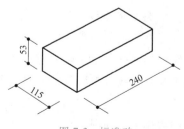

图 7-3 标准砖

③ 蒸压粉煤灰砖是以粉煤灰、石灰、石膏和细骨料为原料，压制成型后经高压蒸汽养护制成的实心砖。其强度高、性能稳定。蒸压灰砂砖是以石灰和砂子为主要原料，成型后经蒸压养护而成，是一种比烧结砖质量大的承重砖，隔声能力和蓄热能力较好，分为空心和实心两种。

2）砌块多是利用工业废料和地方资源制作而成，既能减少对耕地的破坏，还能改善墙体功能，施工又方便。其适应性强、便于就地取材、造价低廉，我国目前许多地区都提倡采用。一般 6 层以下的民用建筑及单层厂房，均可使用砌块替代黏土砖。具有外形尺寸比砖大、砌筑速度快的优点，符合建筑工业化发展中墙体改革的要求。

砌块按尺寸和质量的大小不同分为小型砌块、中型砌块和大型砌块。砌块系列中主规格的高度为 115～380mm 的称为小型砌块，高度为 380～980mm 的称为中型砌块，高度大于980mm 的称为大型砌块，实际以使用中小型砌块居多。

砌块按外观形状可以分为实心砌块和空心砌块。空心砌块有单排方孔、单排圆孔和多排扁孔三种形式，其中多排扁孔对保温较有利。按砌块在组砌中的位置和作用可以分为主砌块和各种辅助砌块。其强度分为 MU20、MU15、MU10、MU7.5、MU5。

根据材料的不同，常用的砌块有普通混凝土与装饰混凝土小型空心砌块、轻骨料混凝土小型空心砌块、粉煤灰小型空心砌块、蒸压加气混凝土砌块和石膏砌块。吸水率较大的砌块不能用于长期浸水，经常受干湿交替或冻融循环的建筑部位。

2. 胶结材料

块材需要经胶结材料砌筑成墙体，使它传力均匀。同时胶结材料还起着嵌缝作用，能提高墙体的保温、隔热和隔声能力。块材墙的胶结材料主要是砂浆。砌筑砂浆要求有一定的强度，以保证墙体的承载能力，还要求有适当的稠度和保水性（即良好的和易性），方便施工。

砌筑墙体的砂浆常用的有水泥砂浆、石灰砂浆和混合砂浆三种。水泥砂浆强度高，防潮性能好，通常用于受力和防潮要求高的墙体中，如工程中常规定±0.000 以下或防潮层以下用水泥砂浆砌筑墙体。混合砂浆有一定的强度，和易性好，保水性优于水泥砂浆，常用于砌筑地面以上的砌体，是大量使用的砌筑砂浆。石灰砂浆强度和防潮性均差，但和易性好，用于砌筑强度要求低的墙体。

砂浆的强度分为 M15、M10、M7.5、M5、M2.5 等强度等级。在同一段砌体中，砂浆和块材的强度有一定的对应关系，以保证砌体的整体强度不受影响。

7.2.2 砖墙的构造

1. 砖墙的组砌

墙体的组砌方式是指多种不同块材在砌体中的排列方式，墙体的组砌方式直接影响到墙体结构的强度、稳定性和整体性。各种块材的墙体组砌时应满足"错缝搭接、避免通缝、横平竖直、灰浆饱满"的要求。无论砌筑材料是砖、石，还是砌块都应遵循这一原则（见图 7-4）。砌筑工程中将砖的侧边叫"顺"，将其顶端称为"丁"。以标准砖为例，实体墙常用的组砌方式如图 7-5 所示。

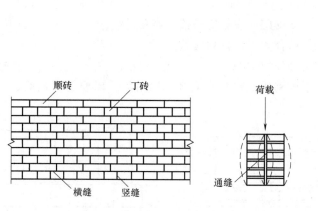

图 7-4　砖墙组砌名称及错缝

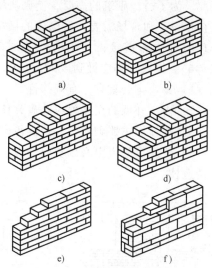

图 7-5　砖墙组砌方式
a）一顺一丁　b）多顺一丁　c）十字式
d）370mm 墙　e）120mm 墙　f）180mm 墙

2. 砖墙的厚度

在工程中，较短的墙段（如门垛，壁柱等）应尽量满足砖砌筑的模数，如 370mm、490mm、620mm、740mm、870mm 等，以避免剁砖及保证错缝搭接砌筑。此外，为保证建筑的安全，对墙体的层数和高度也作了相应的规定，见表 7-1。

表 7-1　房屋的层数和总高度限值

房 屋 类 别		最小墙厚度/mm	烈　度							
			6		7		8		9	
			高度/m	层数	高度/m	层数	高度/m	层数	高度/m	层数
多层砌体	普通砖	240	24	8	21	7	18	6	12	4
	多孔砖	240	21	7	21	7	18	6	12	4
	多孔砖	190	21	7	18	6	15	5	—	—
	小砌块	190	21	7	21	7	18	6		
底部框架-抗震墙		240	22	7	22	7	19	6		
多排柱内框架		240	16	5	16	5	13	4	—	—

注：1. 房屋的总高度指室外地面到主要屋面板板顶或檐口的高度；半地下室从地下室室内地面算起；全地下室和嵌入条件好的半地下室应允许从室外地面算起；对带阁楼的屋面应算至山尖墙的 1/2 高度处。
　　2. 室内外高差大于 0.6m 时，房屋总高度应允许比表中数据适当增加，但不应多于 1m。
　　3. 本表小砌块砌体房屋不包括配筋混凝土小型空心砌块房屋。

7.2.3　砌块墙的构造

1. 砌块墙的组砌

用砌块砌筑墙体时，由于砌块的尺寸比砖大很多，必须采取加固措施。同时，由于砌块为配合组砌有多种规格，按砌块在组砌中的位置及作用不同可分为主砌块及辅助砌块两种。

因此，为了适应砌筑的需要，使砌块墙组砌合理并搭接牢固，建筑施工图设计时必须根据建筑初步设计和现场需要，做砌块的试排工作，即按建筑物的平面图尺寸和层高，对墙体进行合理的分块和搭接，并画出专门的砌块排列图，以便正确选定砌块的规格和尺寸（见图7-6）。砌块排列应做到以下几点：

1）砌块排列整齐，有规律性，上、下皮砌块应错缝搭接，避免通缝。

2）内、外墙的交接处应咬砌，使其结合紧密，排列有致。

3）多使用主要砌块，并使其占砌块总数的70%以上。

4）使用混凝土空心砌块时，上、下皮砌块应尽量孔对孔、肋对肋，以便于穿钢筋、灌注构造柱。

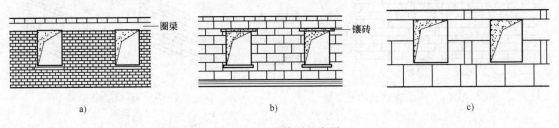

图 7-6　砌块排列示意图

a）小型砌块排列示例　b）中型砌块排列示例之一　c）中型砌块排列示例之二

2. 砌块墙的构造要点

空心砌块最适宜的用途是做配筋砌体。即在错缝后上下仍保持对齐的孔洞中插入钢筋，同时在每皮或隔皮砌块间的灰缝中置入钢筋网片，每砌筑若干皮砌块后就在所有孔洞中灌入细石混凝土。这样的配筋块材墙虽不及现浇的钢筋混凝土剪力墙的水平抗剪能力强，但整体刚度大大优于普通的块材墙，可以使块材墙承重的建筑物的高度得到较大的提升（见图7-7）。

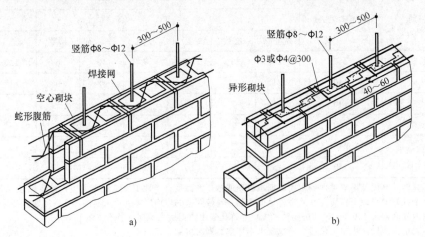

图 7-7　空心砌块配筋墙体

a）空心砌块孔洞及皮间布筋　b）异性砌块围合成的孔洞及皮间布筋

砌块的尺寸比砖块大，墙体接缝必须要处理好。在中型砌块的两端一般设有封闭的灌浆槽，在砌筑安装时，必须使竖缝填灌密实、水平缝砌筑饱满，使上、下、左、右砌块能更好地连接。一般砌块需采用 M5 级砂浆砌筑，水平灰缝、垂直灰缝一般为 15~20mm。当垂直灰缝大于 30mm 时，需用 C20 细石混凝土灌密实。中型砌块上、下皮的搭接缝长度不得小于 150mm。当搭缝长度不足时，应在水平灰缝内增设钢筋网片（见图 7-8）。

为了减少施工过程中砌筑砂浆中水分过早的失去，通常需要提前将砌筑块材进行浇水处理，待其表面略干后，再行砌筑。在炎热的气候条件下，还要对砂浆尚未结硬的墙体采取洒水等养护措施。

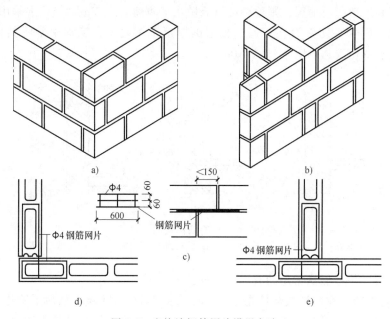

图 7-8　砌块墙钢筋网片设置方法

a）转角墙　b）内外墙相交处　c）立面　d）转角处网片位置　e）交叉处网片位置

7.2.4　墙体的细部构造

为保证墙体的耐久性，满足其使用功能要求和墙体与其他构件的连接，应在相应的位置进行细部构造处理，墙体细部构造包括墙脚构造、门窗过梁及窗台构造、墙体加固措施、变形缝等构造。

1. 墙脚构造

墙脚是指室内地面以下、基础以上的这段墙体。内外墙都有墙脚，外墙的墙角又称为勒脚（见图 7-9）。墙脚直接接触土壤，容易遭受地下水、雨水、外力碰撞等影响。因此，必须做好墙脚防潮、增强勒脚的坚固及耐久性、排除房屋四周地面水。

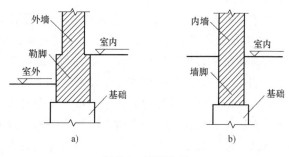

图 7-9　墙脚位置

a）外墙　b）内墙

（1）墙体防潮层　墙体防潮包括水平防潮和垂直防潮两种情况的防潮处理。

水平防潮层是对建筑物的内外墙体在墙脚一定高度范围内设置的水平方向的防潮构造。

其目的是防止土壤中的水分沿基础墙上升以及勒脚部位的地面水影响墙身，从而提高墙体的耐久性，保持室内干燥卫生。

水平防潮层设在建筑物内外墙体沿地坪层的刚性结构层厚度之间。如果底层室内地面结构层采用混凝土等密实材料，则水平防潮层一般设在地面素混凝土层（不透水材料）的厚度范围之内，低于室内地坪60mm处，即-0.060m处，高于室外地面150mm，防止雨水溅湿墙面。如果底层地面设地梁，则地梁可以兼做水平防潮层。若地面结构层采用碎砖、三合土等透水材料，则水平防潮设在地面结构层的厚度范围之上，工程中常将其设于0.060m处。墙身防潮层的位置，如图7-10a、b所示。

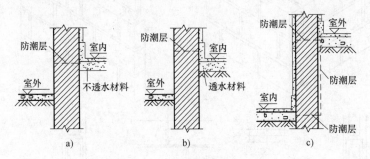

图 7-10 墙身防潮层的位置

a）地面结构层为密实材料　b）地面结构层为透水材料　c）室内地面有高差

水平防潮层的构造做法常用的有以下3种：

1）卷材防潮层。在防潮层部位先抹20mm厚水泥砂浆找平层，然后干铺防水卷材一层。此做法防潮效果好，但卷材使基础与上部墙身隔离开，减弱了砖墙的抗震能力，且其使用寿命一般10年左右，目前已很少使用。

2）防水砂浆防潮层。具体做法是抹20~25mm厚的水泥砂浆加3%~5%的防水剂拌和而成的防水砂浆，或用防水砂浆砌筑4~6砖，由于砂浆易开裂，故不适用于地基会产生变形的建筑。

3）细石混凝土防潮层。由于混凝土本身具有一定的防水性能，常把防水要求和结构做法合并考虑，采用60mm厚细石混凝土，内配钢筋网片，其防潮性能好，适用于整体刚度要求较高的建筑中。

上述三种做法，在抗震设防区应选取细石混凝土防潮层。如果墙脚采用不透水材料（如条石或混凝土等）或设有钢筋混凝土地圈梁，则可以不设防潮层。

有时建筑物室内地坪会出现高差或室内地坪低于室外地面的标高，此时不仅要按地坪高差的不同在墙身与之相适应的部位设两道水平防潮层，而且还应该对有高差部分的垂直墙面采取垂直防潮措施，以避免有高差部位填土中的潮气侵入低地坪部分的墙身。垂直防潮层的做法是在墙体迎向潮气的一面做20~25mm厚1:2的防水砂浆，或者用15mm厚1:3的水泥砂浆找平后，再涂防水涂膜2~3道或贴高分子防水卷材一道（见图7-10c）。

（2）勒脚　外墙的墙脚（即建筑物四周与室外地面接近的那部分墙体）称为勒脚，一般是指室内首层地坪与室外地坪之间的这一段墙体。为了防御多方面水的作用以及可能的人为机械碰撞，勒脚部位应进行防水处理和加固处理。同时，勒脚还有美化建筑外观的作用，其做法、高度、色彩等应结合建筑造型，选用耐久性好的材料或防水性好的外墙饰面。

（3）**散水与明沟** 为保护墙基不受雨水的侵蚀，常在外墙四周将地面做成向外倾斜的坡面，以便将屋面雨水排至远处，这一坡面称为散水（见图7-11）。还可以在外墙四周做明沟（见图7-12），将通过落水管流下的屋面雨水等有组织地导向地下水井（又称为集水口），然后流入排水系统。雨水较多的地区多做明沟，大多数地区采用散水。散水和明沟都是在外墙面的装修完成后施工的。散水所用材料与明沟相同，做法一般是在夯实素土上铺砖、块石、碎石、三合土、混凝土等材料，厚度为60～80mm。散水坡度为3%～5%，宽度一般为600～1000mm（见图7-13）。

图7-11 散水

图7-12 明沟

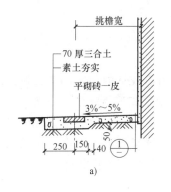

a)

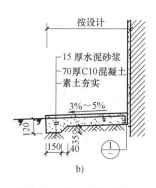

b)

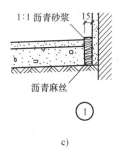

c)

图7-13 散水构造做法

a）按挑檐宽散水构造 b）按设计要求散水构造 c）散水与墙体间变形缝构造

明沟的构造做法，可用砖砌、石砌、混凝土现浇，沟底应做纵坡，坡度为0.5%～1%，坡向窨井（见图7-14）。沟中心应正对屋檐滴水位置，外墙与明沟之间应作散水。

散水、明沟与建筑物主体之间应当留有变形缝，缝宽为20～30mm，并用沥青麻丝和沥青砂浆填缝，防止外墙下沉时拉裂散水。当采用无组织排水时，散水的宽度应比檐口线宽出200～300mm。当采用混凝土散水时，宜按10～12m间距沿纵向及转角处设置伸缩缝。

2. 门窗过梁

（1）**过梁** 当墙体上开设门窗洞口时，为承受门窗洞口上部的荷载并将荷载传到门窗两侧的墙上，避免压坏门窗框，在其上部要加设过梁。过梁上的荷载一般呈三角形分布。过梁一般可分为钢筋混凝土过梁、砖砌拱过梁、钢筋砖过梁等几种。过梁一般与圈梁、悬挑雨

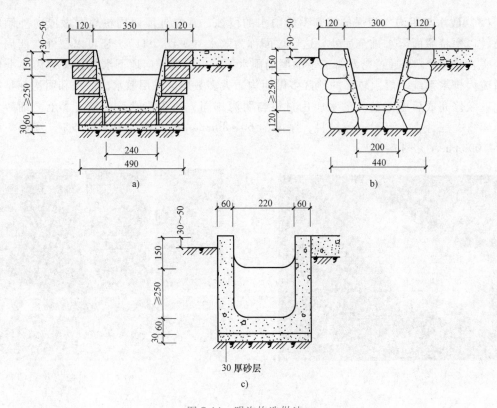

图 7-14　明沟构造做法

a) 砖砌明沟　b) 石砌明沟　c) 混凝土明沟

篷、窗楣板或遮阳板等结合起来设计。

1) 钢筋混凝土过梁。钢筋混凝土过梁承载能力强，可用于较宽的门窗洞口，对房屋不均匀下沉或振动有一定的适应性。矩形断面过梁主要用于内墙洞口和混水墙。过梁宽度一般同墙厚，高度按结构计算确定，为施工方便，梁高应与砖的皮数相适应，过梁两端伸进墙内的支承长度不小于240mm。过梁的形式还应配合不同形式的窗来处理。如有窗套的窗，过梁断面则为 L 形，挑出 60mm。有窗楣板或遮阳板时，可按设计要求出挑，一般可挑出300~500mm（见图 7-15）。

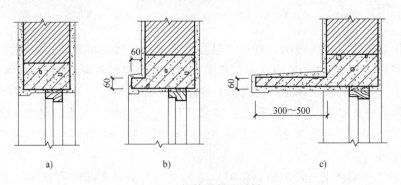

图 7-15　钢筋混凝土过梁

a) 平墙过梁　b) 带窗套过梁　c) 带窗楣过梁

钢筋混凝土的导热系数大于块材的导热系数，在寒冷地区为了避免在过梁内表面产生凝结水，常采用L形过梁或组合过梁，使外露部分的面积减少或外做保温层。预制装配式过梁施工速度快，是较常用的一种做法（见图7-16）。

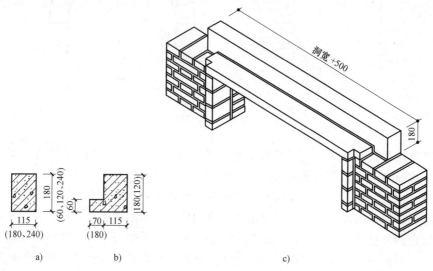

图 7-16　预制钢筋混凝土过梁

a）矩形预制过梁　b）L形预制过梁　c）组合预制过梁

2）钢筋砖过梁。这种过梁是在砖缝中配置钢筋，形成可以承受荷载的加筋砌体。过梁的用砖应不低于MU10，砂浆不低于M5，砌筑高度为5~7皮砖。钢筋砖过梁的最大跨度为1.5m（见图7-17）。由于钢筋砖过梁整体性较差，抗震设防地区和有较大振动的建筑不应使用。

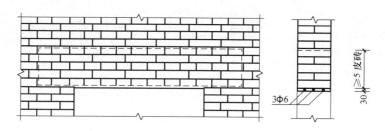

图 7-17　钢筋砖过梁

3）平拱砖过梁。平拱砖过梁是将砖侧砌而成，灰缝上宽下窄使侧砖向两边倾斜，相互挤压形成拱的作用，两端下部伸入墙内20~30mm，中部的起拱高度约为跨度的1/50。平拱砖过梁的优点是水泥用量少，缺点是施工速度慢。这种过梁只用于非承重墙上的门窗，洞口宽度应小于1.2m，砖不应低于MU10，砂浆不低于M5。有集中荷载或半砖墙不宜使用平拱砖过梁。平拱砖过梁可以满足清水砖墙的统一外观效果。除平拱外，还可以砌筑弧拱或半圆拱（见图7-18）。

（2）窗台　窗洞口的下部应设窗台。窗台根据窗子的安装位置可形成内窗台和外窗台。外窗台是为了防止在窗洞底部积水，并流向室内。内窗台则为了排除窗上的凝结水，以保护室内墙面，以及存放东西、摆放花盆等。窗台高通常为900~1000mm，幼儿园建筑常取

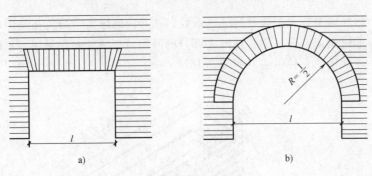

图 7-18 砖过梁
a) 平拱砖过梁 b) 半圆拱砖过梁

600mm。窗台高度低于800mm（住宅窗台低于900mm）时，应采取防护措施。窗台有悬挑窗台和不悬挑窗台两种，由于悬挑窗台容易积灰，在风雨作用下易污染窗台下的墙面，影响建筑的美观，因此，现在采用不悬挑窗台的较多，利用雨水冲刷洗去灰尘。

悬挑窗台可以用砖砌，也可以用混凝土窗台构件。窗台的构造要点如下：

悬挑窗台向外挑出60mm，窗台长度最少每边应超过窗宽120mm。窗台表面应做成抹灰或贴面处理。侧砌窗台可做水泥砂浆勾缝的清水窗台。窗台表面应做成一定排水坡度，并应注意抹灰与窗下槛的交接处理，防止雨水向室内渗入。挑窗台下做滴水槽或斜抹水泥砂浆，引导雨水聚集下落而不致影响窗下墙面（见图7-19）。

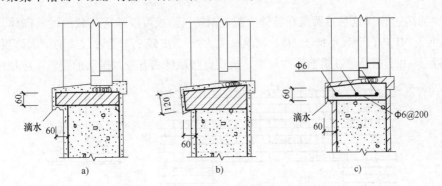

图 7-19 窗台构造做法
a) 60厚平砌挑砖窗台 b) 120厚侧砌挑砖窗台 c) 混凝土窗台

3. 墙身加固措施

由于块材墙属刚性材料砌筑，整体性不强，当受到集中荷载、墙上开洞及地震等因素，致使墙体承载力和稳定性有所降低，需要对墙体采取加固措施。

（1）门垛和壁柱 在墙体上开设门洞一般应设门垛，特别是在墙体转折处或丁字墙处，用以保证墙身稳定和门框安装。门垛宽度同墙厚，长度与块材尺寸规格相对应，如砖墙的门垛长度一般为120mm或240mm，门垛不宜过长，以免影响室内使用（见图7-20）。

当墙体受的集中荷载而墙厚不够承受其荷载或墙体长度和高度超过一定限度影响墙体的稳定时，应增设壁柱，使之和墙体共同承担荷载并稳定墙身。壁柱的尺寸应符合块材规格，如砖墙壁柱通常凸出墙面120mm或240mm，壁柱宽为370mm或490mm（见图7-21）。

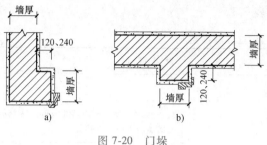

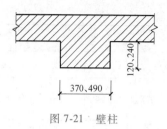

图 7-20　门垛
a) 墙体转折处　b) 丁字墙处

图 7-21　壁柱

（2）圈梁　圈梁是沿着建筑物的全部外墙和部分内墙设置的连续封闭的梁。其作用是增加房屋的整体刚度和稳定性，减轻地基不均匀沉降对房屋的破坏，提高墙体的抗震能力。设置部位在建筑物的屋盖及楼板处，与楼板相平或在楼板下。表 7-2 按照不同的抗震设防等级给出了砖房现浇钢筋混凝土圈梁的设置要求。

表 7-2　砖房现浇钢筋混凝土圈梁的设置要求

墙　类	烈　　度		
	6、7 度	8 度	9 度
外墙和内纵墙	屋盖处及隔层楼盖处	屋盖处及每层楼盖处	屋盖处及每层楼盖处
内横墙	同上；屋盖处间距不大于7m，楼盖处间距不大于 15m，构造柱对应部位	同上；屋盖处沿所有横墙，且间距不大于 7m，楼盖处间距不大于 15m，构造柱对应部位	同上；各层所有横墙

圈梁有钢筋混凝土圈梁和钢筋砖圈梁两种，目前应用广泛的是钢筋混凝土圈梁。

钢筋混凝土圈梁必须全部现浇且全部闭合，并最好能够在同一高度上闭合，在抗震设防地区，应在同一高度完全闭合为好。当遇到门、窗洞口致使圈梁不能在同一高度闭合时，应设置附加圈梁（见图 7-22）。附加圈梁与圈梁的搭接长度不应小于其中心线到圈梁中心线垂直间距的2 倍，且不得小于 1m。另一方法是将圈

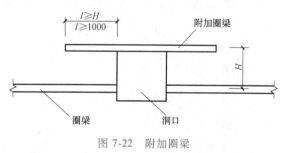

图 7-22　附加圈梁

梁与附加圈梁沿洞口周边整体浇筑在一起形成闭合式，也可以通过构造柱向上或向下连接使得各段圈梁连通。

圈梁的高度一般不小于 120mm，圈梁的断面宽度宜与墙同厚，当墙厚为 240mm 以上时，其宽度可为墙厚的 2/3，且不小于 240mm。基础中圈梁的最小高度为 180mm。

钢筋砖圈梁用 M5 的砂浆砌筑，高度不小于 5 皮砖，配置 4φ6 的通长钢筋，分上下两层布置，做法同钢筋砖过梁，用于非抗震设防区。

（3）构造柱　构造柱一般设在建筑易于发生变形的部位，如房屋的四角、内外墙交接处、楼梯间、电梯间、有错层的部位以及某些较长的墙体中部。构造柱必须与圈梁紧密结

合，一般多层黏土砖墙构造柱的设置要求见表7-3。

表 7-3 砖墙构造柱设置要求

房屋层数				设置部位	
6度	7度	8度	9度		
四、五	三、四	二、三		外墙四角、错层部位横墙与外纵墙交接处、大房间内外墙交接处、较大洞口两侧	7、8度时，楼、电梯间的四角；隔15m或单元横墙与外纵墙交接处
六、七	五	四	二		隔开间横墙（轴线）与外墙交接处，山墙与内纵墙交接处；7~9度时，楼、电梯间的四角
八	六、七	五、六	三、四		内墙（轴线）与外墙交接处，内墙的局部较小墙垛处；7~9度时，楼、电梯间的四角；9度时内纵墙与横墙（轴线）交接处

构造柱不单独承重，因此不需要设独立基础，其下端应锚固于钢筋混凝土基础或基础梁内。在施工时必须先砌墙，墙体砌成马牙槎的形式，从下部开始先退后进，用相邻的墙体作为一部分模板。柱断面应不小于180mm×240mm，箍筋采用ϕ4~ϕ6，间距不大于250mm。在离圈梁上下不小于1/6层高或450mm范围内，箍筋需加密至间距为100mm。在构造柱与墙之间应沿墙高每500mm设2ϕ6钢筋连接，每边伸入墙内不少于1000mm（见图7-23）。

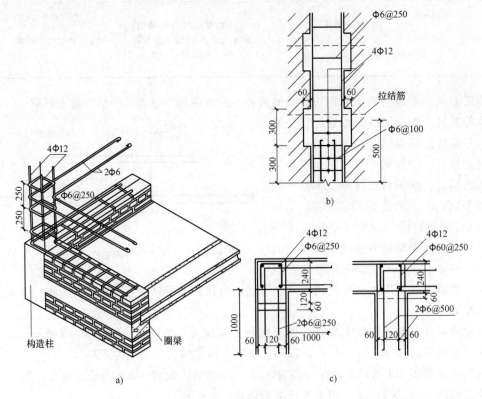

图 7-23　构造柱配筋及构造细部
a）外墙转角处　b）纵剖面图　c）平面图

构造柱和圈梁都是墙体的一部分，是与墙体同步施工的，而不是像框架结构中的梁与柱作为独立的承重构件。它们的配筋也不需经过结构计算，而是构造配筋。构造柱和圈梁的作用是在墙中形成一个内骨架，以加强建筑物的整体刚度，达到抗震的目的。

（4）芯柱 如果砌体采用空心砌块，则即便墙体不是配筋砌体，也应该在对应砖墙设置构造柱的位置将若干相邻砌块的孔洞作为配筋的芯柱来处理，用以代替构造柱（见表7-4）。混凝土空心砌块的芯柱最小断面不小于 130mm×130mm，芯柱配筋每孔 1φ12。中型砌块芯柱最小断面为 150mm×150mm，芯柱的配筋，在 6、7 度抗震设防时为 1φ14 或 1φ10，8 度设防时为 1φ6 或 2φ12（见图 7-24）。芯柱的混凝土强度等级为小型砌块 C15，中型砌块 C20。混凝土一般可随着墙体的上升按照规定可以留施工缝的距离分段浇筑，但必须在应当设置圈梁的部位与圈梁浇筑为整体（见图 7-25）。

表 7-4 小砌块房屋芯柱设置要求

房屋层数			设 置 部 位	设 置 数 量
6 度	7 度	8 度		
四、五	三、四	二、三	外墙转角，楼梯间四角，大房间内外墙交接处，隔 15m 或单元横墙与外纵墙交接处	外墙转角，灌实 3 个孔；内外墙交接处，灌实 4 个孔
六	五	四	外墙转角，楼梯间四角，大房间内外墙交接处，山墙与内纵墙交接处，隔开间横墙（轴线）与外纵墙交接处	
七	六	五	外墙转角，楼梯间四角，各内墙（轴线）与外纵墙交接处，8、9 度时，内纵墙与横墙（轴线）交接处和洞口两侧	外墙转角，灌实 5 个孔；内外墙交接处，灌实 4 个孔；内墙交接处，灌实 4~5 个孔；洞口两侧各灌实一个孔
	七	六	同上；横墙内芯柱间距不宜大于 2m	外墙转角，灌实 7 个孔；内外墙交接处，灌实 5 个孔；内墙交接处，灌实 4~5 个孔；洞口两侧各灌实 1 个孔

注：外墙转角、内外墙交接处、楼电梯间四角等部位，应允许采用钢筋混凝土构造柱代替部分芯柱。

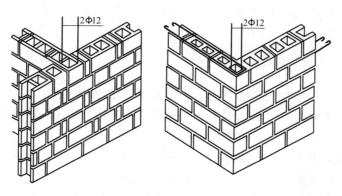

图 7-24 空心砌块利用孔洞配筋成为芯柱

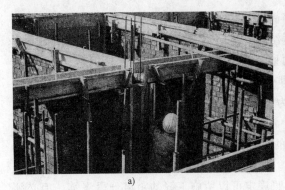

a)   b)

图 7-25　圈梁构造柱施工过程
a) 构造柱钢筋应与圈梁相连通，整体现浇　b) 拆模后的圈梁与构造柱

■ 7.3　框架填充墙

在框架结构中，非承重墙包括填充墙和幕墙。框架结构中填充在柱子之间的墙称为框架填充墙，起围护和分隔作用，自重由梁柱承担；而主要悬挂于外部骨架间的轻质墙称为幕墙。框架填充墙是用砖或轻质混凝土块材砌筑在结构框架梁柱之间的墙体，既可用于外墙，也可用于内墙，施工顺序为框架完工后砌填充墙体。

填充墙的自重传递给框架支承。框架承重体系按传力系统的构成，可分为梁、板、柱体系和板、柱体系。板、柱体系又称为无梁楼盖，板的荷载直接传递给柱。填充墙支承在梁上或板、柱等结构构件上，起外围护和分隔室内空间的作用。这些墙体的结构性能与隔墙相同，都是非承重墙，并且自重由其他构件承受。为了减轻自重，通常采用空心砖或轻质砌块，墙体的厚度根据保温、隔热、隔声以及块材尺寸而定。当砌块墙作为填充墙使用时，其构造要点主要体现在墙体与周边构件的拉结、合适的高厚比、其自重的支承，以及避免成为承重的构件。

7.3.1　框架填充墙构造

适用于烧结空心砖、蒸压加气混凝土砌块、轻骨料混凝土小型空心砌块等填充墙砌体工程，现行 GB 50203—2011《砌体结构工程施工质量验收规范》对填充墙规定如下：

1）砌筑填充墙时，轻骨料混凝土小型空心砌块和蒸压加气混凝土砌块的产品龄期不应小于28天，蒸压加气混凝土砌块的含水率宜小于30%；蒸压加气混凝土砌块在运输及堆放中应防止雨淋。

2）吸水率较小的轻骨料混凝土小型空心砌块及采用薄灰砌筑法施工的蒸压加气混凝土砌块，砌筑前不应对其浇（喷）水湿润；在气候干燥炎热的情况下，对吸水率较小的轻骨料混凝土小型空心砌块宜在砌筑前喷水湿润。

采用普通砌筑砂浆砌筑填充墙时，烧结空心砖、吸水率较大的轻骨料混凝土小型空心砌块应提前 1~2 天浇（喷）水湿润。蒸压加气混凝土砌块采用蒸压加气混凝土砌块砌筑砂浆或普通砌筑砂浆砌筑时，应在砌筑当天对砌块砌筑面喷水湿润。采用"干砌法"施工的蒸压加气混凝土砌块，不需对其浇（洒）水湿润。

3）在厨房、卫生间、浴室等处采用轻骨料混凝土小型空心砌块、蒸压加气混凝土砌块砌筑墙体时，墙底部宜现浇混凝土坎台，其高度宜为 150mm 。此有利于砌块的强度及耐久性，并提高多水房间的防水效果。

4）填充墙拉结筋处的下皮小砌块宜采用半盲孔小砌块，或用混凝土灌实孔洞的小砌块；"干砌法"施工的蒸压加气混凝土砌块砌体，拉结筋应放置在砌块上表面开凿的沟槽内，并用加气混凝土粘结砂浆填实。

5）蒸压加气混凝土砌块、轻骨料混凝土小型空心砌块不应与其他块体混砌，不同强度等级的同类块体也不得混砌。窗台处和因安装门窗需要，在门窗洞口处两侧填充墙上、中、下部可采用其他块体局部嵌砌；对与框架柱、梁不脱开方法的填充墙，填塞填充墙顶部与梁之间缝隙可采用其他块体。以避免不同性质的块体组砌在一起产生收缩裂缝。

6）填充墙砌体砌筑，应待承重主体结构检验验收合格后进行。填充墙与承重主体结构间的空（缝）隙部位施工，应在填充墙砌筑 14 天后进行，目的在于减少混凝土收缩对填充墙的不利影响。

7.3.2 框架填充墙与主体结构的连接关系

汶川 5.12 大地震震害表明：当填充墙与主体结构间无连接或连接不牢，墙体在水平地震荷载作用下极易破坏和倒塌。填充墙砌体应与主体结构可靠连接，其连接构造应符合设计要求，未经设计同意，不得随意改变连接构造方法。

为保证填充墙的稳定性，在框架结构中，柱子上面每 500～600mm 会留出 $2\phi6$ 拉结钢筋，拉筋伸入墙内的长度，6、7 度时，不小于墙长的 1/5，且不应小于 700mm；8、9 度时，宜沿墙全长贯通（见图 7-26）。墙长大于 5m 时，墙顶与梁宜有拉结（见图 7-27）；

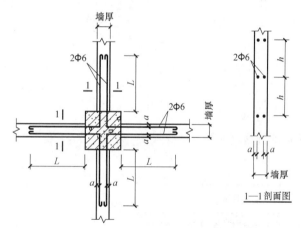

图 7-26 填充墙与框架柱拉结构

墙长超过 8m 或层高 2 倍时，宜设置钢筋混凝土构造柱（见图 7-28）；墙高超过 4m 时，墙体半层高宜设置与柱连接且沿墙全长贯通的钢筋混凝土水平连系梁。楼梯间和人流通道的填充墙，应采用钢丝网砂浆面层加强。

砌筑填充墙时应错缝搭砌，蒸压加气混凝土砌块搭砌长度不应小于砌块长度的 1/3；轻骨料混凝土小型空心砌块搭砌长度不应小于 90mm；竖向通缝不应大于 2 皮。

错缝搭砌及竖向通缝的限制是增强砌体整体性的需要。填充墙的水平灰缝厚度和竖向灰缝宽度应正确，烧结空心砖、轻骨料混凝土小型空心砌块砌体的灰缝应为 8～12mm；蒸压加气混凝土砌块砌体当采用水泥砂浆、水泥混合砂浆或蒸压加气混凝土砌块砌筑砂浆时，水平灰缝厚度和竖向灰缝宽度不应超过 15mm。

填充墙砌至接近梁、板底时，应留有一定空隙，待填充墙砌完并应至少间隔 7 天后，再

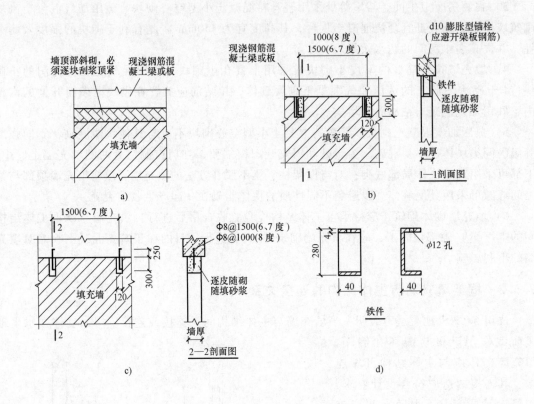

图 7-27　填充墙顶部拉结构造

a) 填充墙长小于 5m 时及非抗震设计　b) 填充墙长大于 5m，预埋件　c) 填充墙长大于 5m，预埋钢筋　d) 铁件

将其补砌挤紧（见图 7-29）。

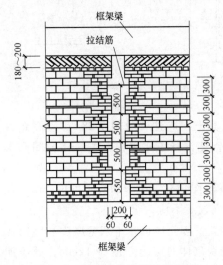

图 7-28　填充墙拉结钢筋示意图

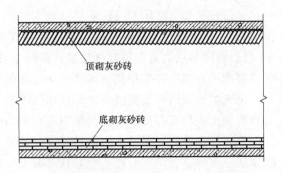

图 7-29　加气混凝土填充墙顶部及底部的处理

■ 7.4 隔墙构造

隔墙是分隔室内空间的非承重墙,隔墙本身不承受外来荷载,其自身的重量由梁、板等构件承受。根据所处位置不同,隔墙应分别满足自重轻、隔声、防水、防潮、便于拆卸等要求。

隔墙按其构成可分为砌筑隔墙、骨架隔墙和条板类隔墙等。

7.4.1 砌筑隔墙

砌筑隔墙是用普通砖、多孔空心砖、空心砌块以及各种轻质砌块等砌筑的墙体。

(1) 砖隔墙 半砖隔墙(120mm)用普通砖顺砌,在构造上应与主体结构墙体或柱拉接,一般沿高度每隔 0.5m 预埋φ6 拉结钢筋两根,砌筑砂浆宜大于 M2.5。为保证其稳定性,当墙体高度大于 3m、长度超过 5m 时,还应采取加固措施,可在墙身每隔 1.2~1.5m 设一道 30~50mm 厚的水泥砂浆层,内置两根φ6 钢筋并与墙体或柱拉接;当墙体高度小于等于 3m、长度超过 5m 时,则应加扶墙壁柱。隔墙顶部与楼板相接处用立砖斜砌,使墙与楼板挤紧,以避免因楼板结构产生的挠度将隔墙压坏。隔墙上有门时,要预埋件或将带有木楔的混凝土预制块砌入隔墙中以固定门窗。半砖墙的构造如图 7-30 所示。半砖隔墙坚固耐久,一般可满足隔声、防水、防火的要求。

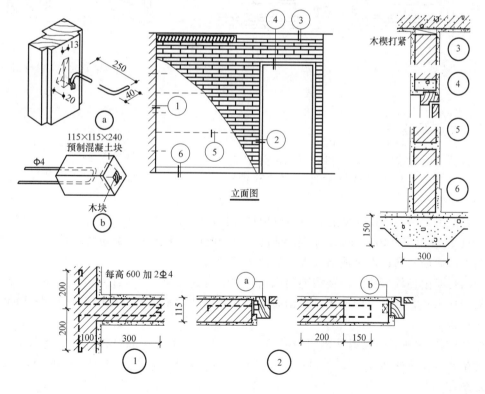

图 7-30 半砖隔墙

多孔砖或空心砖隔墙多采用立砌，常用规格为 190mm×190mm×90mm，隔墙厚度为90mm。其加固措施可参照半砖隔墙的构造，在靠近外墙的地方和窗洞口两侧，常采用普通黏土砖砌筑。为了防潮防水，通常先在楼地面上砌 3~5 皮砖。

（2）砌块隔墙　为了减少隔墙的自重，可采用质轻块大的各种砌块，目前最常用的是加气混凝土砌块、粉煤灰硅酸盐砌块等砌筑的隔墙。隔墙厚度由砌块尺寸而定，一般为90~120mm。砌块大多具有质轻、孔洞率大、隔热性能好等优点，但吸水性强。因此，当有防水、防潮要求时应在墙下先砌 3~5 皮吸水率小的砖。

砌块隔墙厚度较薄，也需采取加强稳定性措施。通常是沿墙身预先在其连接的墙上留出拉结筋，并伸入隔墙中，钢筋设置应符合抗震设计规范的要求，具体做法与半砖隔墙类似（见图 7-31）。

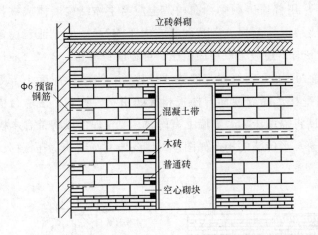
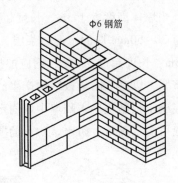

图 7-31　砌块隔墙

7.4.2　立筋隔墙

立筋隔墙由骨架（龙骨）和面层两部分组成。

（1）骨架　常用的骨架有木骨架、型钢骨架、石棉水泥骨架、水泥刨花骨架、轻钢和铝合金骨架等。

木骨架由上槛、下槛、墙筋、斜撑或横撑等构件组成。上、下槛及墙筋立面断面尺寸为（45~50）mm×（70~100）mm，斜撑与横档断面相同或略小些，墙筋间距常用 400mm，横档间距可与墙筋相同，也可适当放大，如图 7-32 所示。

轻钢骨架由各种形式的薄壁型钢制成，其主要优点是强度高、刚度大、自重轻、整体性好、易于加工和大批量生产，还可根据需要拆卸和组装。常用的薄壁型钢有 0.8~1mm 厚槽钢和工字钢。

图 7-33 为一种薄壁轻钢骨架的轻隔墙。其安装过程是先用螺钉将上槛、下槛（也称为导向骨架）固定在楼板上，上下固定后安装钢龙骨（墙筋），间距为 400~600mm，龙骨上留有走线孔。

（2）面层　立筋隔墙的面层一般为人造板材面层，常用的有木质板材、石膏板、硅酸钙板、水泥平板等几类。隔墙的名称以面层材料而定，如轻钢龙骨纸面石膏板隔墙。

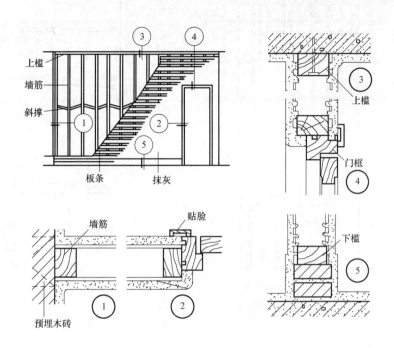

图 7-32　木骨架板条抹灰面层

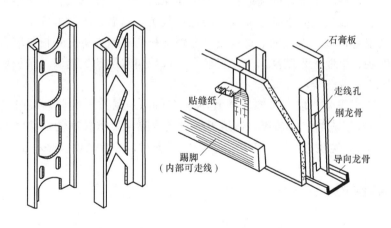

图 7-33　薄壁轻钢骨架

人造板和骨架的关系有两种：一种是在骨架的两面或一面，用压条压缝或不用压条压缝即贴面式；另一种是将板材置于骨架中间，四周用压条压住，称为镶板式。在骨架两侧贴面式固定板材时，可在两层板材中间填入石棉等材料，提高隔墙的隔声、防火等性能。

除木质板材外，其他板材多采用轻钢骨架。如图 7-34 所示为轻钢龙骨石膏隔墙的构造示例。

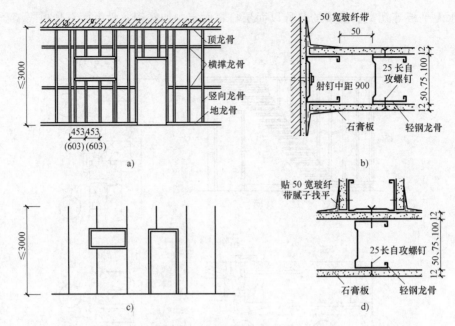

图 7-34　轻钢龙骨石膏隔板
a）龙骨排列　b）靠墙节点　c）石膏板排列　d）丁字隔墙节点

7.4.3　条板隔墙

条板隔墙是指各种轻质板材的高度相当于房间净高，不依赖骨架，可直接装配而成。一般有石膏条板隔墙、加气混凝土条板隔墙、碳化石灰条板隔墙、水泥玻纤空心条板、钢丝网泡沫塑料水泥砂浆复合板、内置发泡材料或复合蜂窝板的彩钢板等。条板隔墙自重轻，安装方便，施工速度快，工业化程度高。为改善隔声，可采用双层条板隔墙。条板墙体厚度应满足建筑防火、隔声、隔热等功能要求。

单层条板墙体用作分户墙，其厚度不宜小于 120mm；用作户内分隔墙时，其厚度不宜小于 90mm；由条板组成的双层条板墙体用于分户墙或隔声要求较高的隔墙时，单块条板的厚度不宜小于 60mm，宽度为 600~1200mm，为便于安装，条板高度应略小于房间净高。

■ 7.5　幕墙构造

7.5.1　幕墙材料

（1）幕墙面材　幕墙面板多使用玻璃、金属层板和石材等材料。可单一使用，也可混合使用。

幕墙用的玻璃必须是安全玻璃，如钢化玻璃、夹层玻璃或者用上述玻璃组成的中空玻璃等。钢化玻璃的强度是普通浮法玻璃强度的 5 倍，且破坏时成蜂窝状小颗粒，边缘没有利口，不易伤人。夹层玻璃是在两片或多片普通或钢化玻璃之间夹入透明或彩色的聚乙烯醇缩丁醛树脂膜片（即 PVB 胶片），经高温高压粘合而成，即便遭到撞击并破坏，玻璃碎片也不易脱落。中空玻璃用金属框在间隔 6~12mm 的两片或多片玻璃四周经密封形成闭合空间，在其中充入干燥空气或惰性气体，因而具有良好的保温、隔热和隔声的性能。

幕墙所采用的金属面板多为铝合金和钢材。铝合金可做成单层的、复合型的以及蜂窝铝板几种，表面可用氟碳树脂涂料进行防腐处理。钢材可采用高耐候性材料，或在表面进行镀锌、烤漆等处理。但当两种不同的金属材料交接时，必须在当中放置合成橡胶、尼龙、聚乙烯等材料制作的绝缘垫片，以防止相互间因电位差而产生的电化学腐蚀。

幕墙石材一般采用花岗岩等火成岩，因其质地均匀。石材厚度在 25mm 以上，吸水率应小于 0.8%，弯曲强度不小于 8.0MPa。为减轻自重，也可选用与蜂窝状材料符合的石材。

（2）幕墙用连接材料 幕墙通常会通过金属杆件系统、拉索以及小型连接件与主体结构相连接，同时为了满足防水及适应变形等功能要求，还会用到许多胶粘和密封材料。

其中用作连接杆件及拉索的金属材料有铝合金、钢和不锈钢。铝合金型材的表面多涂以阳极氧化膜作保护层，要求更高的可采用氟碳树脂涂料。铝型材的壁厚不应小于 3mm。

钢型材的表面处理同面材。不锈钢材料虽然不易生锈，但不是不会生锈，所以也应该采取放绝缘垫层等措施，来防止电化学腐蚀。幕墙中使用的门窗等五金配件一般都采用不锈钢材料制作。

幕墙使用的胶粘和密封材料有硅酮结构胶和硅酮耐候胶。前者用于幕墙玻璃与铝合金杆件系统的连接固定或玻璃间的连接固定，后者则通常用来嵌缝，以提高幕墙的气密性和水密性。

为了防止材料间因接触而发生化学反应，胶粘和密封材料与幕墙其他材料间必须先进行相容性的试验，合格后方能配套使用。

7.5.2 幕墙安装构造

幕墙与建筑物主体结构之间的连接按照连接杆件系统的类型以及与幕墙面板的相对位置关系，可以分为有框式幕墙、点式幕墙和全玻式幕墙。

（1）有框式幕墙 幕墙与主体建筑之间的连接杆件系统通常会做成框格的形式（见图7-35）。如果框格全部暴露出来，就称为明框幕墙；如果垂直或者水平两个方向的框格杆件只有一个方向暴露出来，就称为半隐框幕墙（包括竖框式和横框式）；如果框格全部隐藏在面板下面，就称为隐框幕墙。

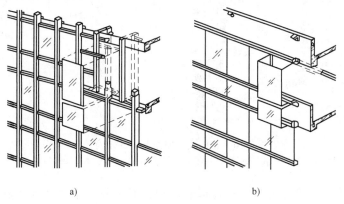

图 7-35 有框式幕墙分类示意图
a）竖框式 b）横框式

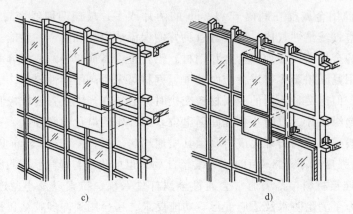

图 7-35 有框式幕墙分类示意图（续）
c）框格式 d）隐框式

　　有框式幕墙的安装可以分为现场组装式和组装单元式两种。前者先将连接杆件系统固定在建筑物主体结构的柱、承重墙、边梁或者楼板上的预埋铁上，再将面板用螺栓或卡具逐一安装到连接杆上去。后者是在工厂预先将幕墙面板和连接杆件组装成较小的标准单元或是较大的整体单元，例如层间单元等，然后运到现场直接安装到位（见图 7-36）。

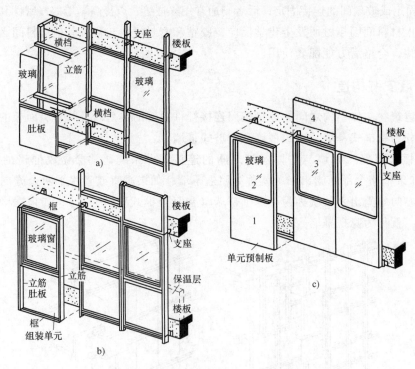

图 7-36 有框式幕墙组装方式示意图
a）现场组装式幕墙 b）组装单元式幕墙 c）整体单元式幕墙

　　（2）点式幕墙 点式幕墙不像框式幕墙那样，面板与框格之间为条状的连接。点式幕墙采用在面板上穿孔的方法，用金属"爪"来固定幕墙面板（见图 7-37）。这种方法多用于需要大片通透效果的玻璃幕墙上，每个玻璃通常开孔 4~6 个（见图 7-38）。金属爪可以安装在连接杆件上，也可以安装在具有柔韧性的钢索上。一切连接杆件与主体结构之间均为铰接，玻璃之间留出不小于 10mm 的缝来打胶。这样在使用过程中有可能产生的变形应力就可以消耗在各个层次的柔性节点上，而不至于引起玻璃本身的破坏。

图 7-37　上海大剧院点式玻璃幕墙

（3）全玻式幕墙　全玻式幕墙的面板以及与建筑物主体结构的连接构件都由玻璃构成。连接构件通常做成肋的形式，并且悬挂在主体结构的受力构件上，特别是较高大的全玻式幕墙，目的是不让玻璃肋受压。玻璃肋可以落地，也可以不落地。但落地时应该与楼地面以及楼地面的装修材料之间留有缝隙，以确保玻璃肋不成为受压构件。玻璃肋与面板之间可以用结构胶粘结，也可以通过其他连接件连接，例如可以用钢爪来连接。为了安全起见，全玻式幕墙的高度必须控制在相关规范所规定的范围内。

幕墙在安装时必须考虑结构的安全性、施工的可能性以及对各种使用状态的适应性。幕墙连接杆件在上下交接处留出温度缝，以适应材料的热胀冷缩；如图 7-39 所示支撑在圆钢管上的玻璃幕墙的安装节点中可以看出，其具有前后、左右各个方向调整安装精度以及适应变形的可能性。

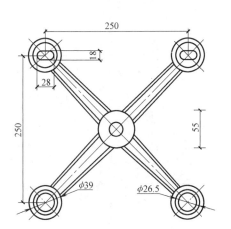

图 7-38　上海大剧院点式玻璃幕墙"爪"形
连接杆件及支撑钢索

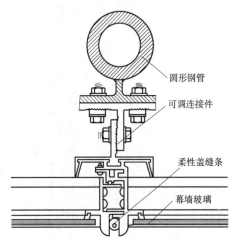

图 7-39　可调节的构件在玻璃幕墙
安装中的作用

由于整个幕墙系统使用了大量的金属杆件和连接件，使得对幕墙的防雷要求特别严格。此外，建筑的主体结构和幕墙面板之间的空隙，对于消防也是很不利的，这些空隙都会在火灾发生时，成为火和烟贯通整栋建筑物的通道。因此，有关规定要求幕墙自身应形成防雷体系，而且与主体建筑的防雷装置应可靠连接。幕墙在与主体建筑的楼板、内隔墙交接处的空隙，必须采用岩棉、矿棉、玻璃棉等难燃材料填缝，并采用厚度在 1.5mm 以上的镀锌耐热钢板（不能用铝板）封口。接缝处与螺钉口应该另用防火密封胶封堵。对于幕墙在窗间墙、窗槛处的填充材料应该采用不燃材料，除非外墙面采用耐火极限不小于 1.0h 的不燃烧体时，该材料可改为难燃。如果幕墙不设窗间墙和窗槛墙，则必须在每层楼板外沿设置高度不小于 0.80m 的不燃烧实体墙裙，其耐火极限应不小于 1.0h（见图 7-40）。

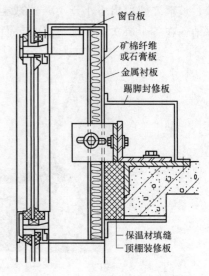

图 7-40 玻璃幕墙防火处理

7.5.3 幕墙的透气和通风功能装置

为了保证幕墙的安全性和密闭性，幕墙的开窗面积较少，而且规定采用上悬窗，开启角度及外伸尺寸也有一定的限制，并应设有限位滑撑构件。此外，点式幕墙由于不用框格，也很难开窗。这样室内的空气质量相对较差，用设备换气能耗又较高。近年来经对幕墙的研究和改良，有一类双层幕墙较好地解决了大面积使用幕墙的建筑物的"呼吸"问题（见图 7-41）。

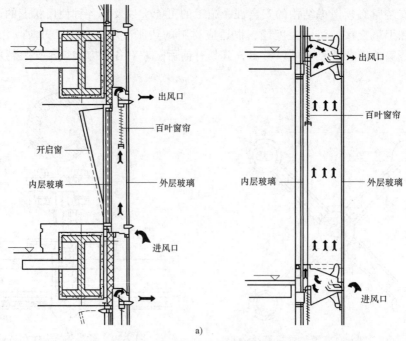

a)

图 7-41 可"呼吸"的双层玻璃幕墙

a）工作原理

图 7-41 可"呼吸"的双层玻璃幕墙（续）
b）幕墙实例

幕墙在每层上下均留有空气进出的通道。外层玻璃不开启，可以提高节点间的密闭性能；而内层玻璃可在需要换气时开启，玻璃夹层中可放置百叶。当夏季温度较高时，夹层内的空气受热上升，从上部排出，底部的较冷空气又进来补充，有利于减少室内外热量的交换，节能效果较好。在冬季的寒冷时段，关闭进风口又可以利用幕墙间的夹层，保证室内温度较稳定。如果室内需要换气，可以随时打开进气口。

■ 7.6 墙面装修

墙面装修对提高建筑的艺术效果、美化环境起着重要的作用，还具有保护墙体的功能和改善墙体热工性能的作用。墙体表面的饰面装修因其位置不同有外墙面装修和内墙面装修两大类型。又因其饰面材料和做法不同，外墙面装修可分为抹灰类、贴面类和涂料类；内墙面装修则可分为抹灰类、贴面类、涂料类和裱糊类。

7.6.1 抹灰类墙面装修

抹灰是我国传统的饰面做法，是用砂浆涂抹在房屋结构表面上的一种装修做法，其材料来源广泛、施工简便、造价低，通过工艺的改变可以获得多种装饰效果，因此在建筑墙体装饰中应用广泛。

（1）抹灰的组成 外墙抹灰分为普通抹灰和装饰抹灰两大类。普通抹灰包括在外墙上抹水泥砂浆等做法，为保证抹灰质量，做到表面平整，粘结牢固，色彩均匀，不开裂，施工时须分层操作。抹灰一般分三层：底层抹灰 、中层抹灰 、罩面层抹灰（见图 7-42）。

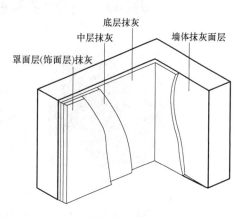

图 7-42 墙体抹灰饰面构造层次

底层抹灰又称为刮糙,作用是与基层(墙体表面)粘结和初步找平。该层的材料与施工操作对整个抹灰质量有较大影响,其用料视基层情况而定,其厚度一般为 5~7mm。当墙体基层为砖、石时,可采用水泥砂浆或混合砂浆打底;当基层为骨架板条基层时,应采用石灰砂浆作底灰,并在砂浆中掺入适量麻刀(纸筋)或其他纤维,施工时将底灰挤入板条缝隙,以加强拉结,避免开裂、脱落。

中层抹灰主要起进一步找平作用,其所用材料与底层基本相同。根据施工要求可以一次抹成,也可分层操作,中灰厚度 5~9mm。

罩面层抹灰主要起装修作用,要求表面平整、色彩均匀、无裂痕。面灰厚度一般为 2~8mm。面层不包括在面层上的刷浆、喷浆和涂料。

抹灰按质量要求和主要工序划分为两种标准:高级抹灰和普通抹灰。高级抹灰适用于大型公共建筑物、纪念性建筑物、高级住宅、宾馆以及特殊要求的建筑。普通抹灰一般用于普通住宅、办公楼、学校等。

(2)常用抹灰种类、做法和应用 抹灰按照面层材料及做法分为一般抹灰和装饰抹灰。一般抹灰是指采用砂浆对建筑物的面层进行罩面处理,其主要目的是表面找平并形成墙体表面的涂层。装饰抹灰更注重抹灰的装饰性,除具有一般抹灰的功能外,它在材料、工艺、外观、质感等方面具有特殊的装饰效果。饰面材料均以石灰、水泥等为胶结材料,掺入砂、石骨料用水拌和后,采用抹(一般抹灰)、刷、磨、斩、粘等不同方法施工,系现场湿作业。

一般抹灰常用的有石灰砂浆抹灰、水泥砂浆抹灰、混合砂浆抹灰、纸筋石灰浆抹灰、麻刀石灰浆抹灰。

装饰抹灰按面层材料的不同分为:石碴类(如水刷石、水磨石、干粘石、斩假石),水泥、石灰类(如拉条灰、拉毛灰、洒毛灰、假面灰、仿石)和聚合物水泥砂浆类等,如图7-43所示。石碴类饰面材料是装饰抹灰中使用较多的一类,以水泥为胶结材料,以石碴为骨料做成水泥石碴浆作为抹灰面层,然后用水洗、斧剁、水磨等方法除去表面水泥浆皮,

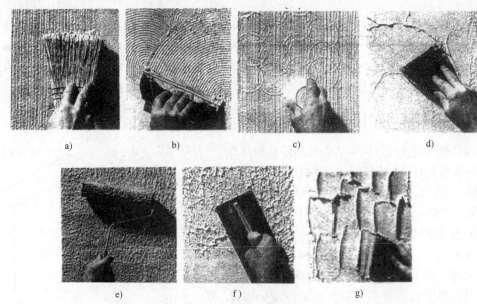

图 7-43 砂浆粉刷特殊效果

a) 拉直线 b) 拉弧线 c) 刻印 d) 挤压 e) 滚涂 f) 拉毛 g) 推拉

或者在水泥砂浆面上甩粘小粒径石碴，使饰面显露出石碴的颜色、质感，具有丰富的装饰效果，常用石碴类装饰抹灰做法及选用见表7-5。

表 7-5　常用石碴类装饰抹灰做法及选用

种　类	做法说明	厚度/mm	使用范围	备　注
水刷石	底：1:3 水泥砂浆 中：1:3 水泥砂浆 面：1:2 水泥白石子用水刷洗	7 5 10	砖石基层墙面	用中 8 厘石子，当用小 8 厘石子时比例为 1:1.5，厚度为 8mm
干粘石	底：1:3 水泥砂浆 中：1:1:1.5 水泥石灰砂浆 面：刮水泥浆，干粘石压平实	10 7 1	砖石基层墙面	石子粒径 3~5mm，做中层时按设计分格
斩假石	底：1:3 水泥砂浆 中：1:3 水泥砂浆 面：1:2 水泥白石子用斧斩	7 5 12	主要用于外墙局部加门套、勒脚等装修	

7.6.2　涂料类墙面装修

涂料饰面是在木基层表面或抹灰饰面的面层上喷、刷涂料涂层的饰面装修。建筑涂料具有保护、装饰功能并且能改善建筑构件的使用功能。涂料饰面涂层薄抗蚀能力差，外用乳液涂料使用年限一般为 4~10 年，但是由于涂料饰面施工简单、省工省料、工期短、效率高、自重轻、维修更新方便，故应用广泛。按涂刷材料不同，分为刷浆类饰面、涂料类饰面、油漆类饰面 3 类。

（1）刷浆类饰面　在表面喷刷浆料或水性涂料的做法。适用于内墙刷浆工程的材料有石灰浆、大白浆、色粉浆、可赛银浆等。刷浆与涂料相比，价格低廉，但不耐久。

（2）涂料类饰面　涂料是指涂敷于物体表面能与基层牢固粘结并形成完整而坚韧保护膜的材料。建筑涂料是现代建筑装饰材料较为经济的一种材料，施工简单、工期短、工效高、装饰效果好、维修方便。外墙涂料具有装饰性良好、耐污染、耐老化的特点。

（3）油漆类饰面　油漆涂料是胶粘剂、颜料、溶剂和催干剂组合的混合剂。油漆涂料能在材料表面干结成漆膜，使与外界空气、水分隔绝，达到防潮、防锈、防腐等保护作用。漆膜表面光洁、美观、光滑，改善了卫生条件，增强了装饰效果。常用的油漆涂料有调和漆、清漆、防锈漆等。

7.6.3　贴面类墙面装修

贴面类面层除常用粉刷类所用的打底材料进行基底的平整处理外，常见的贴面类表面材料包括陶瓷面砖，陶瓷锦砖（又称为马赛克）和预制石板、人工橡胶的块材，以及花岗岩、大理石等天然石材。

（1）陶瓷类饰面　粘贴类面层的施工工艺主要分为打底、敷设粘结层以及铺贴表层材料等。面砖主要采用聚合物水泥砂浆或特制的胶粘剂进行粘贴。

面砖安装前先将表面清洗干净，然后将面砖放入水中浸泡，贴前取出晾干或擦干。面砖安装时用 1:3 水泥砂浆打底并刮毛，后用 1:0.3:3 水泥石灰砂浆或用掺有 108 胶的

1:2.5水泥砂浆满刮于面砖背面，其厚度不小于10mm，然后将面砖贴于墙上，轻轻敲实，使其底灰粘牢。一般面砖背面有凹凸纹路，更有利于面砖粘贴牢固。对贴于外墙的面砖常在面砖之间留出一定的缝隙，以利于湿气排出（见图7-44）。而内墙面为便于擦洗和防水则要求安装紧密，不留缝隙。

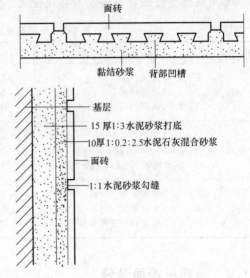

图7-44 面砖饰面构造示意图

（2）石材类饰面 石材在安装前必须根据设计要求和对石材品种、规格、颜色，进行统一编号，天然石材要用电钻打好安装孔，较厚的板材应在其背面凿两条2~3mm深的砂浆槽。板材的阳角交接处，应做好45°的倒角处理。最后根据石材的种类及厚度，选择适宜的连接方法。

1）湿挂法。可在墙柱表面拴挂钢筋网，将板材用铜丝绑扎，拴结在钢筋网上，并在板材与墙体的夹缝内灌以水泥砂浆，称为拴挂法（见图7-45）。

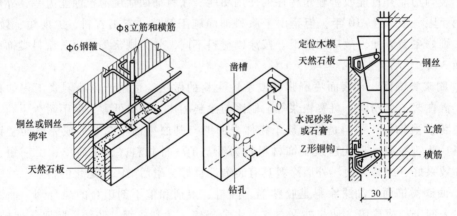

图7-45 湿挂法构造

2）干挂法。用高强耐腐蚀的金属连接件挂接法，通过连接件、扒钉等零件与墙体连接。连接件与主体结构的固定有两种方法：一种通过膨胀螺栓或预埋件直接将挂件固定，没有龙骨，通常用于可以承重的墙体或柱；另一种通过安装金属骨架（如型钢骨架和铝材骨架，也称为龙骨）使挂件固定，通常用于框架填充墙等非承重墙体（见图7-46）。

另外还有采用聚酯砂浆或树脂胶粘结板材固定的方式连接。

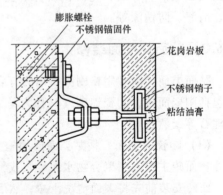

图7-46 干挂法构造（无龙骨）

7.6.4 裱糊类墙面装修

裱糊类墙面装饰是将各种装饰性的墙纸、墙布等卷材类的装饰材料裱糊在墙面上的一种工艺。裱糊类包括塑料壁纸和壁布两大类；常用的壁纸类型有：PVC 塑料壁纸、纺织物面壁纸、金属面壁纸、天然木纹面壁纸等；常用的壁布类型有：人造纤维装饰壁布、锦缎类壁布等。

裱糊类面层的施工工艺主要是在抹灰或其他基层上粘贴壁纸和壁布。裱糊类基层的抹灰以混合砂浆为好。要求基底平整、致密；下料长度需比墙高放出 100~150mm；润纸（布）；根据面层的特点选择专用胶料或粉料。

在粘贴时，注意对接缝及气泡的处理。粘贴顺序按先上后下，先高后低的原则，对准基层的垂直准线，胶用刮板将其赶平压实，排除气泡。当饰面无拼花要求时，将两幅材料重叠 20~30mm，用直尺在搭接中部压紧后进行裁切，揭去多余部分，刮平接缝。当有拼花要求时，也可作搭接处理。装裱后壁纸、壁布下仍有气泡，可用注射针筒进行抽气处理。

■ 7.7 墙体保温与隔热

7.7.1 墙体的保温

1. 保温的要求

我国幅员辽阔，地区气候差异较大，不同季节温度悬殊。同时面对目前环境恶化、能源日益紧张的趋势，对于外围护构件的墙体，外墙在围护结构中所占比重最大，其散失的热（冷）量约占围护结构散热量的 30%，加强保温隔热和提高气密性的要求也就是显得格外重要。近几年，随着经济的发展及对可持续发展观的重视，我国已经限制黏土实心砖的生产和使用，加快墙体材料的革新，积极探索发展节能、保温、隔热的新型墙体材料及构造做法。由于围护结构两侧存在温差，热量就会从高温一侧通过围护结构（如外墙、屋顶和门窗等）流向低温一侧。如果围护结构的保温隔热性能不好，热（冷）量散失大，就会消耗更多的能源（见图 7-47）。

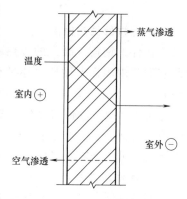

图 7-47 外墙冬季传热过程示意图

2. 提高保温能力的措施

（1）材料的选择 通过对材料的选择，提高外墙保温能力，增加墙体的热阻，减少热损失，一般可以采取以下 3 种方法：

1) 单纯增加外墙厚度，使传热过程延缓，达到保温隔热的目的；但是墙体加厚，会增加结构自重，占用建筑面积。

2) 采用导热系数小，保温效果好的材料作外墙围护构件；如泡沫混凝土、加气混凝土、膨胀珍珠岩、膨胀蛭石、矿棉、木丝板、稻壳等来构成墙体，但这些墙体强度不高，不能承受较大的荷载，一般用于框架填充墙。

3) 采用多种组合材料的组合墙解决保温隔热问题；增加了施工难度和工程造价。

（2）**采取隔蒸气措施** 防止外墙出现凝水，常在墙体保温层靠高温一侧，即蒸气渗入的一侧，设置隔气层，以防止水蒸气内部凝结。隔蒸气层常用卷材、防水涂料、薄膜以及铝箔等材料（见图7-48）。

（3）**防止外墙出现空气渗透** 墙体材料一般都不够密实，有很多微小的孔洞。墙体上设置的门窗等构件，因安装不严密或材料收缩等，会产生一些贯通性缝隙。由于这些孔洞和缝隙的存在，冬季室外风的压力使冷空气从迎风墙面渗透到室内，而室内外有温差，室内热空气从内墙渗透到室外，所以风压及热压使外墙出现了空气渗透。为了防止外墙出现空气渗透，一般可以通过选择密实度高的墙体材料、墙体内外加抹灰层、加强构件间的密缝处理等措施来解决（见图7-49）。

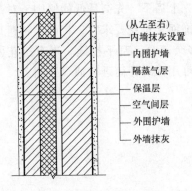

图 7-48　隔蒸汽层的设置

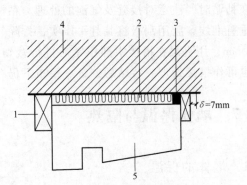

图 7-49　封堵窗间墙缝隙做法（缝宽7mm）
1—木条　2—袋装矿棉　3—弹性密封胶
4—外墙　5—窗框

（4）**冷桥部位的保温** 由于结构上的需要，外墙中常嵌有钢筋混凝土柱、梁、圈梁、过梁等构件，钢筋混凝土的传热系数大于砖的传热系数，热量很容易从这些部位传出去，因此它们的内表面温度比主体部分的温度低，这些保温性能低的部位通常称为冷桥（或热桥）。

为避免和减少冷桥的影响，应避免嵌入构件内外贯通，采取局部保温措施；如在寒冷地区外墙中的钢筋混凝土过梁可做成L形，并在外侧加保温材料；对于框架柱，当柱子位于外墙内侧时，可根据需要进行保温处理。

3. 外墙保温体系

外墙按其保温层的组成及所在位置分为以下3种类型：外墙外保温墙体、外墙内保温墙体、外墙夹芯保温构造。

（1）**外墙外保温墙体** 外墙外保温，是将保温隔热体系置于外墙外侧（即低温一侧）的复合墙体，使建筑达到保温的施工方法。由于外保温是将保温隔热体系置于外墙外侧，从而使主体结构所受温差作用大幅度下降，温度变形减小，具有较强的耐候性、防水性和防水蒸气渗透性；同时具有绝热性能优越，能消除热桥，减少保温材料内部凝结水的可能性，便于室内装修，对结构墙体起到保护作用并可有效阻断冷（热）桥，有利于结构寿命的延长等优点。因此从有利于结构稳定性方面来说，外保温有明显的优势，在可选择的情况下应首选外保温（见图7-50）。但是由于保温材料直接做在室外，需承受的自然因素如风雨、冻融、日晒、磨损与撞击等影响较多，因而对此种墙体抗变形能力和防止材料脱落以及防火安全等方面的要求更高，必须对外墙面另加保护层和防水饰面，在我国寒冷地区外保护层厚度要达到 30~80mm（具体厚度根据气候条件、个体建筑设计特点及材料选用计算而定）。

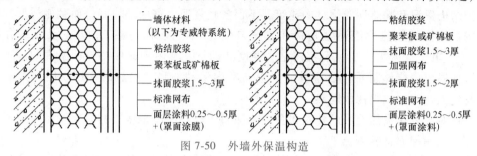

图 7-50 外墙外保温构造

常见的外墙外保温做法有聚苯板薄抹灰系统、胶粉聚苯颗粒保温浆料系统、模板内置聚苯板现浇混凝土系统、喷涂硬质聚氨酯泡沫塑料系统、复合装饰板系统等多种。

（2）外墙内保温墙体 外墙内保温就是外墙的内侧使用保温板、保温砂浆等保温材料，从而使建筑达到保温节能作用的施工方法。该施工方法具有施工方便，对建筑外墙垂直度要求不高，综合造价低、施工进度快等优点。特别适用于夏热冬冷地区，适用范围广。

外墙内保温复合墙体常用的构造方式有粘贴式、挂装式、粉刷式三种。

外墙内保温墙体，用于间歇采暖建筑中，由于保温材料的蓄热系数小，有利于室内温度的快速升高或降低，故此类建筑可应用的外墙内保温构造，如图 7-51 所示。

（3）外墙夹芯保温构造 在符合墙体保温形式中，为了避免蒸气由室内高温一侧向室外低温侧渗透，在墙内形成凝结水，或为了避免受室外各种不利因素的影响，常采用半砖或其他预制板材加以处理，使外墙形成夹芯构件，即双层结构的外墙中间放置保温材料，或留出封闭的空气间层（见图 7-52）。

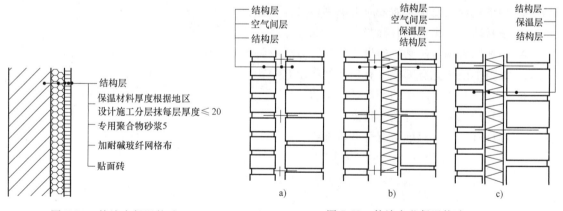

图 7-51 外墙内保温构造

图 7-52 外墙夹芯保温构造
a）封闭空气间层 b）封闭空气间层及保温材料 c）保温材料

夹芯保温外墙，由结构层、保温层、保护层组成。结构层、保温层、保护层随砌随放置拉结钢筋网片或拉结钢筋，使之三层牢固结合。保护层的作用有使保温材料不易受潮及饰面做法不受限制等优点。夹芯保温墙体结构对保温材料的要求也较低，另外，夹芯保温构造中可在保温层处加设空气间层，空气间层厚度一般为 40~60mm，并且要求处于密闭状态，以达到保温节能的目的。

7.7.2 墙体的隔热

维护结构保温和隔热性能优良的建筑，不仅冬暖夏凉，室内环境好，而且能耗低，节约能源。围护结构的隔热性能通常是指在夏季自然通风情况下，围护结构在室外综合温度（由室外空气和太阳辐射合成）和室内空气温度波动下，其内表面保持较低温度的能力。外墙中设置保温层也能够阻止来自室外的热量向室内流动，起到隔热的作用。但保温层不透气，容易使人在室内觉得比较闷热。

透气性对于夏季炎热地区的建筑很重要，除属于夏热冬冷地区，需要兼顾冬季保温，否则不应该考虑用保温材料隔热。

炎热地区夏季太阳辐射强烈，室外热量通过外墙传入室内，使室内温度升高，产生过热现象。提高外墙隔热能力的措施有：

1）外墙宜选用热阻大、质量大的材料，如砖墙、土墙等，这类材料热稳定性好，可减少外墙内表面的温度波动，增加其隔热性。

2）外墙表面应选用光滑、平整、浅色的材料以增加对太阳光的反射。

3）在外墙内部设置通风间层，利用空气的流动带走热量，降低外墙内表面温度。

夏季炎热地区常常采用空调来降低室内温度，空调建筑或房间应尽量避免东、西朝向，其外表面积宜减少且采用浅色饰面。间歇使用的空调建筑，其外围护结构内侧和内维护结构宜采用重质材料，围护结构的构造设计应考虑防潮要求。

思 考 题

1. 简述墙体类型的分类方式及类别。
2. 墙体设计在使用功能上应考虑哪些设计要求？
3. 块材墙的组砌要求有哪些？
4. 简述墙脚墙身防潮层的设置位置、方式及特点。
5. 墙身加固措施有哪些？有何设计要求？
6. 简述几种常见隔墙的种类及其构造特点。
7. 简述墙面装修的种类及特点。
8. 提高外墙的保温能力有哪些措施？

第8章 楼地层构造

导 读

本章提要：主要介绍建筑物中楼地层构造组成及设计要求，包括钢筋混凝土楼板的类型；地坪层的构造要求；楼地面装修和顶棚装修做法；以及阳台、雨篷的构造要点等。本章的教学重点是楼板层的构造组成及设计要求，区分楼板层与地坪层的不同，钢筋混凝土楼板的类型及特点；教学难点是钢筋混凝土楼板的构造类型及适用范围，悬挑阳台的承重结构布置形式和细部构造做法。

8.1 概述

楼地层、阳台、雨篷等是建筑物中的水平构件，将其承受的活荷载及其自重通过受力系统传递到地基上去，同时，这些水平构件还有围护和分隔建筑空间的作用。

楼地层包括楼板层和地坪层，是水平方向分隔房屋空间的承重构件。楼板层分隔上下楼层空间，承受家具、设备和人体载荷以及楼板层本身的自重，并将这些载荷传给墙或柱，同时对墙体起着水平支撑的作用。因此，要求楼板层有足够的抗弯强度、刚度和隔声、防潮、防水性能（见图8-1a）。

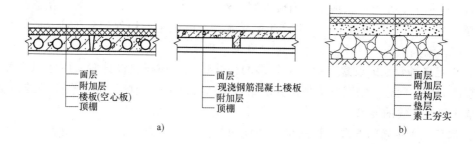

图 8-1　楼地层的组成
a）楼板层　b）地坪层

地坪层的结构层将所承受的荷载及自重均匀地传给夯实的地基。要求地坪层具有耐磨、防潮、防水、防尘和保温性能（见图8-1b）。

8.1.1　楼板层的构造组成及设计要求

为了满足使用需要，楼板层通常由面层、楼板、顶棚三部分组成。根据需要往往还要设置管道敷设、防水、隔声、保温等功能的附加层。

1. 楼板层的构造组成

（1）**面层**　又称为楼面，位于楼板层的最上层，起保护楼板层、分布荷载和绝缘的作用，同时对室内起美化装饰作用，常有整体和块料面层两大类。

（2）**楼板**　它是楼板层的结构层，主要功能在于承受楼板层上的全部载荷，并将这些载荷传给墙或柱；同时还对墙身起水平支撑作用，以加强建筑物的整体刚度。

（3）**附加层**　又称为功能层，根据楼板层的具体要求而设置，主要作用是隔声、隔热、保温、防水、防潮、防腐蚀、防静电等。根据需要，有时和面层合二为一，有时又和吊顶合为一体。

（4）**顶棚层**　位于楼板层最下层，主要作用是保护楼板、安装灯具、遮挡各种水平管线，改善使用功能、装饰美化室内空间。

2. 楼板层的设计要求

（1）**具有足够的强度和刚度**　强度要求是指楼板层应保证在自重和活荷载作用下安全可靠，不发生任何破坏。刚度要求是指楼板层在一定荷载作用下不发生过大变形，以保证正常使用状况。

（2）**具有一定的隔声能力**　不同使用性质的房间对隔声的要求不同，对一些特殊性质的房间如广播室、录音室、演播室等的隔声要求更高。楼板主要是隔绝固体传声，如人的脚步声、拖动家具、敲击楼板等都属于固体传声。

（3）**具有一定的防火能力**　楼板层作为结构构件，应保证在火灾发生时，在一定的时间内不至于因楼板塌陷而给生命和财产带来损失。

（4）**具有防潮、防水能力**　对用水较多的房间，如卫生间、盥洗室、实验室等，需满足防水要求，应该进行防潮防水处理，设置防水层选用密实不透水的材料，适当做排水坡，并设置地漏。

（5）**满足热工要求**　根据所处地区和建筑使用要求，楼面应采取相应的保温、隔热措施，以减少热损失。北方严寒地区，当楼板搁入外墙部分没有足够的保温隔热措施时，会形成"冷桥"，不仅会使热量散失，且易产生凝结水，影响卫生及构件的耐久性。所以必须重视该部分的保温隔热构造设计，防止发生"冷桥"现象。

（6）**满足各种管线的设置**　对管道较多的公共建筑，楼板层设计时，应考虑到管道对建筑物层高的影响问题。如当防火规范要求暗敷消防设施时，应敷设在不燃烧的结构层内，使其能满足暗敷管线的要求。

（7）**满足室内装修的要求**　根据房间的使用功能和装饰要求，楼板层的面层常选用不同的面层材料和相应的构造做法与装饰风格档次相适应。

（8）**满足建筑经济的要求**　经济方面，楼板层造价占建筑总造价的20%～30%，而面层装饰材料对建筑造价影响较大。选材时，应综合考虑建筑的使用功能、建筑材料、经济条件和施工技术等因素。

8.1.2　楼板的类型

根据所用材料分，楼板可分为木楼板、砖拱楼板、钢筋混凝土楼板和压型钢板组合楼板等多种类型。

楼板的类型

（1）木楼板　木楼板自重轻，保温隔热性能好、舒适、有弹性，只在木材产地采用较多，但耐火性和耐久性均较差，且造价偏高，为节约木材和满足防火要求，目前很少采用。

（2）钢筋混凝土楼板　钢筋混凝土楼板具有强度高、刚度好、耐火性和耐久性好，还具有良好的可塑性，在我国便于工业化生产，应用最广泛。按其施工方法不同，可分为现浇式、装配式和装配整体式三种。

（3）压型钢板组合楼板　压型钢板组合楼板是在钢筋混凝土基础上发展起来的，利用钢衬板作为楼板的受弯构件和底模，既提高了楼板的强度和刚度，又加快了施工进度，是目前大力推广的一种新型楼板。

■ 8.2　钢筋混凝土楼板

8.2.1　现浇钢筋混凝土楼板

现浇钢筋混凝土楼板是指在现场支模、绑扎钢筋、浇灌混凝土等顺序将整个楼板结构系统浇筑成型。因此，其楼板整体性好，特别适用于有抗震设防要求的多层房屋和对整体性要求较高的其他建筑，对有管道穿过的房间、平面形状不规整的房间、尺度不符合模数要求的房间和防水要求较高的房间，都适合采用现浇钢筋混凝土楼板。但现浇的施工工艺导致现场湿作业、工序繁多、混凝土养护、施工工期较长，在一些寒冷地区难以常年施工。近年来由于工具式模板和混凝土的发展，现场浇筑机械化的加强，现浇的工艺技术不断发展。

1. 板式楼板

楼板根据受力特点和支撑情况，分为单向板和双向板。如果一块楼板只有两端支承，它只能属于单向板，即荷载只朝一个向度的两端传递。当楼板不只有两端支承，它平面上两个向度之间的比例关系将决定其究竟是单向板还是双向板。

1）单向板时（长边与短边之比大于2），板厚取板跨的1/35（简支）、1/40（两端皆连续）；屋面板厚60~80mm；民用建筑楼板厚70~100mm；工业建筑楼板厚80~180mm（见图8-2a）。

2）双向板时（长边与短边之比不大于2），板厚取双向板短跨的1/45（四边皆简支）、1/50（四边皆连续）；板厚为80~160mm（见图8-2b）。

此外板的支撑长度规定：当板支撑在砖石墙体上，其支撑长度不小于120mm或板厚；当板支撑在钢筋混凝土梁上时，其支撑长度不小于60mm；当板支撑在钢梁或钢屋架上时，其支撑长度不小于50mm。

2. 梁板式楼板

（1）单向梁板式楼板　由板、次梁和主梁组成。其荷载传递路线为板——次梁——主梁——柱（或墙）（见图8-3）。次梁跨度即为主梁间距；板的厚度确定同板式楼板，通常板跨不宜大于4m，其经济跨度为1.5~3m。

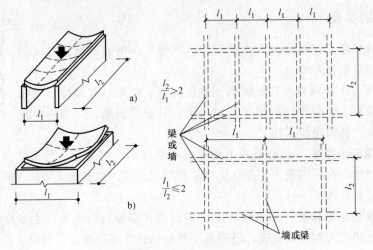

图8-2　四面支承楼板的荷载传递情况
a）单向板　b）双向板

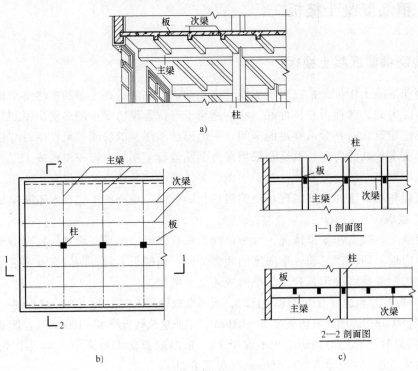

图8-3　现浇梁板式楼板
a）轴测图　b）平面图　c）剖面图

（2）双向梁板式楼板

1）双向梁板式楼板。通常肋梁间距大于2m时，成为双向梁板式楼板；两个方向的梁不分主次、高度相等、同位相交、呈井字形时则常称为井式楼板（见图8-4）。荷载传递路线为板——→梁——→柱（或墙）。井式楼板是梁板式楼板的一种特例。

井式楼板适用于长宽比不大于 1.5 的矩形平面，板的跨度在 3.5~6m 之间，梁的跨度可达 20~30m，可用于较大的无柱空间，且楼板底部的井格整齐划一，很有韵律，可形成艺术效果很好的顶棚。

2）密肋楼板。当肋梁间距小于 1.5m 时，成为密肋楼板。楼板的适用跨度为 6~18m，其肋高一般为跨度的 1/30~1/20，适用于中等或较大跨度的公共建筑，也常用于筒体结构体系的高层建筑结

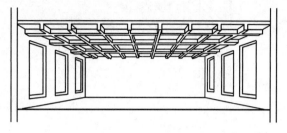

图 8-4 井式楼板

构。对于楼面荷载较大，而房屋的层高又受到限制时，采用密肋楼板比采用普通梁板式楼板更能满足设计要求。

3. 无梁楼板

无梁楼板不设梁，是一种双向受力的板柱结构（见图 8-5），分为有柱帽和无柱帽两种。柱帽可根据室内空间要求和柱断面形式进行设计，板的最小厚度不小于 150mm，且不小于板跨的 1/35~1/32，无梁楼板的柱网一般布置为正方形或矩形，柱间距一般不超过 6m。

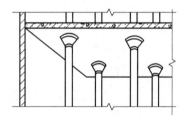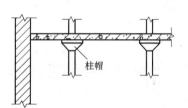

柱帽

图 8-5 无梁楼板

无梁楼板顶棚平整，有利于室内采光、通风、视觉效果较好，且能减少楼板所占的空间高度，但楼板较厚，楼面荷载较小时不经济。无梁楼板的板柱体系适用于非抗震区的多层建筑，如用于商店、书库、仓库、车库等荷载大、空间较大、层高受限制的建筑中。

8.2.2 装配式钢筋混凝土楼板

装配式钢筋混凝土楼板是指在构件预制加工厂或施工现场外预先制作，然后运到工地现场进行安装的钢筋混凝土楼板。这种施工方法，大大减少了现场湿作业的机会，提高现场机械化施工的水平，并可使工期大为缩短，而且有利于建筑质量的控制。预制板的长度一般与房屋的开间或进深一致，为 300mm 的倍数；板的宽度一般为 100mm 的倍数。凡建筑设计中断面形状规则，尺寸符合模数要求的建筑，就可采用预制楼板。

1. 预制板的类型

常用的预制钢筋混凝土楼板，根据其断面形式分为：实心平板、槽形板、空心板、T 形板等几种。

（1）实心平板 实心平板规格较小，跨度一般在 1.5m 左右，板厚一般为 60~80mm，板宽为 600~900mm（见图 8-6）。预制实心平板由于其跨度小，常用于过道和小房间、卫生间、厨房的楼板。

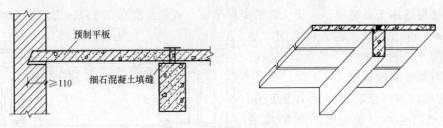

图 8-6 预制实心平板

（2）槽形板 槽形板是一种肋和板结合的预制构件，即在实心板的两侧设有边肋，作用在板上的荷载都由边肋承担，是一种梁板结合的构件。槽形板有肋向下的正槽形板和肋向上的倒槽形板两种（见图 8-7）。

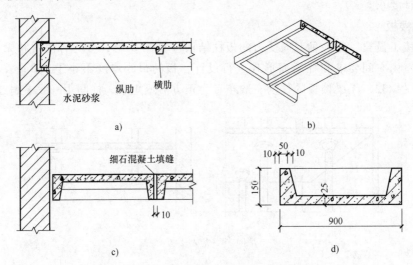

图 8-7 预制槽形板及安装示意图
a）槽形板纵剖面 b）槽形板底面 c）槽形板横剖面 d）倒置槽形板横剖面

正槽形板自重轻，省材料，可以较充分的利用肋梁及板面混凝土受压。正槽形板不能形成平整的顶棚，隔声、隔热效果较差，目前在工业厂房中应用较广泛。倒槽形板受力作用不甚合理，肋间可铺设隔声、保温材料，一般应用于房间隔声要求较高的建筑中。

（3）空心板 根据板的受力情况，为了减轻板的自重，在楼板高度的结构中性面略偏下处抽孔。孔洞可为圆形、正方形、长方形、椭圆形等。由于制作方便，目前国内民用建筑中常用圆孔空心板（见图 8-8）。

（4）T 形板 T 形板有单 T 板和双 T 板之分，也是一种梁板结合的预制构件，其体型简洁、受力明确，较槽型板来说其跨度更大。T 形板肋梁尺度较大，且接缝较多，抗震设防区禁用，一般用于工业建筑中。

2. 预制楼板的搁置要求

预制空心板是按照均布荷载设计的，而且只有在板的底部沿长方向有冷拔钢丝作为受力钢筋，因此预制空心板决不能三面搁置，在跨中也不能承受较大的集中荷载。

空心板在安装时支撑段的两端孔内常用专制的填块、碎砖块或砂浆块填塞，以免灌缝时混凝土自行进入孔内，影响施工。

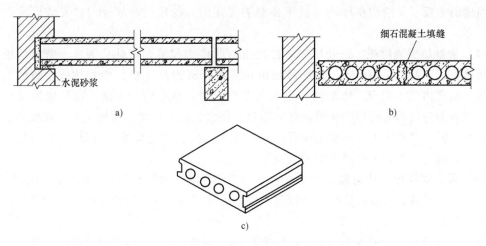

图 8-8　预制空心板及安装示意图
a）纵剖面　b）横剖面　c）剖面形式

　　在使用预制板作为楼层结构构件时，为了减少结构的高度，必要时可以把结构梁的断面做成花篮梁或者十字梁的形式，但要注意除去花篮梁和十字梁两侧的支承部分后，梁的有效宽度和高度不能够小于原来的形状（见图 8-9）。

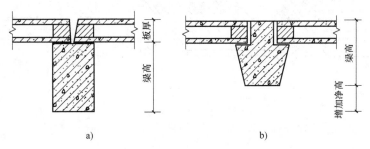

图 8-9　用花篮梁减小结构高度示意图
a）板搁在矩形梁上　b）板搁在花篮梁上

3. 板缝处理

　　预制空心板板缝通常有 V 形、U 形和凹槽形三种形式（见图 8-10），缝内灌水泥砂浆或细石混凝土。其中凹槽形缝受力较好，但灌缝较难，通常多采用 V 形缝。施工中对于板缝的处理直接影响使用过程中室内的观感，板缝下方需贴防裂网格布，以减少板缝的出现。

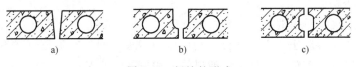

图 8-10　板缝的形式
a）V 形缝　b）U 形缝　c）槽形缝

8.2.3　装配整体式钢筋混凝土楼板

　　装配整体式楼板，是楼板中预制部分构件，运到现场安装，以整体浇筑其余部分的办法连接而成的楼板。其结构整体刚度优于预制装配式的，而且预制部分构件安装后可以方便施工。

（1）密肋填充块楼板 密肋填充块楼板由密肋楼板和填充块叠合而成。密肋楼板有现浇密肋楼板、预制小梁楼板等。密肋楼板由布置得较密的肋（梁）与板构成，肋的间距及高度应与填充物尺寸配合。密肋间可用加气混凝土块、空心砖、木盒子或其他轻质材料填充，并同时作为肋间的模板，获得较好的隔热、保温、隔声效果。密肋填充块楼板由于肋间距小，肋的断面尺寸不大，楼板结构所占空间较小。由于填充块不能重复利用，浪费材料，增加自重，施工复杂，大中城市使用较少。

（2）叠合式楼板 预制薄板（预应力）与现浇混凝土面层叠合而成的装配整体式楼板，又称为预制薄板叠合楼板。这种楼板以预制混凝土薄板为永久模板而承受施工荷载，板面现浇混凝土叠合层。

叠合式楼板跨度一般为4~6m，最大可达9m，通常以5.4m以内较为经济。预应力薄板厚50~70mm，板宽1.1~1.8m。为了保证预制薄板与叠合层有较好的连接，薄板上表面需做处理，常见的有两种：一是在上表面作刻槽处理（见图8-11a），刻槽直径50mm，深20mm，间距150mm；另一种是在薄板表面露出较规则的三角形的结合钢筋（见图8-11b）。

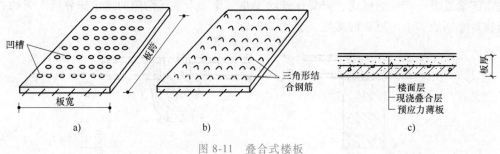

图 8-11　叠合式楼板
a）板面刻槽　b）板面露出三角形结合钢筋　c）叠合组合楼板

叠合式楼板运用于抗震烈度小于9度地区的民用建筑中。但对于处于侵蚀性环境，结构表面温度经常高于60℃和耐火等级有较高要求的建筑物，应另做处理。它不适用于有机器设备振动的楼板。现浇层厚度一般为50~100mm。叠合楼板的总厚取决于板的跨度，一般为120~180mm。楼板厚度以大于或等于薄板厚度的2倍为宜（见图8-11c）。

（3）压型钢板组合楼板 压型钢板组合楼板是利用断面为凹凸相间的压型钢板做衬板与现浇混凝土面层浇筑在一起，成为整体性很强的一种楼板。组合楼板主要由楼面层、压型钢板和钢梁三部分构成。

压型钢板组合楼板是由混凝土和钢板共同受力，即混凝土承受剪应力与压应力，压型钢板承受拉应力，也是混凝土的永久模板。利用压型钢板肋间的空隙还可敷设室内电力管线，也可在钢板衬底部焊接架设悬吊管道、通风管道和吊顶棚的支托。

组合楼板的构造根据压型钢板的形式分为单层板组合楼板和双层板组合楼板两种类型。如图8-12a所示，组合楼板在混凝土上配有构造钢筋，可加强混凝土面层的抗裂性。图8-12b表示在压型钢板上加肋条或压出凹槽，形成抗剪连接，这时压型钢板对混凝土起到加强的作用。图8-12c表示在钢梁上焊有抗剪栓钉，以保证组合楼板和钢梁能共同工作。在高层建筑中，为进一步减轻楼板自重，常用轻混凝土组合楼板。

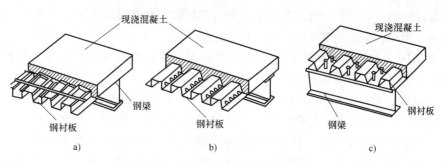

图 8-12　单层压型钢衬板组合楼板

a）配构造钢筋　b）加肋条或压出凹槽　c）焊抗剪栓钉

双层钢衬组合楼板构造如图 8-13 所示。图 8-13a 为压型楔形钢板与钢板组成孔格式组合楼板，这种压型钢板高为 40mm 和 80mm。在较高的压型钢衬板中，可形成较宽的空腔。它具有较大的承载力，腔内可放置设备管线。图 8-13b 为双层压型楔形钢板孔格式组合楼板，腔内甚至可直接做空调管道，用于承载力更大的楼板结构中，其板跨度可达 6m 或更大。

组合楼板自重轻、楼板薄，在主体框架结构完成后，各层楼面可同时铺设，因而可缩短工期。但是钢板上不能承受过大的施工荷载，并应注意防火等问题，且楼板结构用钢量大，造价较高。

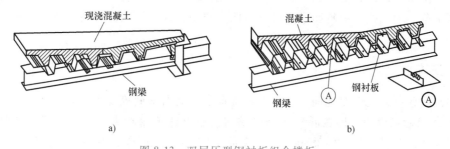

图 8-13　双层压型钢衬板组合楼板

a）压型楔形钢板与钢板组成的孔格式组合楼板　b）双层压型楔形钢板组成的孔格式组合楼板

8.3　地坪层构造

地坪层是建筑物底层与土壤相接的构件，和楼板一样，承受着底层地面上的荷载，并将荷载均匀地传给地基。

地坪层由面层、结构层和垫层构成（见图 8-14）。根据需要还可以设各种附加构造层，如找平层、结合层、防潮层、保温层和管道敷设层等。

（1）面层　也称为地面，是直接承受各种物理作用和化学作用的表面层，起着保护结构层和美化室内的作用。面层应坚固耐磨，表面平整、光洁、易清洁、不起尘。对于居住和人长时间停留的房

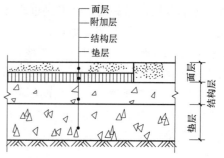

图 8-14　地坪层构造组成

间，要求有较好的蓄热型和弹性；浴室、厕所等房间要求耐潮湿、不透水；厨房、锅炉房要求地面防潮、耐火；实验室要求耐酸碱、耐腐蚀等。

（2）附加层　主要是满足某些特殊使用要求而在面层与结构层之间设置的构造层次，如防水层、防潮层、保温层和管道敷设层等。

（3）结构层　地坪的承重部分，也称为结构层，承受着由地面传来的荷载，并传给地基。结构层材料分为刚性和柔性两大类。刚性材料如混凝土、碎砖三合土等，有足够的整体强度，受力后不产生塑性变形，多用于整体地面和小块块料地面；柔性材料如砂、碎石、炉渣等松散材料，无整体刚度，受力后产生塑性变形，多用于块料地面。目前结构层一般采用混凝土，厚度为 60~80mm。

（4）垫层　结构层与地基之间的找平层和填充层，主要起加强地基、协助传递荷载的作用。垫层材料的选择取决于地面的主要荷载。当上部荷载较大，且结构层为现浇混凝土时，则垫层多采用碎砖或碎石；荷载较小时也可用灰土或三合土等作垫层。

■ 8.4　楼地面装修

楼地面装修主要是指楼板层和地坪层的面层。楼地面装修必须满足以下要求：坚固、热工、隔声、防水、防潮、防火和耐腐蚀、经济方面的要求。面层一般包括面层和面层下面的找平层两部分。地面按其材料和做法可分为四大类型，即整体地面、块料地面、塑料地面和涂料地面。

8.4.1　整体地面

整体地面包括水泥砂浆地面、水泥石屑地面、水磨石地面等现浇地面。

（1）水泥砂浆地面　即在混凝土垫层或结构层上抹水泥砂浆。一般有单层和双层两种做法。单层做法只抹一层 20~25mm 厚 1:2 或 1:2.5 水泥砂浆；双层做法是增加一层 10~20mm 厚 1:3 水泥砂浆找平层，表面只抹 5~10mm 厚 1:2 水泥砂浆。双层做法虽增加了工序，但不易开裂。

水泥砂浆地面通常用作对地面要求不高的房间或进行二次装修房间的地面。水泥砂浆地面构造简单、坚固、能防潮防水，造价较低，但水泥砂浆地面蓄热系数大，冬天感觉冷，空气湿度大时易产生凝结水，而且表面起灰，不易清洁。

（2）水泥石屑地面　水泥石屑地面是以石屑代替砂的一种水泥地面，也称为豆石地面或瓜米石地面。这种地面性能接近水磨石，表面光洁、不起尘、易清洁，但造价仅为水磨石地面的 50%。水泥石屑地面构造也有一层和双层做法之别，一层做法是在垫层或结构层上直接做 25mm 厚 1:2 水泥石屑提浆抹光；两层做法是增加一层 15~20mm 厚 1:3 水泥砂浆找平层，面层铺 15mm 厚 1:2 水泥石屑，提浆抹光即成。

（3）水磨石地面　一般分两层施工。在刚性垫层或结构层上用 10~20mm 厚的 1:3 水泥砂浆找平，面铺 10~15mm 厚 1:(1.5~2) 的水泥白石子，待面层达到一定承载力后加水用磨石机磨光、打蜡即成。所用水泥为普通水泥，石子为中等硬度的方解石、大理石、白云石屑等。

为适应地面变形可能引起面层开裂，做好找平层后，用嵌条把地面分成若干块，尺寸为

1000mm 左右。嵌条材料为玻璃、塑料或金属条（如铜条、铝条），用 1:1 水泥砂浆固定（见图 8-15）。如果将普通水泥换成白水泥，并掺入不同颜料做成各种彩色地面，称为美术水磨石地面。

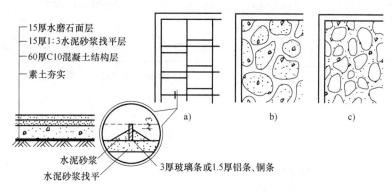

图 8-15 水磨石地面
a）嵌分格条 b）无分格条 c）混合石屑

水磨石地面具有良好的耐磨性、耐久性、防水性和防火性，并具有质地美观，表面光洁，不起尘，易清洁等优点。通常应用于居住建筑的浴室、厨房、厕所和公共建筑门厅、走道及主要房间地面、墙裙等。

8.4.2 块料地面

块料地面是把地面材料加工成块（板）状，然后借助胶结材料贴或铺砌在结构层上。胶结材料既起胶结又起找平作用，也有先做找平层再做胶结层的。常用胶结材料有水泥砂浆、沥青玛瑞脂等，也有用细砂和细炉渣作结合层的。块料地面种类很多，常用的有黏土砖、水泥砖、大理石、缸砖、陶瓷锦砖、陶瓷地砖、木地板等。

（1）黏土砖地面 黏土砖地面用普通标准砖，有平砌和侧砌两种。施工简单、造价低廉，适用于要求不高或临时建筑地面以及庭院小道等。

（2）水泥制品块地面 有水泥砂浆砖、水磨石块、预制混凝土块。水泥制品块与基层粘结有两种方式：当预制块尺寸较大时，在板下干铺 20~40mm 厚细砂或细炉渣，待校正后，板缝用砂浆嵌填。这种做法施工简单、造价低、便于维修更换，但不易平整。城市人行道常按此法施工（见图 8-16a）。当预制块小而薄时，用 12~20mm 厚 1:3 水泥砂浆做结合层，铺好后再用 1:1 水泥砂浆嵌缝。这种做法坚实、平整，但施工较复杂（见图 8-16b）。

（3）缸砖及陶瓷锦砖地面 缸砖也称为防潮砖，是用陶土焙烧而成的无釉砖块。缸砖表面平整，质地坚硬，耐磨、耐压、耐酸碱、吸水率小，可擦洗，不脱色不变形。缸砖背面有凹槽，使砖块和基层粘贴牢固，铺贴时一般用 15~20mm 厚 1:3 水泥砂浆作结合材料（见图 8-17）。

陶瓷锦砖又称为马赛克，是以优质瓷土烧制而成的小尺寸瓷砖，按一定图案反贴在牛皮纸上而成（见图 8-18）。它具有抗腐蚀、耐磨、吸水率小、抗压强度高、易清洗等特点。主要用于卫生间等房间的地面。

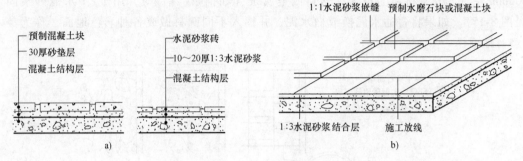

图 8-16　水泥制品块地面

a）预制块较大时干铺细砂　b）预制块较小时水泥砂浆结合层

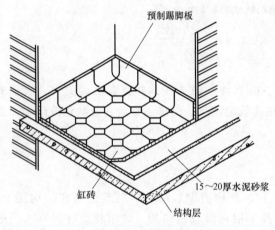

图 8-17　缸砖地面

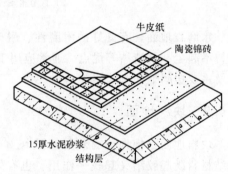

图 8-18　陶瓷锦砖地面

（4）木地面　木地面的面层材料有普通纯木地板、复合木地板、软木地板和复合强化木地板。按照施工工艺分为空铺式地板、实铺式地板、粘贴式地板、悬浮铺设地板。

1）空铺式地板。主要用于舞台或需要架空的地面。做法是先砌设计高度、设计间距的垄墙，在垄墙上铺设一定间隔的木搁栅，将地板条钉在搁栅上，木搁栅与墙间留 30mm 的缝隙，木搁栅间加钉剪刀撑或横撑，在墙体适当位置设通风口解决通风问题（见图 8-19）。

2）实铺式地板。实铺式地板是直接在实体上铺设的地面。结构层内预埋钢筋并用镀锌钢丝将木栅与钢筋绑牢，或预埋 U 形铁件嵌固木搁栅，也可用水泥钉直接将木搁栅钉在结构层上。木搁栅一般为 50mm×50mm，找平且上下刨光，中距依木、竹

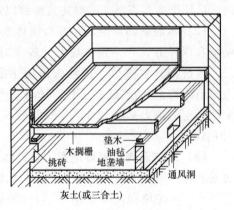

图 8-19　架空式木楼地面

地板条长度等分，一般 400~500mm。每块地板条从板侧面钉牢在木搁栅上（见图 8-20b）。

对于高标准的房间地面，采用双层铺钉，在面层与搁栅间加铺一层 20mm 厚斜向毛木板。房屋底层为防止地板受潮腐烂，通常做一道柔性卷材防潮层或涂刷热沥青防潮层。在踢

脚板处设通风口，保持地板下干燥（见图8-20a）。

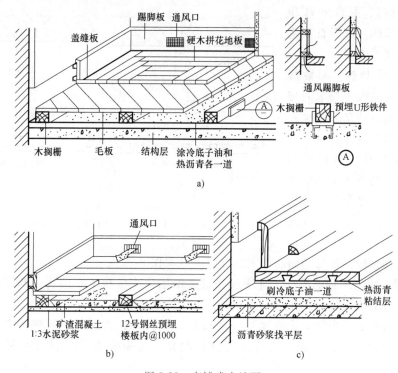

图 8-20　实铺式木地面

a）双层铺钉式木地面　b）单层铺钉式木地面　c）粘贴式木地面

3）粘贴式地板。在结构层上做 15～20mm 厚 1：3 水泥砂浆找平层，上刷冷底子油一道，然后做 5mm 厚沥青玛琋脂（或其他胶粘剂），在其上直接粘贴木板条（见图8-20c）。

8.5　顶棚装修

顶棚同墙面和楼地面一样，是建筑物主要装修部位之一。

8.5.1　顶棚类型

（1）直接顶棚　包括一般楼板板底、屋面板板底，直接喷刷、抹灰、贴面。

（2）吊顶　在较大空间和装饰要求较高的房间中，因建筑声学、保温隔热、清洁卫生、管道敷设、室内美观等特殊要求，常用顶棚把屋架、梁板等结构构件及设备遮盖起来，形成完整的表面。由于顶棚是采用悬吊方式支承于屋顶结构层或楼盖层的梁板之下，所以称之为吊顶。

8.5.2　顶棚构造

（1）直接顶棚构造　包括直接喷刷涂料顶棚、直接抹灰顶棚和直接贴面顶棚 3 种做法。

1）直接喷刷涂料顶棚。当要求不高或楼板底面平整时，可在板底嵌缝后喷（刷）石灰浆或涂料二道。

2）直接抹灰顶棚。对板底不够平整或要求稍高的房间，可采用板底抹灰，常用的有：纸巾石灰浆顶棚、混合砂浆顶棚、水泥砂浆顶棚、麻刀石灰浆顶棚和石膏灰浆顶棚。

3）直接贴面顶棚。对装修标准较高或有保温吸声要求的房间，可在板底直接粘贴装饰吸声板、石膏板、塑胶板等。

（2）吊顶构造　按设置的位置不同分为屋架下吊顶和混凝土楼板下吊顶；从基层材料分有木骨架吊顶和金属骨架吊顶（见图8-21）。

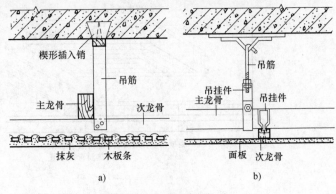

图 8-21　吊顶的类型

a）木骨架吊顶　b）金属骨架吊顶

吊顶的结构一般由基层和面层两大部分组成（见图8-22）：

（1）基层　承受吊顶的荷载，并通过吊筋传给屋顶或楼板承重结构。基层由吊筋和龙骨组成，龙骨分为主龙骨与次龙骨，主龙骨为吊顶的承重结构。

主龙骨通过吊筋或吊件固定在屋顶（或楼板）结构上，次龙骨用同样的方法固定在主龙骨上。龙骨可用木材、轻钢、铝合金等材料制作，其断面大小视材料品种、是否上人

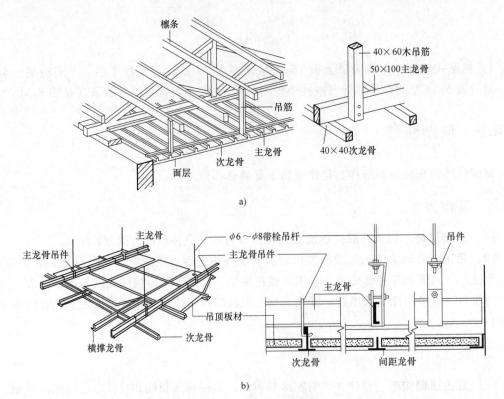

图 8-22　吊顶的组成

a）木骨架吊顶　b）金属骨架吊顶

（吊顶承受人的荷载）和面层构造做法等因素而定。主龙骨断面比次龙骨大，间距通常为1m左右。悬吊主龙骨的吊筋为$\phi 8 \sim \phi 10$钢筋，间距也是1m左右。次龙骨间距视面层材料而定，一般为$300 \sim 500mm$；刚度大的面层不易翘曲变形，可允许扩大至600mm。

（2）面层 吊顶面层分为抹灰面层和板材面层两大类。抹灰面层为湿作业施工，费工费时。板材面层，既可加快施工速度，又容易保证施工质量。板材面层的类型很多，有植物型板材（如胶合板、纤维板、木工板等）、矿物型板材（如石膏板、矿棉板等）、金属板材（如铝合金板、金属微孔吸声板等）等几种。

■ 8.6 阳台及雨篷

阳台是连接室内的室外平台，给人们提供一个舒适的室外活动空间，是多层住宅、高层住宅和旅馆等建筑中不可缺少的一部分。阳台对建筑物的外部形象也起着重要的作用。

雨篷是建筑物入口处位于外门的上方，用来遮挡雨雪，保护外门免受侵蚀的水平构件。给人们提供一个从室外到室内的过渡空间，并起到保护门和丰富建筑立面造型的作用。

8.6.1 阳台

1. 阳台的类型和设计要求

（1）阳台的类型 阳台按其与外墙面的关系分为挑阳台、半挑半凹阳台、凹阳台（见图8-23）；按其在建筑中所处的位置可分为中间阳台和转角阳台；按使用功能不同又可分为生活阳台（靠近卧室或客厅）和服务阳台（靠近厨房）。

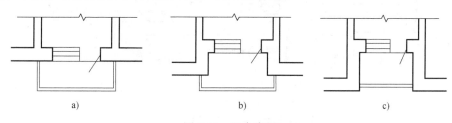

a) b) c)

图8-23 阳台类型
a）挑阳台 b）半挑半凹阳台 c）凹阳台

（2）阳台的设计要求

1）安全适用。悬挑阳台的挑出长度不宜过大，多以$1.2 \sim 1.8m$为宜，阳台栏杆形式应防坠落，防攀爬（不设水平栏杆），以免造成危险。

2）坚固耐久。阳台所用材料和构造措施也应经久耐用，承重结构多数或主要采用钢筋混凝土，金属构件应做防锈处理，表面装修应注意色彩的耐久性和抗污染性。

3）排水顺畅。为防止阳台的雨水流入室内，设计时要求将阳台地面标高低于室内地面标高$30 \sim 60mm$，并将地面抹出$1\% \sim 2\%$的排水坡将水导入排水孔，使雨水能顺利排出（见图8-24）。

4）还应考虑地区气候特点，满足立面造型的需要。

2. 阳台结构布置方式

阳台承重结构通常是楼板的一部分，因此阳台承重结构应与楼板的结构布置统一考虑，主要采用钢筋混凝土阳台板。钢筋混凝土阳台可采用现浇式、装配式或现浇与装配相结合的方式。

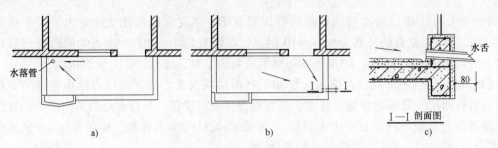

图 8-24 阳台排水处理

a）水落管排水 b）泄水管排水 c）1—1 剖面

（1）挑梁式 从横墙内外伸挑梁，挑梁上搭板，这种结构布置构造简单、传力直接明确，阳台长度与房间开间一致，是较常采用的一种方式。挑梁外露，阳台正立面上露出挑梁梁头；通常在梁头设置封头梁，即在阳台外侧边上加一边梁封住挑梁梁头，阳台底边平整，外形简洁（见图 8-25a、b）。

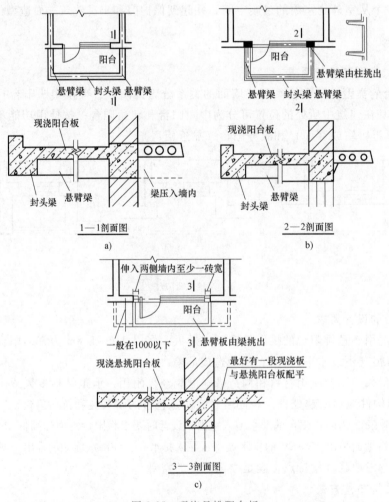

图 8-25 现浇悬挑阳台板

a）挑梁式 b）柱挑梁 c）挑板式

（2）挑板式 阳台的承重结构是由楼板挑出的阳台板构成。出挑长度在 1.2m 以下时，可考虑挑板。此种方式阳台板底平整，造型简洁，阳台长度可以任意调整，但施工较麻烦。悬挑阳台板的方式有两种：一种是楼板悬挑阳台板；另一种是墙梁（或框架梁）悬挑阳台板，通常将阳台板与梁浇在一起，在条件许可的情况下，可将阳台板与梁做成整块预制构件，吊装就位后用铁件与大型预制板焊接（见图 8-25c）。

3. 阳台栏杆或栏板与扶手

（1）阳台栏杆（栏板）与扶手设计要求 栏杆扶手高度因建筑使用对象不同而有所区别。GB 50352—2005《民用建筑设计通则》中规定如下：

临空高度在 24m 以下时，栏杆高度不应低于 1.05m；临空高度在 24m 及以上（包括中高层住宅）时，栏杆高度不应低于 1.10m。栏杆离楼面或屋面 0.10m 高度内不宜留空。住宅、托儿所、幼儿园、中小学及少年儿童专用活动场所的栏杆必须采用防止少年儿童攀登的构造，当采用垂直杆件作为栏杆时，其杆件净距不应大于 0.11m。

（2）栏杆形式 栏杆的形式有实体式、空花式和混合式。按材料又可分为砖砌、钢筋混凝土、金属栏杆和钢化玻璃等。

（3）栏杆扶手构造 栏杆扶手有木质、金属和钢筋混凝土几种。金属扶手一般为钢管与金属栏杆焊接。

8.6.2 雨篷

由于房屋的性质、出入口的大小和位置、地区气候特点以及立面造型的要求等因素的影响，雨篷的形式可以做成多种多样。根据雨篷板的支承方式不同，有门洞过梁悬挑板式，即悬挑雨篷，也有采用墙或柱支承的，即悬挂式雨篷。

1. 悬挑板式

（1）悬挑板式 悬挑板式雨篷的外挑长度一般为 0.9~1.5m，板根部厚度不小于挑出长度的 1/12，雨篷宽度比门洞每边宽 250mm，雨篷排水方式可采用无组织排水（见图 8-26a）和有组织排水两种。由于雨篷上荷载不大，悬挑板的厚度较薄，为了板面排水的组织和立面造型的需要，板外檐常做加高处理，采用混凝土现浇或砖砌筑，板面需做防水处理，并在靠墙处做泛水。

（2）梁板式 梁板式雨篷多用在宽度较大的入口处，悬挑梁从建筑物的柱上或梁上挑出，为使板底平整，多做成倒梁式（见图 8-26b）。

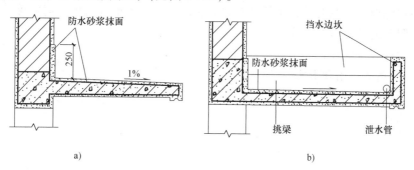

图 8-26 雨篷构造

a）悬挑板式雨篷 b）梁板式雨篷

2. 悬挂式

近年来，在工程中也出现了悬挂式雨篷，通常用金属和玻璃材料，其造型轻巧，富有时代感，对建筑入口的烘托和建筑立面的美化有很好的作用。其支撑系统有的用钢柱，有的与钢筋混凝土柱相连，还有的是采用悬拉索结构（见图8-27）。

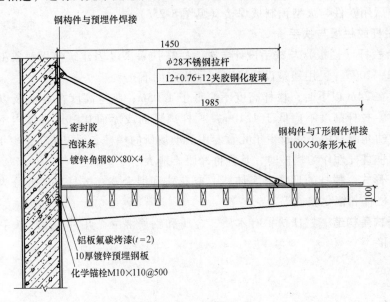

图 8-27　悬挂式雨篷

思 考 题

1. 楼地层的基本组成及设计要求有哪些？

2. 常用的装配式钢筋混凝土楼板的类型及其特点和适用范围。

3. 现浇梁板式楼板的布置原则。

4. 井式楼板和无梁楼板的特点及适用范围。

5. 地坪层的组成及各层的作用。

6. 简述楼地面装修的几种类型。

7. 吊顶的组成部分及龙骨、吊筋的布置方法及其尺寸要求（跨度、间距等）。

8. 简述阳台的结构布置方式。

9. 阳台栏杆高度的设计要求。

10. 简述雨篷的作用和形式。

第9章 屋 顶

导 读

本章提要：屋顶作为建筑物最上部的外围护结构，由于支承结构和构造方式不同，形成的形态也不尽相同（见图9-1）。本章主要介绍屋顶的类型及设计要求、屋顶的各种排水方式，重点介绍卷材、涂膜屋面和瓦屋面的构造层次及细部构造，利于在实际应用中能很好地完成屋顶排水组织设计及选用合理的防水构造做法。本章的教学重点是卷材、涂膜屋面和瓦屋面的构造层次及细部构造的内容，教学难点是如何将屋顶排水组织设计及选择合理的防水构造做法运用到实际工程实例中。

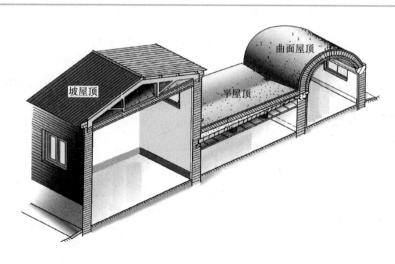

图 9-1　不同屋顶形态示意图

■ 9.1　屋顶的类型和设计要求

9.1.1　屋顶设计要求

屋顶作为房屋的重要组成部分，主要由三部分构成：屋面部分、承重部分和顶棚部分。

屋顶作为外围护构件，应当抵御自然界的风霜雪雨、太阳辐射、气候变化和其他外界的不利因素，使屋顶覆盖下的空间，有一个良好的使用环境。作为承重构件，承受建筑物顶部的荷载并将这些荷载传给下部的承重构件；同时还起着对房屋上部的水平支撑作用。顶棚位于屋顶的底部，用来满足室内对顶部的平整度和美观要求。

屋面工程应符合下列基本要求：具有良好的排水功能和阻止水侵入建筑物内的作用；冬季保温减少建筑物的热损失和防止结露；夏季隔热降低建筑物对太阳辐射热的吸收；适应主体结构的受力变形和温差变形；承受风、雪荷载的作用不产生破坏；具有阻止火势蔓延的性能；满足建筑外形美观和使用的要求。

9.1.2 屋顶类型

（1）根据屋顶的外形分类

1）平屋顶。屋面排水坡度小于或等于5%的屋顶，常用的坡度为2%~3%（见图9-2）。

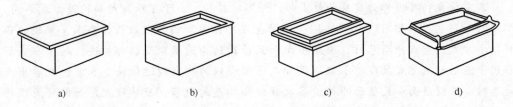

图9-2 平屋顶示意图
a）挑檐平屋顶 b）女儿墙平屋顶 c）挑檐女儿墙平屋顶 d）盝顶平屋顶

2）坡屋顶。指屋面排水坡度在1/10以上的屋顶（见图9-3）。

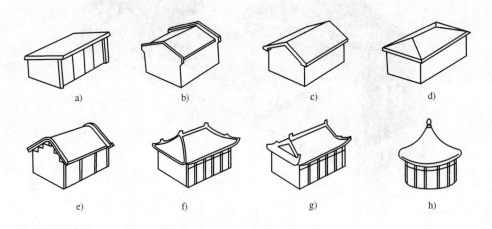

图9-3 坡屋顶示意
a）单坡顶 b）硬山两坡顶 c）悬山两坡顶 d）四坡顶
e）卷棚顶 f）庑殿顶 g）歇山顶 h）圆攒尖顶

3）其他形式屋顶。一般适用于大跨度的公共建筑中（见图9-4）。

（2）根据屋顶结构和材料分类 钢筋混凝土屋顶、轻钢结构屋顶、复合结构屋顶等。

（3）以我国屋面工程现状分类 卷材防水或涂膜屋面、保温屋面、隔热屋面、瓦屋面、

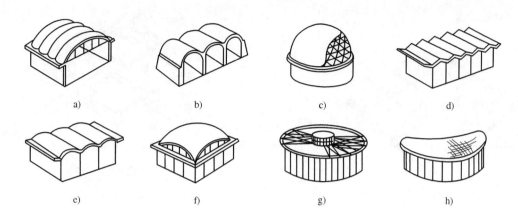

图 9-4 其他形式屋顶示意图

a)双曲拱屋顶 b)砖石拱屋顶 c)球形网壳屋顶 d)V形折板屋顶
e)筒壳屋顶 f)扁壳屋顶 g)车轮形悬索屋顶 h)鞍形悬索屋顶

金属板屋面、采光顶等种类。

9.1.3 屋顶的结构类型

屋顶的承重结构用来承受屋面传来的荷载，并把荷载传给墙或柱。屋顶的承重结构有平面结构和空间结构两种，平屋顶和坡屋顶属于前者，曲面屋顶属于后者。

对于坡屋顶结构，其结构类型有横墙承重、屋架承重、木构架承重和钢筋混凝土屋面板承重等。

(1) 横墙承重 将横墙顶部按屋面坡度大小砌成三角形，在墙上直接搁置檩条或钢筋混凝土屋面板支承屋面传来的荷载，又称为硬山搁檩（见图 9-5）。横墙承重的特点是构造简单、施工方便、节约木材，有利于防火和隔音等优点，但房间开间尺寸受限制。适用于住宅、旅馆等开间较小的建筑。

(2) 屋架（屋面梁）**承重** 屋架是由多个杆件组合而成的承重桁架，可用木材、钢材、钢筋混凝土制作，形状有三角形、梯形、拱形、折线形等。屋架支承在纵向外墙或柱上，上面搁置檩条或钢筋混凝土屋面板承受屋面传来的荷载。屋架承重房屋内部有较大的空间，增加了内部空间划分的灵活性（见图 9-6）。

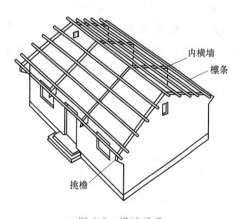

图 9-5 横墙承重

(3) 木构架承重 木构架结构是我国古代建筑的主要结构形式，一般由立柱和横梁组成屋顶和墙身部分的承重骨架，檩条把一排排梁架联系起来形成整体骨架（见图 9-7）。这种结构形式的内外墙填充在木构架之间，不承受荷载，仅起分隔和围护作用。构架交接点为榫卯结合，整体性及抗震性较好；但消耗木材量较多，耐火性和耐久性均较差，维修费用高。

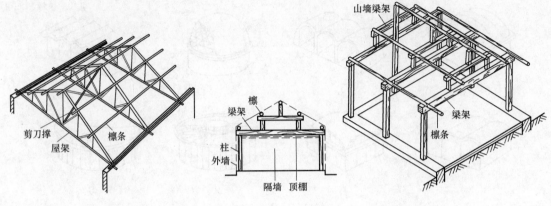

图 9-6　屋架承重　　　　　　　图 9-7　木构架承重

（4）钢筋混凝土屋面板承重　在墙上倾斜搁置现浇或预制钢筋混凝土屋面板来作为坡屋顶的承重结构（见图 9-8）。其特点：节省木材，提高了建筑物的防火性能，构造简单，近年来常用于住宅建筑和风景园林建筑中。

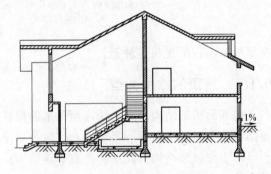

图 9-8　钢筋混凝土屋面板承重

9.1.4　屋面防水等级和设防要求

防水构造是对屋顶的最基本的构造要求，屋面防水工程应根据建筑物的类别、重要程度和使用功能要求确定防水等级，并应按相应等级进行防水设防；对防水有特殊要求的建筑屋面，应进行专项防水设计。屋面防水等级和设防要求应符合表 9-1 的规定。

表 9-1　屋面防水等级和设防要求

防 水 等 级	建 筑 类 别	设 防 要 求
Ⅰ级	重要建筑和高层建筑	两道防水设防
Ⅱ级	一般建筑	一道防水设防

注：1. 本表摘自 GB 50345—2012《屋面工程技术规范》。
　　2. 下列情况不得作为屋面的一道防水设防：
　　　①混凝土结构层。②Ⅰ型喷涂硬泡沫聚氨酯保温层。③装饰瓦及不搭接瓦。④隔气层。⑤细石混凝土。⑥其他不符合规范要求的防水层。

■ 9.2　屋顶排水设计

9.2.1　屋顶坡度选择

1. 屋顶坡度的表示方法

屋顶坡度的表示方法有 3 种，见表 9-2。

表9-2 屋顶坡度的表示方法

屋顶类型	平屋顶	坡屋顶	
常用排水坡度	≤3%	>3%	
屋顶坡度表示方法	百分比法 a)	斜率法 b)	角度法 c)
应用情况	普遍	普遍	较少采用

2. 影响屋顶坡度大小的因素

1）不同的屋面防水材料有不同的适用坡度，见表9-3。

2）地区降雨量的大小影响屋面坡度，干燥少雨地区一般屋面坡度较缓，雨量较大地区屋面坡度较大。

表9-3 常用的各种材料的屋面的适用坡度

屋面材料		适用坡度
块瓦	由黏土、混凝土、塑料、金属材料制成的硬质屋面瓦。含平瓦、鱼鳞瓦、牛舌瓦、石板瓦、J型瓦、S型瓦、金属彩板仿平瓦等	30%
波形瓦	含沥青波形瓦、金属波形瓦、树脂波形瓦、水泥波形瓦等	≥20%
玻纤胎沥青瓦（油毡瓦）		≥20%
卷材（涂膜）屋面		2%~3%
种植屋面的平屋面		1%~2%
金属板屋面	压型钢板、夹芯板	≥5%
	防水卷材（基层为压型钢板）	≥3%

注：本表摘自《全国民用建筑设计技术措施：规划·建筑·景观（2009年版）》。

3. 形成屋面排水坡度的方法

1）材料找坡又称为垫置坡度，是将屋面板水平搁置，然后在上面铺设质量轻、吸水率低和有一定强度的材料找坡，如陶粒、浮石、膨胀珍珠岩、加气混凝土碎块等轻集料混凝土（见图9-9）。其特点：结构底面平整，容易保证室内空间的完整性，但垫置坡度不宜太大，坡度宜为2%，否则会使找坡材料用量过大，增加屋顶荷载。

2）结构找坡又叫搁置坡度，是将屋面板搁置在顶部倾斜的梁上或墙上，形成屋面排水坡度的方法（见图9-10）。其特点：不需再在屋顶上设置找坡层，屋面其他层次的厚度也不变化，减轻了屋面荷载。混凝土结构层宜为结构找坡，坡度不应小于3%。

图9-9 材料找坡示意图

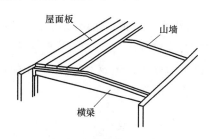

图9-10 结构找坡示意图

9.2.2 屋顶排水方式

（1）无组织排水 又称自由落水，是指屋顶雨水直接从檐口落下到室外地面的一种排水方式（见图9-11）。三层及三层以下，或檐高不大于10m的中、小型建筑物的屋面以及干热、少雨地区的屋面可采用无组织排水。无组织排水的挑檐尺寸不宜小于600mm。其散水宽度宜宽出挑檐300mm左右，且不宜作暗散水。

屋顶排水方式

（2）有组织排水 指屋顶雨水通过排水系统的天沟、雨水口、雨水管等，有组织地将雨水排至地面或地下管沟的一种排水方式。有组织排水有内排水、外排水或内外排水相结合的方式。

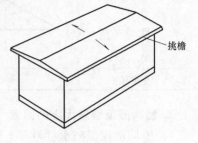

图9-11 屋顶无组织排水

1）外排水指屋顶雨水由室外雨水管排到室外的排水方式。按照檐沟在屋顶的位置，外排水的檐口形式有：沿屋面四周设檐沟、沿纵墙设檐沟、女儿墙外设檐沟、女儿墙内设檐沟等（见图9-12）。

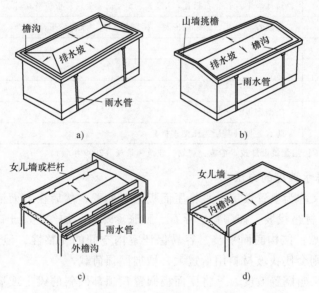

图9-12 屋顶有组织外排水
a）沿屋面四周设檐沟 b）沿纵墙设檐沟 c）女儿墙外设檐沟 d）女儿墙内设檐沟

2）内排水是屋顶雨水由设在室内的雨水管排到地下排水系统的排水方式（见图9-13）。严寒地区应采用此种排水措施，内排水设计应由建筑和给水排水专业共同商定，并由给水排水专业绘制施工图。

9.2.3 屋顶排水设施

（1）天沟 天沟是汇集屋顶雨水的沟槽，有槽形天沟

图9-13 平屋顶有组织内排水

（见图 9-14a）（钢筋混凝土形成或者是成品）和在屋面板上用找坡材料形成的三角形天沟（见图 9-14b）两种。钢筋混凝土天沟、檐沟净宽不得小于 300mm，分水线处最小深度不应小于 100mm，沟内纵向坡度不应小于 1%；金属檐沟、天沟的坡度不应小于 0.5%；沟底水落差不得大于 200mm；天沟、檐沟不得流经变形缝和防火墙。

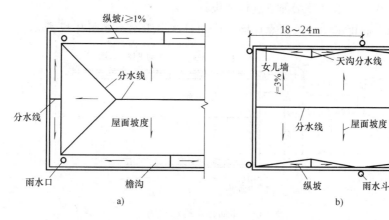

图 9-14　平屋顶有组织排水
a）槽形天沟　b）三角形天沟

（2）水落口　将天沟的雨水汇集至雨水管的连通构件，雨水口有设在檐沟底部的直式水落口（见图 9-15）和设在女儿墙根部的横式水落口（见图 9-16）两种。两个水落口的间距，一般不宜大于下列数值：有外檐天沟 24m；无外檐天沟、内排水 18m。

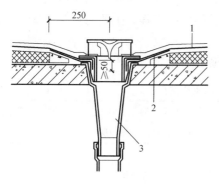

图 9-15　直式水落口
1—防水层　2—附加层　3—水落斗

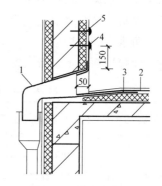

图 9-16　横式水落口
1—水落斗　2—防水层　3—附加层
4—密封材料　5—水泥钉

（3）雨水管　外排水时可采用 UPVC 管、玻璃钢管、金属管等；内排水时可采用铸铁管、镀锌钢管、UPVC 管等，内排水管在拐弯处应设清扫口；雨水管内径不得小于 100mm，阳台雨水管直径可为 75mm。

9.2.4　屋面排水组织设计

屋面的排水组织设计一般可按下列步骤进行：

1）确定屋面排水坡度。

2）确定排水方式。

3）划分排水区域。

4）确定檐沟的断面形状、尺寸以及坡度。

5）确定雨水管所用材料、口径大小，布置雨水管。

6）檐口、泛水、雨水口等细部节点构造设计。

7）绘出屋顶平面排水图及各节点详图。屋面排水组织示例如图9-17所示。

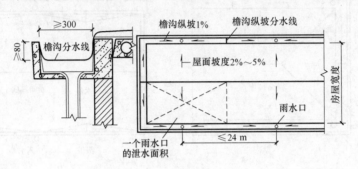

图 9-17　屋面排水组织示例

9.3　卷材涂膜屋面

以我国屋面工程现状，有卷材防水或涂膜屋面、保温屋面、隔热屋面、瓦屋面、金属板屋面、采光顶等种类。在每类屋面中，由于所用材料不同和构造各异，因而形成了各种屋面工程。其中卷材、涂膜屋面是我国目前应用最为广泛的屋面工程，主要包括屋面基层、保温与隔热层、防水层和保护层。

卷材、涂膜屋面基本构造层次应符合表9-4的规定。

表 9-4　卷材、涂膜屋面的基本构造层次

屋 面 类 型	基本构造层次（自上而下）
卷材、涂膜屋面	保护层、隔离层、防水层、找平层、保温层、找平层、找坡层、结构层
	保护层、保温层、防水层、找平层、找坡层、结构层
	种植隔热层、保护层、耐根穿刺防水层、防水层、找平层、保温层、找平层、找坡层、结构层
	架空隔热层、防水层、找平层、保温层、找平层、找坡层、结构层
	蓄水隔热层、隔离层、防水层、找平层、保温层、找平层、找坡层、结构层

注：1. 本表摘自 GB 50345—2012《屋面工程技术规范》。
　　 2. 表中结构层包括混凝土基层和木基层；防水层包括卷材和涂膜防水；保护层包括块体材料、水泥砂浆、细石混凝土保护层；有隔汽要求的屋面，应该在保温层与结构层之间设隔汽层。

9.3.1　找平层设计要求

找平层是为防水层而设置、符合防水材料工艺要求且坚实而平整的基层，找平层应具有一定的强度和厚度，具体要求见表9-5。

对于基层表面平整度符合要求的可以不做找平层；若基层为保温层，上面的找平层应留

设分格缝，缝宽宜为 5~20mm，纵横缝的间距不宜大于 6m。

表 9-5 找平层厚度和技术要求

找平层分类	适用基层	厚度/mm	技术要求
水泥砂浆	整体现浇混凝土板	15~20	1:2.5 水泥砂浆
	整体材料保温层	20~25	
细石混凝土	装配式混凝土板	30~35	C20 混凝土，宜加钢筋网片
	板状材料保温层		C20 混凝土

注：本表摘自 GB 50345—2012《屋面工程技术规范》。

9.3.2 保温层和隔热层设计要求

1. 保温层

1）应根据屋面所需传热系数或热阻选择轻质、高效的保温材料，保温层及其保温材料应符合表 9-6 的规定。

保温层宜选用吸水率低、密度和导热系数小，并有一定强度的保温材料；厚度应根据所在地区现行建筑节能设计标准，经计算确定；保温层的含水率，应相当于该材料在当地自然风干状态下的平衡含水率；屋面为停车场等高荷载情况时，应根据计算确定保温材料的强度；屋面坡度较大时保温层应采取防滑措施。

表 9-6 保温层及其保温材料

保 温 层	保 温 材 料
板状材料保温层	聚苯乙烯泡沫塑料，硬质聚氨酯泡沫塑料，膨胀珍珠岩制品，泡沫玻璃制品，加气混凝土砌块，泡沫混凝土砌块
纤维材料保温层	玻璃棉制品，岩棉，矿渣棉制品
整体材料保温层	喷涂硬泡聚氨酯，泡沫混凝土

注：本表摘自《屋面工程技术规范》GB 50345—2012。

2）当室内空气中的水蒸气有可能透过屋面结构而渗入保温层时，应在保温层之下设置隔气层，以防止保温层中含水量的增加而降低保温性能，甚至引起冻胀等，导致保温层的破坏。为此当室内空气湿度较大或室内外温度差较大时（例如在纬度 40℃ 以北地区且室内空气湿度大于 75%，或其他地区室内空气湿度常年大于 80% 如室内游泳馆、公共浴室、厨房的主食蒸煮间等），保温层下应设隔气层。隔气层可采用气密性、水密性好的防水卷材或涂料。隔气层应沿周边墙面向上连续铺设，高出保温层上表面不得小于 150mm。

3）保温层在屋顶上的位置。

① 正铺保温层，即保温层位于结构层与防水层之间（见图 9-18），形成封闭的保温层，也称为正置式保温，多用于卷材或涂膜防水屋面。

② 倒铺保温层也为卷材屋面的一种，只是保温层位于防水层之上（见图 9-19），也称为倒置式保温。倒置式屋面应遵循以下原则：倒置式屋面的保温层必须有足够的强度和耐水性，因此应采用挤塑聚苯乙烯泡沫塑料板、发泡硬聚氨酯板或泡沫玻璃块等做保温层。保温层上应设保护层，如卵石或预制混凝土块及块状地面等。卵石保护层下应设隔离层。当为上

人屋面时，不应采用卵石作为保护层；倒置式屋面的坡度不宜大于3%，严寒及多雪地区不宜采用倒置式屋面。

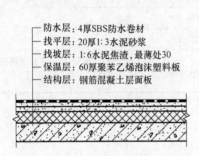

图 9-18　正铺保温层构造

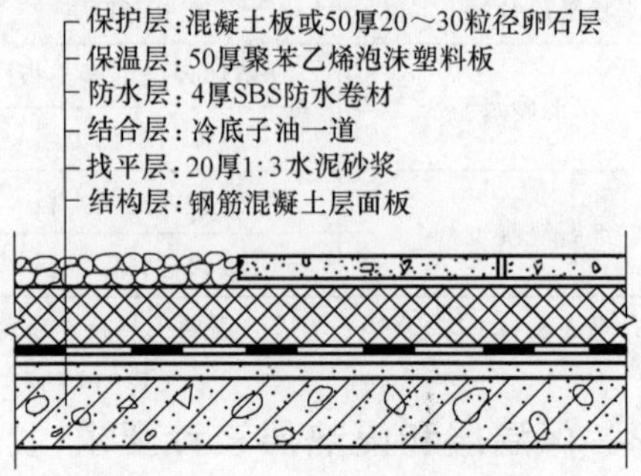

图 9-19　倒铺保温层构造

2. 隔热层

　　建筑屋顶的隔热是要将防止夏季室外热量通过屋面传到室内的措施。屋面隔热层设计应根据地域、气候、屋面形式、建筑环境、使用功能等条件，采用通风屋面，隔热屋面（见图 9-20），种植屋面，蓄水屋面（见图 9-21）等。

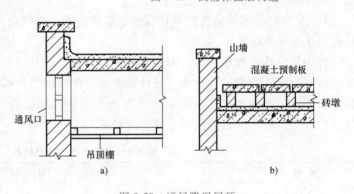

图 9-20　通风降温屋顶

a）顶棚通风　b）架空大阶砖或预制板通风

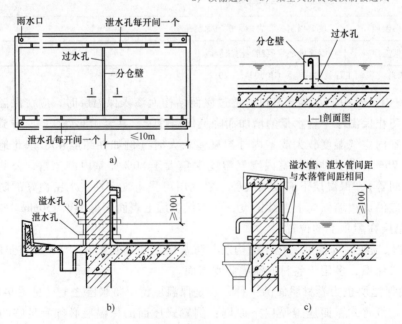

图 9-21　蓄水屋面

a）蓄水屋面平面示意图　b）带挑檐排水处理　c）女儿墙直接排至雨水管

9.3.3 防水层设计要求

防水材料选择要与建筑造型、使用功能和环境条件相适应。卷材、涂膜屋面防水等级和防水做法应符合表9-7的规定。

表9-7 卷材、涂膜屋面防水等级和防水做法

防 水 等 级	防 水 做 法
Ⅰ级	卷材防水层和卷材防水层、卷材防水层和涂膜防水层、复合防水层
Ⅱ级	卷材防水层、涂膜防水层、复合防水层

注：本表摘自 GB 50345—2012《屋面工程技术规范》。

1）防水卷材可按合成高分子防水卷材和高聚物改性沥青防水卷材选用；防水涂料可按合成高分子防水涂料、聚合物水泥防水涂料和高聚物改性沥青防水涂料选用。应根据当地气候变化幅度、各类建筑的使用条件、建构形式和变形差异、防水材料的暴露程度等因素，选择适当的防水材料，保证防水工程质量。

2）复合防水层是指彼此相容的卷材和涂料组合而成的防水层，使用过程中除了要求两种材料相容外，同时要求两种材料不得相互腐蚀，施工过程中不得相互影响。防水涂膜宜设置在防水卷材的下面。

3）在檐沟、天沟与屋面交接处、屋面平面与立面交接处，以及水落口、伸出屋面管道根部等部位，应设置卷材或涂膜附加层；屋面找平层分格缝等部位，宜设置卷材空铺附加层，其空铺宽度不宜小于100mm，其最小厚度要符合 GB 50345—2012《屋面工程技术规范》。

9.3.4 保护层和隔离层设计

（1）保护层 保护层的作用是延长卷材或涂膜防水层的使用期限。对于不上人屋面和上人屋面，所用保护层的材料有所不同：不上人屋面保护层可采用彩色涂料、铝箔、矿物粒料、水泥砂浆等材料；上人屋面可采用块体材料、细石混凝土等材料。块体材料及细石混凝土保护层均需划分分隔缝，水泥砂浆分隔缝分隔面积宜为$1m^2$，块体材料分格缝纵横间距不大于10m，细石混凝土不大于6m。这几种材料与女儿墙和山墙之间，同时也应预留宽度为30mm的缝隙，缝内宜填塞聚苯乙烯泡沫塑料，并用密封材料嵌填。

（2）隔离层 作用是找平、隔离。块体材料、水泥砂浆、细石混凝土与卷材、涂膜防水层之间应设隔离层，可以避免刚性材料膨胀变形对防水层造成破坏，隔离层常用的材料有塑料膜、土工布、卷材、低强度等级砂浆等。

■ 9.4 瓦屋面设计

瓦屋面是坡屋面的一种类型，包括烧结瓦屋面、混凝土瓦屋面和沥青瓦屋面。近年来随着建筑设计的多样化，为满足造型和艺术的要求，越来越多的大坡度屋面工程采用了瓦屋面。

9.4.1 瓦屋面防水等级和防水做法

瓦屋面防水等级和防水做法应满足表9-8的要求。

表 9-8　瓦屋面防水等级和防水做法

防 水 等 级	防 水 做 法
Ⅰ级	瓦+防水层
Ⅱ级	瓦+防水垫层

注：本表摘自 GB 50345—2012《屋面工程技术规范》。

9.4.2　瓦屋面构造层次

瓦屋面的基本构造层次见表 9-9。

表 9-9　瓦屋面的基本构造层次

屋 面 类 型	基本构造层次（自上而下）
瓦屋面	块瓦、挂瓦条、顺水条、持钉层、防水层或防水垫层、保温层、结构层
	沥青瓦、持钉层、防水层或防水垫层、保温层、结构层

注：本表摘自 GB 50345—2012《屋面工程技术规范》。

（1）材料要求

1）块瓦屋面（含各种形式的混凝土瓦及烧结瓦等，如图 9-22 所示），坡度不应小于 30%。在构造上应有阻止瓦片和其下的保温层、找平层等滑落的措施。块瓦采用挂瓦形式固定，需要借助挂瓦条和顺水条来实现。

2）沥青瓦是以玻璃纤维为胎基，经浸涂石油沥青后，面层热压各色彩砂，背面撒以隔离材料而制成的瓦状材料，形状有方形和半圆形（见图 9-23）。沥青瓦适用于排水坡度大于 20% 的坡屋面，找平层宜为细石混凝土，其厚度应不小于 30mm。沥青瓦的固定以铺钉为主，再辅以粘结。

图 9-22　块瓦

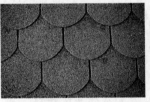
图 9-23　沥青瓦

3）结构层可以是木基层，也可以是钢筋混凝土基层。屋面采用的木质基层、顺水条、挂瓦条的要做好防腐、防火和防蛀处理，金属顺水条、挂瓦条的也应做好防锈蚀处理。

4）防水垫层宜采用自粘聚合物沥青防水垫层、聚合物改性沥青防水垫层，可采用空铺、满粘或机械固定，宜自下而上平行屋脊铺设，顺流水方向搭接。

5）持钉层是瓦屋面中能够握裹固定钉的构造层次。屋面无保温层时，木基层或钢筋混凝土基层可以视为持钉层，若持钉层为木板时，最小厚度不得小于 20mm，若钢筋混凝土基层不平整，要用 1:2.5 水泥砂浆找平；有保温层时，保温层上应按设计要求做细石混凝土持钉层，最小厚度不小于 35mm，内部要配钢筋网。水泥砂浆或细石混凝土可不设分格缝。

（2）瓦与基层的连接

1）屋面瓦铺设在木基层上（无保温层）时（见图 9-24），先在基层上铺设防水层或者防水垫层，然后钉顺水条、挂瓦条，最后再挂烧结瓦、混凝土瓦；或者在防水层或防水垫层上铺钉沥青瓦。

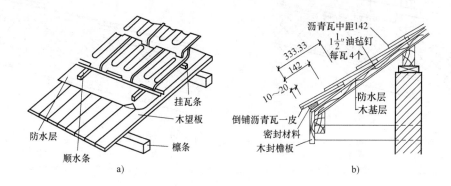

图 9-24 屋面瓦铺设于木基层
a）平瓦铺设于木基层 b）沥青瓦铺设于木基层

2）屋面瓦铺设在混凝土基层上（无保温层）时，先在混凝土表面上抹 1：2.5 水泥砂浆找平层，在其上铺设防水层或者防水垫层，然后钉顺水条、挂瓦条，最后再挂烧结瓦、混凝土瓦；或者在防水层或防水垫层上铺钉沥青瓦（见图 9-25）。

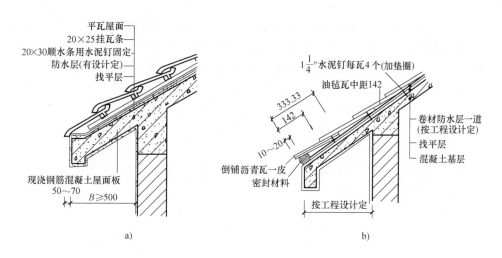

图 9-25 屋面瓦铺设于混凝土基层
a）平瓦铺设于混凝土基层 b）沥青瓦铺设于混凝土基层

3）屋面瓦铺设在混凝土基层上（有保温层）时，保温隔热层上铺设细石混凝土保护层做持钉层时，防水垫层铺设在持钉层上，构造层依次为块瓦、挂瓦条、顺水条、防水垫层、持钉层、保温隔热层、屋面板（见图 9-26）。

沥青瓦屋面为外保温隔热构造时，保温隔热层上铺设防水垫层，防水垫层上做 35mm 厚配筋细石混凝土持钉层。构造层依次为沥青瓦、持钉层、防水垫层、保温隔热层、屋面板（见图 9-27）。

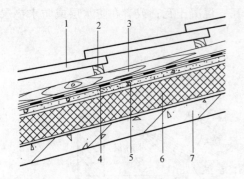

图 9-26 块瓦铺设于混凝土基层（有保温）
1—瓦材 2—挂瓦条 3—顺水条 4—防水垫层
5—持钉层 6—保温隔热层 7—屋面板

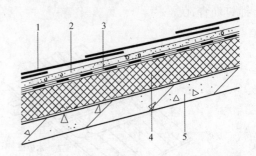

图 9-27 沥青瓦铺设于混凝土基层（有保温）
1—瓦材 2—持钉层 3—防水垫层
4—保温隔热层 5—屋面板

■ 9.5 卷材、涂膜屋面和瓦屋面细部构造设计

屋面细部构造包括檐口、檐沟和天沟、女儿墙和山墙、伸出屋面管道、屋脊等部位。

9.5.1 檐口

檐口的形式通常用于自由排水的屋面设计，对于檐口的细部构造要求，重点是解决好防水材料的收口处理。例如防水卷材屋面檐口（见图 9-28a） 800mm 范围内的卷材应满粘，卷材收头应采用金属压条钉压，并用密封材料封严；涂膜防水（见图 9-28b）的收头，应用防水涂料多遍涂刷，并在檐口下端做好鹰嘴和滴水槽。

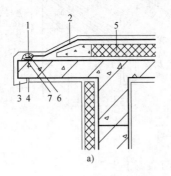

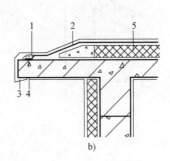

图 9-28 无组织排水檐口构造
a）卷材防水屋面檐口 b）涂膜防水屋面檐口
1—密封材料（涂料多遍涂刷） 2—卷材（涂膜）防水层 3—鹰嘴
4—滴水槽 5—保温层 6—金属压条 7—水泥钉

对于瓦屋面的檐口处理，其防水层或防水垫层都要做到檐口的端部。烧结瓦、混凝土瓦的瓦头，挑出檐口的长度宜为 50~70mm（见图 9-29），主要是防止雨水流淌到封檐板上；沥青瓦屋面的瓦头，挑出檐口的长度宜为 10~20mm，应沿檐口铺设金属滴水板，并伸入沥青瓦下宽度不应小于 80mm，向下延伸长度不小于 60mm（见图 9-30）。

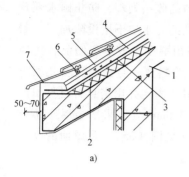
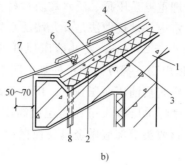
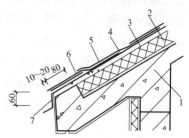

图 9-29　烧结瓦、混凝土瓦屋面檐口
a）正置保温　b）倒置保温
1—结构层　2—保温层　3—防水层或防水垫层
4—持钉层　5—顺水条　6—挂瓦条
7—烧结瓦或混凝土瓦　8—泄水管

图 9-30　沥青瓦屋面檐口
1—密结构层　2—保温层　3—持钉层
4—防水层或防水垫层　5—沥青瓦
6—起始层沥青瓦　7—金属滴水板

9.5.2　檐沟和天沟

檐沟和天沟是屋面排水最集中的地方，因此这些部位的防水层下必须增设附加层。附加层宜用防水涂膜（见图 9-31）。檐沟、天沟与屋面交界处，由于构件断面变化和屋面变形，此处容易发生断裂，因此附加层要伸入屋面一定距离。檐沟防水层和附加层应由沟底翻上至外侧顶部，卷材收头应用金属压条钉压，并用密封材料封严，涂膜收头应用防水涂料多遍涂刷；檐口下端仍需做滴水槽（见图 9-32）。若是沥青瓦天沟采用搭接或是编织式样铺设时，附加层不小于 1000mm 宽（见图 9-33）。

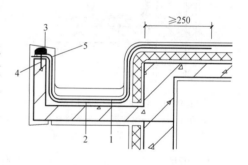

图 9-31　卷材、涂膜防水屋面檐沟
1—防水层　2—附加层　3—密封材料
4—水泥钉　5—金属压条

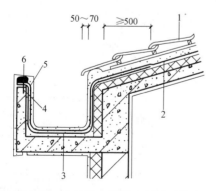

图 9-32　烧结瓦、混凝土瓦屋面檐沟
1—烧结瓦或混凝土瓦　2—防水层或防水垫层　3—附加层
4—水泥钉　5—金属压条　6—密封材料

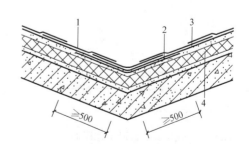

图 9-33　沥青瓦屋面天沟
1—沥青瓦　2—附加层
3—防水层或防水垫层　4—保温层

9.5.3　女儿墙和山墙

（1）女儿墙　泛水是屋面防水层与突出屋面的垂直构件之间的防水构造，这是屋面最容易渗漏的部位。女儿墙防水处理重点是压顶、泛水和防水材料的收头处理，防止雨水顺着女儿墙的裂缝从防水层背后渗入室内。常规做法是女儿墙泛水处的防水层下增设附加层，附加层在平面和立面的宽度均不应小于250mm；女儿墙压顶可采用混凝土或金属制品，压顶向内排水坡度不应小于5%，压顶内侧下端应做滴水处理，防水涂料要一直涂刷到女儿墙压顶。低女儿墙的卷材防水层收头宜直接铺压在压顶下，用压条钉压固定并用密封材料封闭严密（见图9-34）；高女儿墙的卷材防水层收头可在离屋面高度250mm处，采用金属压条钉压固定，并用密封材料封严，卷材收头上部应做金属盖板保护（见图9-35）。瓦屋面的女儿墙做法同上。

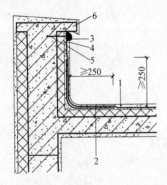
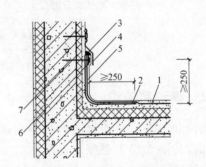

图9-34　低女儿墙细部构造
1—防水层　2—附加层　3—密封材料
4—金属压条　5—水泥钉　6—压顶

图9-35　高女儿墙细部构造
1—防水层　2—附加层　3—密封材料　4—金属盖板
5—保护层　6—金属压条　7—水泥钉

（2）山墙　构造压顶、泛水处增设附加层与女儿墙相同，不同在于烧结瓦、混凝土瓦屋面山墙泛水应采用聚合物水泥砂浆抹成，侧面瓦伸入泛水的宽度不应小于50mm（见图9-36）；沥青瓦屋面山墙泛水应采用沥青基胶粘材料满粘一层沥青瓦片，防水层和沥青瓦收头应用金属压条钉压固定，并应用密封材料封严（见图9-37）。

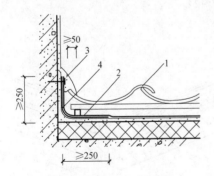
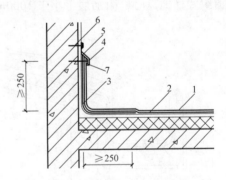

图9-36　烧结瓦、混凝土瓦屋面山墙
1—烧结瓦或混凝土瓦　2—防水层或防水垫层
3—聚合物水泥砂浆　4—附加层

图9-37　沥青瓦屋面山墙
1—沥青瓦　2—防水层或防水垫层　3—附加层
4—金属盖板　5—密封材料　6—水泥钉　7—金属压条

9.5.4　穿出屋面管道构造

卫生间、厨房及设备用房等常有管道伸出屋面，要确保做好防水处理。常用做法是管道周围的找平层抹出不小于30mm的排水坡，并设附加层做增强处理；防水层应铺贴或涂刷至管道上，收头部位距屋面不宜小于 250mm；卷材收头应用金属箍或钢丝紧固，密封材料封严（见图 9-38）。坡屋面中伸出屋面的烟囱或者排气道，除了泛水部位增设附加层，防水层收头采用金属压条钉压固定之外，为了避免烟囱迎水面产生积水现象，应在迎水面中部抹出分水线，向两侧抹出一定的排水坡度，雨水从两侧排走（见图 9-39）。

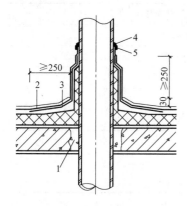

图 9-38　伸出屋面管道
1—细石混凝土　2—卷材防水层　3—附加层
4—密封材料　5—金属箍

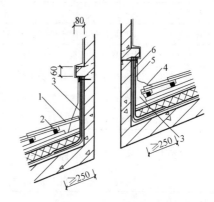

图 9-39　烧结瓦、混凝土瓦屋面烟囱
1—烧结瓦或混凝土瓦　2—挂瓦条　3—聚合物水泥砂浆
4—分水线　5—防水层或防水垫层　6—附加层

9.5.5　屋脊

烧结瓦、混凝土瓦屋面的屋脊处应增设宽度不小于 250mm 的卷材附加层，脊瓦下端距坡面瓦的高度不应大于 80mm，脊瓦在两坡面瓦上的搭盖宽度，每边不应小于 40mm；脊瓦与坡瓦面之间的缝隙应采用聚合物水泥砂浆填平（见图 9-40）。沥青瓦屋面的屋脊处应增设宽度不小于 250mm 的卷材附加层，脊瓦在两坡面瓦上的搭盖宽度，每边不应小于 150mm（见图 9-41）。

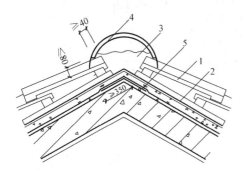

图 9-40　烧结瓦、混凝土瓦屋面屋脊
1—防水层或防水垫层　2—烧结瓦或混凝土瓦
3—聚合物水泥砂浆　4—脊瓦　5—附加层

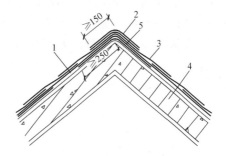

图 9-41　沥青瓦屋面屋脊
1—防水层或防水垫层　2—脊瓦
3—沥青瓦　4—结构层　5—附加层

■ 9.6　金属板屋面和采光顶简介

近年来，随着新材料新技术的创新发展，大量公共建筑采用了金属板屋面或者玻璃采光顶的设计，进一步丰富了建筑屋面造型艺术及使用空间。

9.6.1　金属板屋面

金属板屋面基本构造层次见表9-10。

表 9-10　金属板屋面的基本构造层次

屋 面 类 型	基本构造层次（自上而下）
金属板屋面	压型金属板、防水垫层、保温层、承托网、支承结构
	上层压型金属板、防水垫层、保温层、底层压型金属板、防水垫层、支承结构
	金属面绝热夹芯板、支承结构
玻璃采光顶	玻璃面板、金属框架、支承结构
	玻璃面板、点支承装置、支承结构

金属板屋面防水等级和防水做法见表9-11规定。

表 9-11　金属板屋面防水等级和防水做法

防 水 等 级	防 水 做 法
Ⅰ 级	压型金属板+防水垫层
Ⅱ 级	压型金属板、金属面绝热夹芯板

金属板屋面可按建筑设计要求，选用镀层钢板、涂层钢板、铝合金板、不锈钢板和钛锌板等金属板材。金属板材及其配套的紧固件、密封材料，其材料的品种、规格和性能等应符合现行国家有关材料标准的规定。金属板屋面应按围护结构进行设立，并应具有相应的承载力、刚度、稳定性和变形能力。应根据当地风荷载、结构体型、热工性能、屋面坡度等情况采用相应的压型金属板板型及构造系统。金属板屋面在保温层下面宜设置隔气层，在保温层上宜设置防水透气膜。细部构造处理同卷材涂膜、瓦屋面原理相通，其檐口、山墙、屋脊构造具体要求如图9-42~图9-44所示。

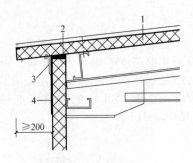

图 9-42　金属板屋面檐口
1—金属板　2—通常密封条
3—金属压条　4—金属封檐板

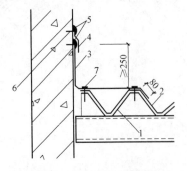

图 9-43　金属板屋面山墙
1—固定支架　2—压型金属板　3—金属泛水板
4—金属盖板　5—密封材料　6—水泥钉　7—拉铆钉

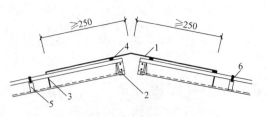

图 9-44　金属板材屋面屋脊
1—屋脊盖板　2—堵头板　3—挡水板
4—密封材料　5—固定支架　6—固定螺栓

9.6.2 玻璃采光顶

玻璃采光顶在屋面可以设计整体或者局部玻璃采光，其优越的采光及造型为很多公共建筑所应用（见图9-45）。其构造层次要求见表9-12。

图 9-45 玻璃顶采光实例

表 9-12 屋面的基本构造层次

屋 面 类 型	基本构造层次（自上而下）
玻璃采光顶	玻璃面板、金属框架、支承结构
	玻璃面板、点支承装置、支承结构

玻璃采光顶设计应根据建筑物的屋面形式、使用功能和美观要求，选择结构类型、材料和细部构造，其所用支承构件、透光面板及其配套的紧固件、连接件、密封材料，要符合国家有关材料标准的规定；玻璃采光顶应采用结构找坡，排水坡度不宜小于5%。

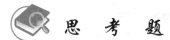 思 考 题

1. 屋顶坡度如何形成，各自有何特点？
2. 屋顶的排水方式有哪几种，各种排水方式的特点是什么？
3. 屋顶的保温层设置有哪几种方式？各种方式的特点及要求是什么？
4. 谈谈卷材、涂膜防水屋面檐口和女儿墙细部构造处理要点。
5. 坡屋顶结构类型有几种？有何特点？
6. 瓦屋面在山墙、屋脊细部构造处理时有何要求？

第 10 章　楼梯与电梯

导读

本章提要：房屋不同楼层之间需设置竖向交通联系的设施，这些设施有楼梯、电梯、自动扶梯、爬梯、坡道、台阶等。楼梯作为竖向交通和人员紧急疏散的主要交通设施，使用最广泛；电梯主要用于高层建筑或有特殊要求的建筑；自动扶梯用于人流量大的场所；爬梯用于消防和检修；坡道用于建筑物入口处方便轮椅或者行车用；台阶用于室内外高差之间的联系。本章的教学重点是楼梯的类型、组成、设计尺度及钢筋混凝土楼梯的细部构造；教学难点是楼梯设计和楼梯的平面及剖面的绘制。

■ 10.1　楼梯概述

楼梯是主要的竖向交通联系设施，楼梯间为设置楼梯的专用空间。楼梯的数量、位置、宽度和楼梯间的形式应满足使用方便和安全疏散的要求。

10.1.1　楼梯组成

楼梯是由梯段、休息平台和维护安全的栏杆扶手及相应的支承结构组成的作为楼层之间垂直交通的建筑构件（见图 10-1）。

（1）梯段　梯段是指设有若干踏步供层间上下行走的通道段落，是楼梯主要使用和承重的部分。为减少人们上下楼梯时的疲劳，一段楼梯的踏步数不应超过 18 级，同时，也不应少于 3 级，因为步数太少不宜为人察觉。

（2）平台　平台是指两楼梯段间的水平板，起缓解行人疲劳和改变行进方向的作用。平台分为中间平台和楼层平台，中间平台让人们在连续上楼时可稍加休息，故也称休息平台；楼层平台与楼层地面标高相同，具有

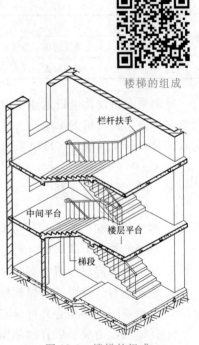

楼梯的组成

图 10-1　楼梯的组成

168

缓冲、分配从楼梯到达各楼层的人流的功能。

（3）栏杆扶手　栏杆扶手是楼梯段及平台边缘的安全保护构件，也供上下楼梯时倚扶之用。实心的称栏板，空心的称栏杆；栏杆、栏板上部供人们倚扶的配件称为扶手。

（4）楼梯　梯段之间形成的空档。

10.1.2　楼梯、楼梯间的常用形式分类

（1）按楼梯与建筑的位置关系　可分为室内楼梯、室外楼梯。

（2）按使用功能的不同　常见的有共用楼梯、服务楼梯、住宅套内楼梯、专用疏散楼梯等。

（3）按楼梯、楼梯间的特点不同　常见的有开敞楼梯、敞开楼梯间、封闭楼梯间、防烟楼梯间等（见图10-2）。

1）开敞楼梯是指在建筑内部没有墙体、门窗或其他建筑构配件分隔的楼梯，火灾发生时，它不能阻止烟、火的蔓延，不能保证使用者的安全，只能作为楼层空间的垂直联系。公共建筑内装饰性楼梯和住宅套内楼梯等常以开敞楼梯形式出现。

2）封闭楼梯间（见图10-2a）是指楼梯四周用具有相应燃烧性能和耐火极限的建筑构配件分隔，火

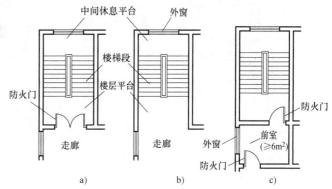

图10-2　楼梯间的形式

a）封闭楼梯间　b）敞开楼梯间　c）防烟楼梯间

灾发生时，能防止烟、火进入，能保证人员安全疏散的楼梯间。通往封闭楼梯间的门为双向弹簧门或乙级防火门。

3）敞开楼梯间（见图10-2b）是指楼梯四周有一面敞开，其余三面为具有相应燃烧性能和耐火极限的实体墙，火灾发生时，它不能阻止烟、火进入的楼梯间。在符合规定的层数和其他条件下，可以作为垂直疏散通道，并计入疏散总宽度。

4）防烟楼梯间（见图10-2c）是指在楼梯间入口处设有防烟前室或设有开敞式的阳台、凹廊等，能保证人员安全疏散，且通向前室和楼梯间的门均为乙级防火门的楼梯间。

（4）楼梯按平面投影形式　常见的有直线形、折线形、弧形、螺旋形等（见图10-3）。

（5）按楼梯的结构形式分类　根据楼梯的结构支撑情况，可以大致分为以下几种类型：

1）板式楼梯。把楼梯段看作一块斜放的板，但梯段上三角形的踏步部分不计入结构的计算厚度（见图10-4）。梯段板分为有平台梁和无平台梁两种情况。

有平台梁的板式楼梯的梯段两端放置在平台梁上，平台梁之间的距离为楼梯段的跨度（见图10-5a）。其传力过程为：楼梯段——平台梁——楼梯间墙（或柱）。无平台梁的板式楼梯是将楼梯段和平台板组合成一块折板，这时板的跨度为楼梯段的水平投影长度与平台宽度之和（见图10-5b）。板式楼梯的水平投影长度≤3m时比较经济。

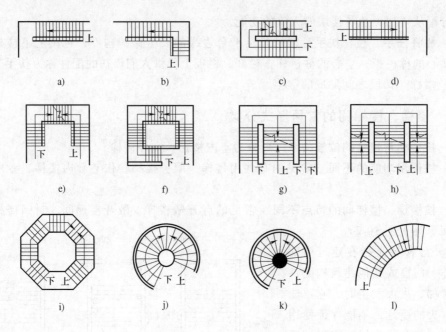

图 10-3　楼梯的平面形式

a）直跑楼梯　b）双跑折角楼梯　c）双跑平行楼梯　d）双跑直楼梯
e）三跑楼梯　f）四跑楼梯　g）双分式楼梯　h）双合式楼梯
i）八角形　j）圆形　k）螺旋形　l）弧形

图 10-4　楼梯梯段板的计算厚度

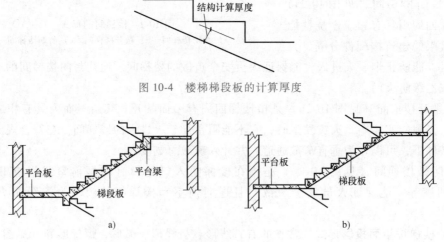

图 10-5　现浇钢筋混凝土板式楼梯

a）有平台梁　b）无平台梁

2）梁板式楼梯。楼梯段由踏步板和斜梁组成。踏步板把荷载传给斜梁，斜梁两端支承在平台梁上。楼梯荷载的传力过程为：踏步板——→斜梁——→平台梁——→楼梯间墙（或柱）。斜梁可用单根梁，也可用双梁（见图 10-6）。单梁式楼梯受力较复杂，但外形轻巧、美观，多用于对建筑空间造型有较高要求的。

梁板式楼梯的斜梁可放在踏步板的上面、下面或侧面，分别称为明步和暗步，如图 10-7所示。

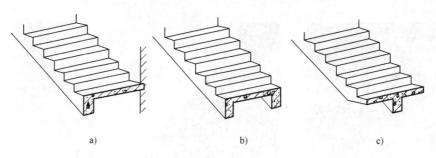

图 10-6　现浇钢筋混凝土梁板式楼梯

a）梯段一侧设斜梁　b）梯段两侧设斜梁　c）梯段中间设斜梁

3）此外，还有从侧边出挑的挑板楼梯，作为空间构件的悬挑楼梯、支撑在中心立杆上的螺旋楼梯、悬挂楼梯等（见图 10-8）。

（6）按照楼梯常用施工工艺分类　楼梯的施工工艺主要分为现浇和预制装配两种。钢筋混凝土楼梯可以根据建筑主体的结构施工情况采用整体现浇或预制装配；钢、木楼梯则全部采用装配式的施工工艺。

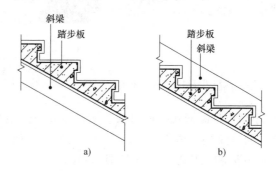

图 10-7　明步楼梯和暗步楼梯

a）明步楼梯　b）暗步楼梯

a）　　　　　　　　b）　　　　　　　　c）　　　　　　　　d）

图 10-8　其他楼梯形式

a）由中间钢混凝土筒支承的挑板楼梯　b）悬挑楼梯　c）支撑在中心立杆上的螺旋楼梯　d）悬挂楼梯

1）现浇式钢筋混凝土楼梯又称为整体式钢筋混凝土楼梯，是在施工现场支模，绑扎钢筋并浇筑混凝土而成的。这种楼梯整体性好，刚度大，对抗震较有利，但施工速度慢，模板耗费多。这种楼梯目前在我国建筑工程中使用相当广泛，结构形式使用最多的为板式和梁板式楼梯（见图 10-9）。

2）预制装配式楼梯是将楼梯分成若干个构件，在工厂或工地预制，施工时将预制构件进行装配、焊接。这种楼梯施工速度快，减少现场湿作业，节约模板，是目前各类建筑中应用较广的一种楼梯施工方式。按照组成构件的大小分为小型构件装配式和大、中型构件装配式楼梯两大类。

a)　　　　　　　　　　　b)　　　　　　　　　　　c)

图 10-9　现浇钢筋混凝土楼梯
a）现浇扭板钢筋混凝土楼梯　b）现浇板式钢筋混凝土楼梯　c）现浇梁板式钢筋混凝土楼梯

① 小型构件装配式楼梯的预制构件主要有预制踏步、平台板、支撑结构，这些构件分开预制，每一个构件体积小、自重轻、易制作，便于运输和安装。预制踏步断面形式有一字形、正反 L 形和三角形三种（见图 10-10）。

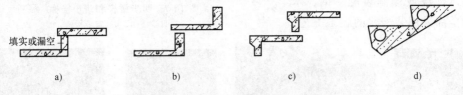

填实或漏空

a)　　　　　　　　　b)　　　　　　　　　c)　　　　　　　　　d)

图 10-10　预制楼梯踏步板的几种主要形式
a）一字形　b）正 L 形　c）反 L 形　d）三角形

预制踏步的支撑方式一般有墙承式、悬臂踏步式、梁承式三种。踏步板直接搁置在墙上的称为墙承式（见图 10-11），其踏步板一般采用一字形、L 形断面。悬臂踏步式是指预制踏步板一端嵌固于楼梯间侧墙上，另一端凌空悬挑的楼梯形式（见图 10-12）。预制装配梁承式楼梯与现浇钢筋混凝土梁板式楼梯类似，踏步支撑于预制斜梁上，可以做明步，也可以做暗步（见图 10-13）。

② 大、中型构件装配式钢筋混凝土楼梯。构件从小型改为大、中型可以减少预制构件的品种和梳理，利于吊装工具进行安装，从而简化施工，加快速度，减轻劳动强度。大型构件装配式钢筋混凝土楼梯是将楼梯梁平台预制成一个构件（见图 10-14），断面可做成板式或空心板式、双梁槽板式或单梁式。这种楼梯主要用于工业化程度高、专用体系的大型装配式建筑中，或用于建筑平面设计和结构布置有特别需要的场所。

中型构件装配式钢筋混凝土楼梯一般以楼梯段和平台各作一个构件装配而成（见图 10-15）。钢筋混凝土构件在现场可以通过预埋件焊接，也可以通过构件上的预埋件和预埋孔相互套接（见图 10-16）。

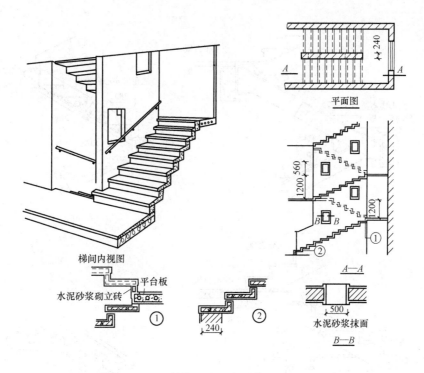

平面图

A—A

B—B

水泥砂浆砌立砖

平台板

240

水泥砂浆抹面

500

图 10-11　预制装配墙承式钢筋混凝土楼梯

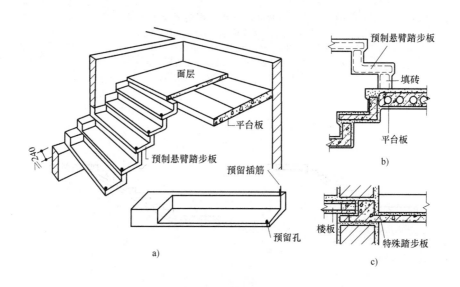

图 10-12　预制装配墙悬臂踏步式钢筋混凝土楼梯
a）安装示意　b）平台转弯处节点　c）遇楼板处节点

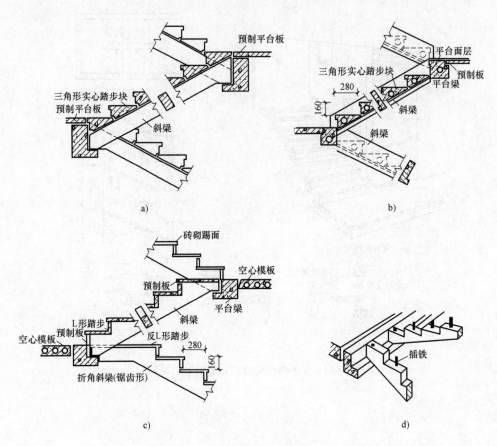

图 10-13 预制装配梁承式钢筋混凝土楼梯

a）三角形踏步块与矩形斜梁组成

b）三角形空心踏步块与 L 形斜梁组成

c）正反 L 形踏步和一字形踏步与锯齿形斜梁组成

d）锯齿形斜梁，每个踏步穿孔，由插铁窝牢

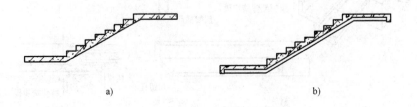

图 10-14 大型构件装配式楼梯形式

a）预制板式楼梯　b）预制梁式楼梯

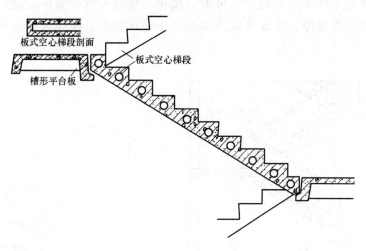

图 10-15　中型构件装配式楼梯平台与板式梯段形式

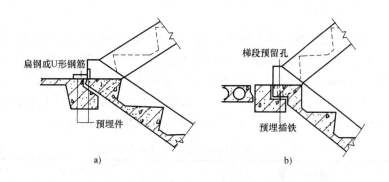

a)   b)

图 10-16　构件的连接方式
a）预埋件焊接　b）预埋插铁套接

■ 10.2　楼梯设计要求

10.2.1　楼梯的坡度和踏步设计

楼梯的坡度是指梯段的坡度，即楼梯段的倾斜角度，如图 10-17 所示。它有两种表示方法，即角度法和比值法。用楼梯段与水平面的倾斜夹角来表示楼梯坡度的方法称为角度法；用楼梯段在垂直面上的投影高度与在水平面上的投影长度的比值来表示楼梯坡度的方法称为比值法。

在确定楼梯坡度时，应综合考虑使用和经济因素。一般来说，楼梯的坡度越大，楼梯段的水平投影长度越短，楼梯占地面积就越小，越经济，但行走吃力；反之，楼梯的坡度越小，行走较舒适，但占地面积大，不经济。

一般楼梯的坡度范围在 23°~45°，适宜的坡度为 30°左右。坡度过小时（小于 23°），可做成坡道；坡度过大时（大于 45°），可做成爬梯。楼梯坡度一般不宜超过 38°，供少量人流通行的内部交通楼梯，坡度可适当加大。楼梯、坡道、爬梯的坡度范围如图 10-18 所示。

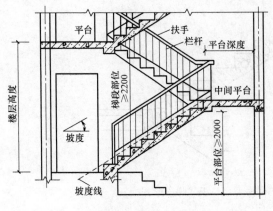

图 10-17　楼梯间剖面

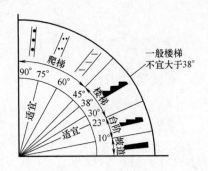

图 10-18　楼梯、台阶和坡道坡度的适用范围

楼梯的坡度取决于踏步的高度与宽度之比，因此必须选择合适的踏步尺寸以控制坡度。楼梯的踏步尺寸包括踏面宽和踏面高，踏面是人脚踩的部分，其宽度不应小于成年人的脚长，一般为 250~320mm；踏面高与踏面宽有关。根据人上一级踏步相当于在平地上的平均步距的经验，踏步尺寸可按下面的经验公式来确定：楼梯踏步宽度 b 加高度 h，宜为 $b+h=450mm$，$b+2h \geq 600~620mm$。踏步的高度、宽度应符合表 10-1 的规定。

表 10-1　楼梯踏步的最小宽度和最大高度　　　　　　　　　　　（单位：m）

楼 梯 类 别		最小宽度 b	最大高度 h
住宅共用楼梯	住宅有电梯	0.26	0.175
	住宅无电梯	0.28	0.160
幼儿园、小学等楼梯		0.26	0.150
宿　舍		0.27	0.165
老年居住建筑（老年人公共建筑）		0.30（0.32）	0.150（0.130）
电影院、剧场、体育馆、商场、医院、旅馆、展览馆、疗养院、大中学校等公共建筑的楼梯		0.28	0.16
其他建筑楼梯		0.26	0.17
专用疏散楼梯		0.25	0.18
服务楼梯、住宅套内楼梯		0.22	0.20

注：1. 本表摘自《全国民用建筑工程设计技术措施：规划·建筑·景观（2009 年版）》。
　　2. 建筑内部使用楼梯允许使用螺旋梯，但不计入疏散宽度内；当踏步上下两级所形成的平面角度不大于 10°，且每级离内侧扶手中心 0.25m 处的踏步宽度超过 0.22m 时，可不受此限（见图 10-19）。当此类楼梯用作疏散楼梯时，楼梯的疏散宽度应为实际梯宽减去 0.25m。

楼梯每一梯段的踏步高度应一致，当同一梯段首末两级踏步的楼面面层厚度不同时，应注意调整结构的级高尺寸，避免出现高低不等；相邻梯段踏步高度、宽度宜一致，且相差不宜大于 3mm。为了人们上下楼梯时更加舒适，在不改变楼梯坡度的情况下，在实际中经常采用如图 10-20 所示措施来增加踏面宽度，一般踏步的出挑长度为 20～30mm。

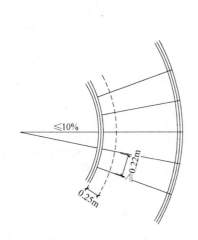

图 10-19　弧形楼梯宽度

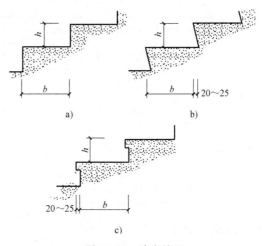

图 10-20　踏步处理
a）正常处理的踏步　b）踢面倾斜　c）加做踏步檐

10.2.2　梯段和平台宽度设计

（1）**楼梯段的宽度**　楼梯段净宽是指完成墙面至扶手中心线之间的水平距离或两个扶手中心线之间的水平距离，如图 10-21 所示。楼梯段的宽度除应符合防火规范的规定外，供日常主要交通用的楼梯的梯段宽度应根据建筑物使用特征，按每股人流宽为 0.55+（0～0.15）m（注：0～0.15m 为人流在行进中人体的摆幅）的人流股数确定。一般一股人流宽度大于 900mm，两股人流宽度在 1100～1400mm，三股人流在 1650～2100mm；人流较多的公共建筑中应取上限值的人流股数确定，并应不少于两股人流。疏散用室外楼梯段净宽不应小于 0.90m。

（2）**楼梯平台宽度**　楼梯平台是连接楼地面与梯段端部的水平部分，有中间平台和楼层平台，楼梯休息平台的最小宽度不应小

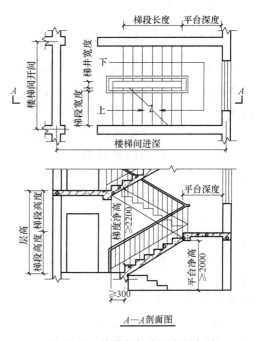

图 10-21　楼梯各部分尺度示意图

于梯段净宽度。梯段改变方向时，扶手转向端处的休息平台最小宽度不得小于 1.20m；连续直跑楼梯的休息平台宽度不应小于 1.10m。楼梯梯段和休息平台的最小净宽度要求见表 10-2。

表 10-2　最小梯段净宽和休息平台净宽　　　　　　　　（单位：m）

建筑类型			梯段净宽	休息平台净宽
居住建筑	套内楼梯		一边临空≥0.75 两侧有墙≥0.9	
	6层及6层以下单元式住宅且一边设有栏杆的楼梯		≥1.00	≥1.20
	7层及7层以上的住宅		≥1.10	≥1.20
	老年住宅		≥1.20	≥1.20
公共建筑	汽车库、修车库		≥1.40	≥1.40
	老年人建筑、宿舍、一般高层公建、体育建筑、幼年及儿童建筑		≥1.20	≥1.20（包括直跑楼梯中间的休息平台）
	电影院、剧院、商店、港口客运站、中小学校		≥1.30	≥1.30
	医院病房楼、医技楼、疗养院	次要楼梯	≥1.30	≥1.30
		主要楼梯和疏散楼梯	≥1.65	≥2.00
	铁路旅客车站		≥1.60	≥1.60

注：本表摘自《全国民用建筑工程设计技术措施：规划·建筑·景观（2009年版）》。

10.2.3　楼梯净空要求

楼梯的净空高度包括楼梯段间的净高和平台上的净空高度。

楼梯段间的净高是指梯段空间的最小高度，即下层梯段踏步前缘至其正上方梯段下表面的垂直距离，梯段间的净高与人体尺度、楼梯的坡度有关；平台过道处的净高是指平台过道地面至上部结构最低点（通常为平台梁）的垂直距离。在确定这两个净高时，还应充分考虑人们肩扛物品对空间的实际需要，避免产生压抑感。楼梯休息平台上部及下部过道处的净高不应小于 2.00m，梯段处净高不宜小于 2.20m，且包括每个梯段下行最后一级踏步的前缘线 0.30m 的前方范围，如图 10-22 所示。

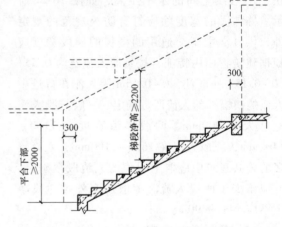

图 10-22　楼梯的净空高度

当楼梯底层中间平台下设置通道时，可采取下列处理方法来解决：增加底层第一楼梯段的踏步数量，形成长短跑（见图 10-23a）；降低底层中间平台下地坪的标高（见图 10-23b）；将上述两种方法进行综合（见图 10-23c）。

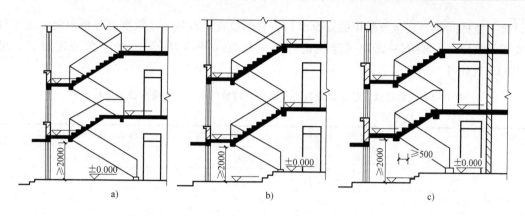

图 10-23　楼梯底层中间平台下做通道的几种处理方法

a）增加底层第一楼梯段的踏步数量　b）降低底层中间平台下地坪的标高　c）将上述两种方法进行综合

10.2.4　扶手、栏杆（板）的设计

　　楼梯至少于一侧设置扶手。梯段净宽度达三股人流时应两侧设扶手，达四股人流时，宜加设中间扶手。室内楼梯扶手高度自踏步前缘算起，不宜小于 0.90m，托幼建筑的楼梯除设成人扶手外，还应另设幼儿扶手，高度不宜大于 0.6m（见图 10-24a）；靠梯井一侧水平长度超过 0.50m 时，其高度不应小于 1.05m（见图 10-24b）。文化娱乐建筑、商业服务建筑、体育建筑、园林景观建筑等允许少年儿童进入的场所，当采用垂直杆件做栏杆时，其杆件净距不应大于 0.11m。

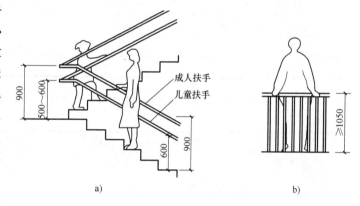

图 10-24　楼梯栏杆扶手高度

a）梯段栏杆推扶手高度　b）水平栏杆扶手高度

10.2.5　梯井

　　梯井是指由楼梯段和休息平台内侧围成的空间（见图 10-21）。多层公共建筑室内双跑疏散楼梯两梯段间（梯井）的水平净距（装修后完成面）不宜小于 0.15m。住宅梯井净宽大于 0.11m 时，必须采取防止儿童攀滑的措施，楼梯栏杆的垂直杆件间的净空不应大于 0.11m。托儿所、幼儿园、中小学及少年儿童专用活动场所的楼梯，梯井净宽大于 0.20m 时，其扶手必须采取防止攀滑的措施和采用不易登踏的栏杆花饰；当采用垂直杆件做栏杆时，其杆件净距不应大于 0.11m。

10.2.6　楼梯间的布局

　　民用建筑应根据其建筑高度、规模、使用功能和耐火等级等因素合理设置安全疏散和避难设施。楼梯间作为安全疏散用的安全出口，它的位置、数量、疏散宽度和楼梯间形式要符合要求，按照 GB 50016—2014《建筑设计防火规范（2018 年版）》的有关规定设置，见表 10-3、表10-4。

表 10-3 公共建筑直接通向疏散走道的房间疏散门至最近安全出口的直线距离

（单位：m）

名　　称			位于两个安全出口之间的疏散门			位于袋形走道两侧或尽端的疏散门		
			耐火等级			耐火等级		
			一、二级	三级	四级	一、二级	三级	四级
托儿所、幼儿园、老年人建筑			25	20	15	20	15	10
歌舞娱乐放映游艺场所			25	20	15	9		
医疗建筑	单、多层		35	30	25	20	15	10
	高层	病房部分	24			12		
		其他部分	30			15		
教学建筑	单、多层		35	30	25	22	20	10
	高　层		30			15		
高层旅馆、展览建筑			30			15		
其他建筑	单、多层		40	35	25	22	20	15
	高　层		40			20		

表 10-4　住宅建筑直接通向疏散走道的房间疏散门至最近安全出口的直线距离

（单位：m）

住宅类别	位于两个安全出口之间的户门			位于袋形走道两侧或尽端的户门		
	耐火等级			耐火等级		
	一、二级	三级	四级	一、二级	三级	四级
单、多层	40	35	25	22	20	15
高　层	40			20		

10.3　钢筋混凝土楼梯细部构造

10.3.1　踏步面层和防滑构造

楼梯踏步的踏面应光洁、耐磨，易于清扫。面层常采用水泥砂浆、水磨石等，也可采用铺缸砖、贴油地毡或铺大理石板。前两种多用于一般工业与民用建筑中，后几种多用于有特殊要求或较高级的公共建筑中（见图 10-25）。

为防止行人在上下楼梯时滑跌，特别是水磨石面层以及其他表面光滑的面层，楼梯踏步应采取防滑措施。防滑措施的构造应注意舒适与美观，常在踏步近踏口处，用不同于面层的材料做出略高（不宜超过 3mm）于踏面的防滑条；或用带有槽口的陶土块或金属板包住踏口（见图 10-26）。如果面层是采用水泥砂浆抹面，由于表面粗糙，可不做防滑条。老年建筑的疏散楼梯踏步前缘宜设防滑条，并应具有警示标识（可采用和踏面不同颜色的防滑条，宽度不宜大于 10mm）。踏步的起、终端应设局部照明。

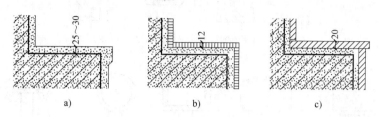

图 10-25　楼梯踏面面层的类型
a）水磨石面层　b）缸砖面层　c）花岗岩、大理石或人造石面层

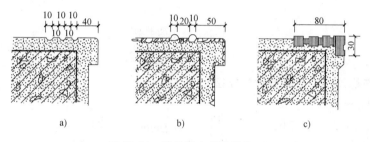

图 10-26　楼梯踏步的防滑处理
a）防滑凹槽　b）金刚砂防滑条　c）缸砖或金属包口

10.3.2　栏杆、栏板和扶手

（1）栏杆、栏板和扶手　栏杆、栏板和扶手是梯段上所设置的安全设施，根据梯段的宽度设于一侧或两侧或梯段中间，应满足安全、坚固、美观、舒适、构造简单、施工维修方便等要求。

空心栏杆多采用方钢、圆钢、钢管或扁钢等材料，并可焊接或铆接成各种图案，既起防护作用，又起装饰作用，空心栏杆的常见形式如图 10-27 所示。

实心栏板的材料有混凝土、砌体、钢丝网水泥、有机玻璃、装饰板等。空心栏杆和实心栏板可结合形成部分镂空、部分实心的组合栏杆。

楼梯扶手按材料分为木扶手、金属扶手、塑料扶手等，按构造分为镂空栏杆扶手、栏板扶手和靠墙扶手等（见图 10-28）。

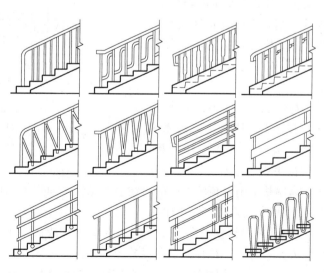

图 10-27　空心栏杆的常见形式

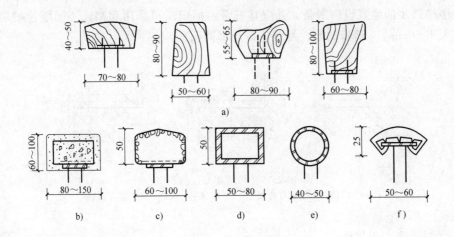

图 10-28　扶手的类型

a）木扶手　b）混凝土扶手　c）水磨石扶手　d）角钢或扁钢扶手　e）金属管扶手　f）聚氯乙烯扶手

（2）栏杆与梯段、扶手等构件的连接

1）栏杆与梯段的连接（见图 10-29）有锚接、焊接和栓接三种。锚接是在踏步上预留孔洞，然后将钢条插入孔内，预留孔一般为 50mm×50mm，插入洞内至少 80mm，洞内浇注水泥砂浆或细石混凝土嵌固。焊接则是在浇注楼梯踏步时，在需要设置栏杆的部位，沿踏面预埋钢板或在踏步内埋套管，然后将钢条焊接在预埋钢板或套管上。栓接是指利用螺栓将栏杆固定在踏步上，方式有多种。

2）栏杆与扶手的连接方面，木扶手、塑料扶手借木螺钉通过扁铁与漏空栏杆连接；金属扶手则通过焊接或螺钉连

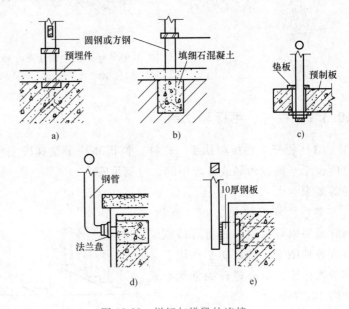

图 10-29　栏杆与梯段的连接

a）梯段内预埋件　b）梯段预留孔砂浆固定
c）预留孔螺栓固定　d）踏步侧面预留孔
e）踏步侧面预埋件

接；靠墙扶手则由预埋铁脚的扁钢借木螺钉来固定。栏板上的扶手多采用抹水泥砂浆或水磨石粉面的处理方式（见图 10-30）。

3）楼梯栏杆扶手有时须固定在混凝土柱或砖墙上，如靠墙扶手、休息平台护窗栏杆、顶层安全栏杆等。栏杆扶手与混凝土柱连接时一般在柱上预埋件与扶手铁件焊接，也可用膨胀螺栓连接。与砖墙连接时一般在砖墙上预留 120mm×120mm×120mm 的孔洞，将栏杆铁件伸入洞内，然后用细石混凝土填实（见图 10-31）。

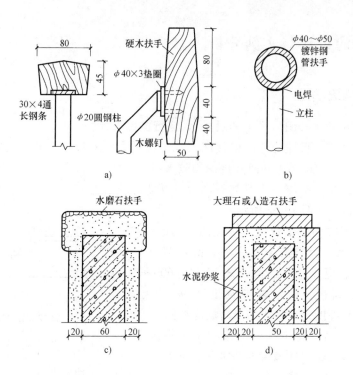

图 10-30　扶手形式及扶手与栏杆（栏板）的连接
a）硬木扶手　b）钢管扶手　c）水磨石扶手　d）大理石或人造石扶手

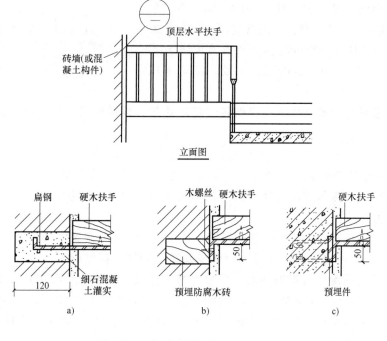

图 10-31　扶手端部与墙（柱）的连接
a）预留孔洞插接　b）预埋防腐木砖用木螺丝连接　c）预埋件焊接

10.4 楼梯的设计与实例分析

10.4.1 设计步骤及方法

1. 已知楼梯间尺寸（开间、进深和层高），**进行楼梯设计**

（1）选择楼梯形式 根据已知的楼梯间尺寸，选择合适的楼梯形式。进深较大而开间较小时，可选用双跑平行楼梯；开间和进深均较大时，可选用双分式平行楼梯；进深不大且与开间尺寸接近时，可选用三跑楼梯，如图 10-32 所示。

（2）确定踏步尺寸和踏步数量 根据建筑物的性质和楼梯的使用要求，确定踏步尺寸，参见表 10-1。设计时，可选定踏步宽度，由经验公式 $2h+b=600\sim620$mm（h 为踏步高度，b 为踏步宽度），$b+h=450$mm，可求得踏步高度，且各级踏步高度应相同。

根据楼梯间的层高和初步确定的楼梯踏步高度，计算楼梯各层的踏步数量，即该层的踏步总数量为

$$N=层高(H)/踏步高度(h)$$

若得出的该层的踏步总数量 N 不是整数，可调整踏步高度 h 值，使踏步数量为整数。

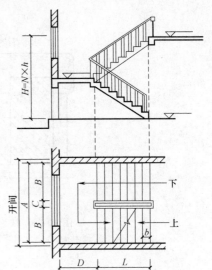

图 10-32 双跑平行楼梯设计
A—楼梯间开间净宽 B—梯段宽度
C—梯井宽度 D—楼梯平台宽度 H—层高
L—楼梯段水平投影长度 N—踏步级数
h—踏步高度 b—踏步宽度

（3）确定梯段宽度 根据楼梯间的开间、楼梯形式和楼梯的使用要求，确定梯段宽度（见图 10-32），如

梯段宽度$(B)=[$楼梯间开间净宽$(A)-$梯井宽度$(C)]/2$

梯井宽度一般为 $100\sim200$mm，梯段宽度应采用 1M 或（1/2）M 的整数倍数。

（4）确定各梯段的踏步数量 根据各层踏步数量、楼梯形式等，确定各梯段的踏步数量。如双跑平行楼梯：

$$各梯段踏步数量(n)=各层踏步数量(N)/2$$

各层踏步数量宜为偶数。若为奇数，每层的两个梯段的踏步数量相差一步。

（5）确定梯段长度和梯段高度 根据踏步尺寸和各梯段的踏步数量，计算梯段长度和高度，计算式为

$$梯段长度(L)=[该梯段踏步数量(n)-1]\times踏步宽度(b)$$
$$梯段高度=该梯段踏步数量(n)\times踏步高度(h)$$

（6）确定平台深度 根据楼梯间的尺寸、梯段宽度等，确定平台深度。平台深度不应小于梯段宽度，对直接通向走廊的开敞式楼梯间而言，其楼层平台的深度不受此限制。但为了避免走廊与楼梯的人流相互干扰并便于使用，应留有一定的缓冲余地，此时，一般楼层平台深度至少为 $500\sim600$mm。

（7）确定底层楼梯中间平台下的地面标高和中间平台面标高 若底层中间平台下设通道，平台梁底面与地面之间的垂直距离应满足平台净高的要求，即不小于 2000mm。

（8）**校核**　根据以上设计所得结果，计算出楼梯间的进深。若计算结果比已知的楼梯间进深小，通常只需调整平台深度；当计算结果大于已知的楼梯间进深，而平台深度又无调整余地时，应调整踏步尺寸，按以上步骤重新计算，直到与已知的楼梯间尺寸一致为止。

（9）**绘制楼梯间各层平面图和剖面图**　楼梯平面图通常有首层平面图、标准层平面图和顶层平面图（见图10-33）。

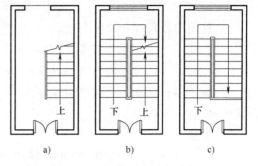

图10-33　楼梯平面图表示方法
a）首层平面图　b）标准层平面图　c）顶层平面图

楼梯设计时，一般应绘制由下至上不同层高的各层楼梯及楼梯间的平面与剖面图，注明楼梯踏步的宽度、高度和每一梯段踏步数，标注楼层休息平台处的标高，以及绘制扶手、栏杆（板）、踏步饰面等构造详图。

2. 已知建筑物层高和楼梯形式，进行楼梯设计，并确定楼梯间的开间和进深

1）根据建筑物的性质和楼梯的使用要求，确定踏步尺寸；根据初步确定的踏步尺寸和建筑物的层高，确定楼梯各层的踏步数量。设计方法同上。

2）根据各层踏步数量、梯段形式等，确定各梯段的踏步数量。根据各梯段踏步数量和踏步尺寸计算梯段长度和梯段高度。楼梯底层中间平台下设通道时，可能需要调整底层各梯段的踏步数量、梯段长度和梯段高度，以使平台净高满足2000mm要求。设计方法同上。

3）根据楼梯的使用性质、人流量的大小及防火要求，确定梯段宽度。

4）根据梯段宽度和楼梯间的形式等，确定平台深度。设计方法同上。

5）根据以上设计所得结果，确定楼梯间的开间和进深。开间和进深应以3M为模数。

6）绘制楼梯各层平面图和楼梯剖面图。

10.4.2　楼梯设计实例分析

【例10-1】　如图10-34所示，某三层内廊式综合楼的层高为3.60m，楼梯间的开间为3.30m，进深为5.70m，室内外地面高差为450mm，墙厚为240mm，轴线居中，试设计该楼梯。

【解】

1）选择楼梯形式。对于开间为3.30m，进深为5.7m的楼梯间，适合选用双跑平行楼梯。

2）确定踏步尺寸和踏步数量。作为公共建筑的楼梯，初步选取踏步宽度$b=300$mm，由经验公式$2h+b=600$mm，求得踏步高度$h=150$mm，初步取$h=150$mm。各层踏步数量$N=$层高$H/h=$（3600/150）级=24级。

3）确定梯段宽度。取梯井宽为160mm，楼梯间净宽为（3300−2×120）mm=3060mm，则梯段宽度为：

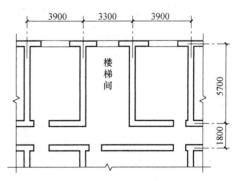

图10-34　楼梯间尺寸示意图

$$B=[（3060-160）/2]\text{mm}=1450\text{mm}$$

4）确定各梯段的踏步数量。各层两梯段采用等跑，则各层两个梯段踏步数量为：

$$n_1 = n_2 = N/2 = (24/2)\text{级} = 12\text{级}$$

5）确定梯段长度和梯段高度。

$$\text{梯段长度}\ L_1 = L_2 = (n-1) \times b = [(12-1) \times 300]\text{mm} = 3300\text{mm}$$

$$\text{梯段高度}\ H_1 = H_2 = nh = (12 \times 150)\text{mm} = 1800\text{mm}$$

6）确定平台深度。中间平台深度 B_1 不小于1450mm（梯段宽度），取1450mm，楼梯平台深度 B_2 暂取600mm。

7）校核。

$$L_1 + B_1 + B_2 + 120 = (3300+1450+600+120)\text{mm} = 5470\text{mm} < 5700\text{mm}（\text{进深}）$$

$$\text{将楼层平台深度}\ B_2\ \text{加大至}[600+(5700-5470)]\text{mm} = 830\text{mm}$$

由于层高较高，楼梯底层中间平台下的空间可有效利用，作为贮藏空间。为增加净高，可降低平台下的地面标高至-0.300m。根据以上设计结果，绘制楼梯各层平面图和楼梯剖面图，如图10-35所示。

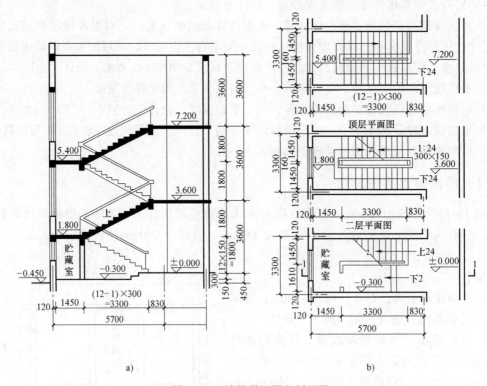

图10-35 楼梯平面图和剖面图

a）1—1剖面图 b）底层平面图

■ 10.5 室外台阶与坡道构造

台阶与坡道是建筑物出入口的辅助配件，用于解决由于建筑物地坪高差形成的出入问题。一般多采用台阶，当有车辆出入或高差较小时，可采用坡道形式，如图10-36所示。

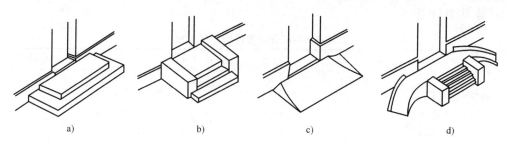

图10-36 台阶与坡道的形式
a）三面踏步式 b）单面踏步式 c）坡道式 d）踏步坡道结合式

10.5.1 台阶

公共建筑室内外台阶踏步宽度不宜小于0.30m，踏步高度不宜大于0.15m，并不宜小于0.10m，踏步应防滑。室内台阶踏步数不应少于2级，当高差不足2级时，应按坡道设置。入口平台的表面应做成向室外倾斜1%~4%的坡度，以利于排水。人流密集场所的台阶高差超过0.70m，当侧面临空时，应有防护设施（如设置花台、挡土墙和栏杆等措施）。

室外台阶应在建筑物主体工程完成后再进行施工，并与主体结构之间留出约10mm的沉降缝。台阶易受雨水侵蚀、日晒、霜冻等影响，其面材应考虑用防滑、抗风化、抗冻融强的材料制作，如水泥砂浆面层、水磨石面层、防滑地砖面层、斩假石面层、天然石材面层等。台阶的构造与地面构造基本相同，由基层、垫层和面层等组成。一般用素土夯实或三合土或灰土夯实做成基层，用C10素混凝土做垫层即可。对于较大型的台阶或地基土质较差的台阶，可视情况改C10素混凝土为C15钢筋混凝土或架空做成钢筋混凝土台阶（见图10-37）；对于严寒地区的台阶需考虑地基土冻胀因素，可改用含水率低的砂石垫层至冰冻线以下。

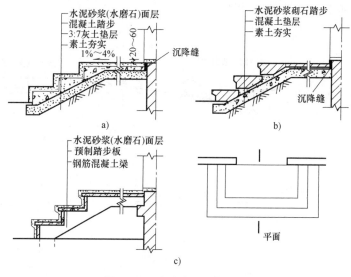

图10-37 台阶类型及构造
a）混凝土台阶 b）石台阶 c）钢筋混凝土架空台阶

10.5.2 坡道

坡道按照其用途的不同，可以分成行车坡道和轮椅坡道两类，其宽度和坡度见表10-5。行车坡道分为普通行车坡道与回车坡道两种，如图10-38所示。前者布置在有车辆进出的建筑入口处，如车库、库房等。回车坡道与台阶踏步组合在一起，布置在某些大型公共建筑的入口处，如办公楼、旅馆、医院等。轮椅坡道是专供残疾人使用的，具体要求详见10.6节。

表 10-5 不同位置坡道的坡度和宽度

坡道位置		最大坡度	最小宽度/m
建筑入口	有台阶的	1:12	≥1.20
	只设坡道的	1:20	≥1.20
室内坡道		1:8	≥1.00
室外坡道		1:10	≥1.50
自行车推行坡道		1:5 (1:4)	≥1.80
设备房、锅炉房、小型库房等坡道入口处		1:5~1:6	根据入口大小定

坡道的构造与台阶基本相同，垫层的强度和厚度应根据坡道上的荷载来确定，季节冰冻地区的坡道需在垫层下设置非冻胀层。台阶与坡道因为在雨天也一样使用，所以面层材料必须防滑，坡道表面常做成锯齿形或带防滑条（见图10-39）。

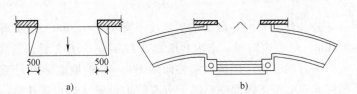

图 10-38 行车坡道
a) 普通行车坡道 b) 回车坡道

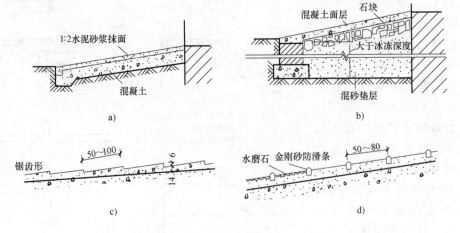

图 10-39 坡道构造
a) 混凝土坡道 b) 块石坡道 c) 防滑锯齿槽坡道 d) 防滑条坡道

■ 10.6 有高差处无障碍设计构造

无障碍设施是指为保障残疾人、老年人等群体的安全通行和使用便利，在建设项目中配套建设的服务设施。在有高差的情况下，如何保障残疾人、老年人顺利通行，在本章针对楼梯、台阶、坡道等特殊构造问题做简单介绍。

10.6.1 台阶和坡道

建筑入口通常是无障碍设计的重点，是室外坡道比较集中出现的区域。若必须设置无障碍坡道，入口可以只设坡道或者设台阶和坡道联合（见图10-40、图10-41）。

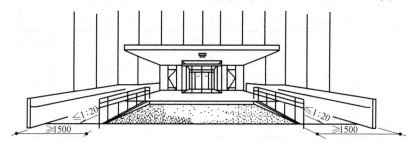

图 10-40 只设坡道的入口示意图

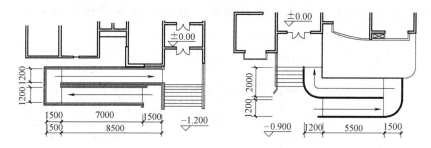

图 10-41 设台阶和坡道的入口示意图

无障碍设计中的轮椅坡道是最适合残疾人使用的竖向交通设施之一。无障碍出入口的轮椅坡道净宽度不应小于1.20m，并且平台的宽度应满足残疾人休息和轮椅的回转半径。不同的地面高度，可选用不同坡道的坡度（最低标准），见表10-6。

表 10-6 不同坡度的高度和水平长度的最低限定

坡道坡度	1：4	1：6	1：8	1：10	1：12	1：16	1：20
坡道高度/m	0.15	0.30	0.45	0.60	0.75	0.90	1.20
坡道长度/m	0.60	1.80	3.60	6	9	14	20

一般来说，只设坡道入口的设计要求坡道入口的坡度不应大于1：20~1：30；在坡道两侧宜设扶手；坡道入口的净宽度不应小于1.8m（挡台内侧边缘距离）；设台阶和坡道入口的设计要求台阶的踏面不应光滑，三级及三级以上台阶两侧应设扶手，少于三级台阶的可不设扶手，应在两侧设挡台；坡道可设计成一字形、L形、U形等（见图10-42）。

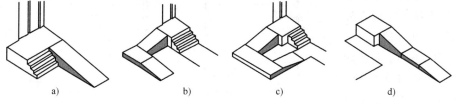

图 10-42 设台阶和坡道的组合示意图
a）一字形坡道 b）L形坡道 c）U形坡道 d）一字形多段式坡道

10.6.2 楼梯与台阶

1) 无障碍设施中，挂拐杖者和视力残疾者使用的楼梯和台阶在设计中有如下规定（见表 10-7）。

表 10-7 残疾人使用的楼梯、台阶踏步的宽度和高度

建 筑 类 别	最小宽度/m	最大高度/m
公共建筑楼梯	0.28	0.15
住宅、公寓建筑公用楼梯	0.26	0.16
幼儿园、小学楼梯	0.26	0.14
室外台阶	0.30	0.14

2) 楼梯设计要点。除了满足一般楼梯的设计要求，无障碍楼梯还应满足下列条件：

① 楼梯形式以直线形为佳，不应采用无休息平台的单跑楼梯和弧形、螺旋楼梯（见图 10-43）。

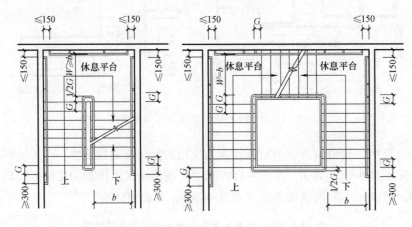

图 10-43 无障碍楼梯平面示意图

② 公共楼梯段净宽不应小于 1.40m，以保障挂拐杖者和健全人能对行通过，居住建筑梯段宽不应小于 1.20m。

③ 楼梯两侧需设高度为 0.85~0.90m 的扶手，要保持连贯，在起点、终点外要水平延伸 0.30m 以上。

④ 在梯段起点、终点距踏步 0.30m 处应设宽 0.30~0.60m 的提示盲道（见图10-44）。

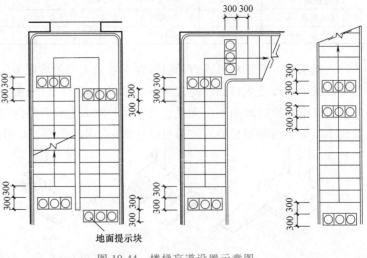

图 10-44 楼梯盲道设置示意图

⑤ 踏步应选用合理的构造形式及饰面材料，注意无直角凸缘，以防发生勾绊行人或其助行工具的意外事故；同时注意表面不滑，不得积水，防滑条不得高出踏面 5mm 以上（见图 10-45）。

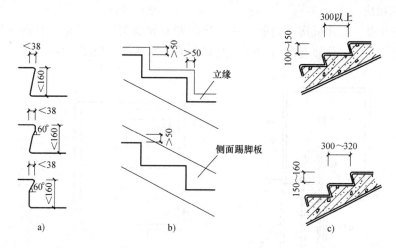

图 10-45 楼梯踏步设置示意图

a）踏步线型应光滑流畅 b）凌空踏步一侧应设立缘或踢脚板 c）室内踏步高度及宽度

■ 10.7 电梯与自动扶梯

电梯、自动扶梯和自动人行道是指动力驱动，利用沿刚性导轨运行的箱体或沿固定路线运行的梯级（踏步），进行升降或者平行运送人、货物的机电设备。建筑设计时，应按建筑的使用功能等要求，合理配置。电梯、自动扶梯及自动人行道不应计作建筑物疏散安全出口，该建筑物仍应按规范所规定的安全疏散距离设置疏散楼梯。

10.7.1 电梯的类型和组成

电梯的设置及要求应在符合规范的前提下，根据工程具体情况提高标准。一般电梯厂家都有自己的电梯样本，具体施工设计时与厂家提供的样本共同协作完成。

1. 电梯的类别

1）按建筑使用功能要求和电梯类别、性质、特点，合理选用和配置电梯。电梯类别、性质和特点见表 10-8。

表 10-8 电梯类别、性质和特点

类 别	名 称	性 质、特 点	备 注
I 类	乘客电梯	运送乘客的电梯	简称客梯
II 类	客货电梯	主要为运送乘客，同时也可运送货物的电梯	简称客货梯
III 类	病床电梯	运送病床（包括病人）和医疗设备的电梯	简称病床梯
IV 类	载货电梯	通常运送有人伴随的货物的电梯	简称货梯
V 类	杂物电梯	供运送图书、资料、文件、杂物、食品等的提升装置，由于结构型式和尺寸关系，轿厢内人不能进入	简称杂物梯

2）此外，按照电梯的速度不同，分为高速电梯、中速电梯和低速电梯。

3）若是按照对电梯的消防要求，分为普通乘客电梯和消防电梯。

2. 电梯的组成

包括电梯井道、电梯机房、轿厢、井壁导轨和导轨支架、牵引轮及其钢支架、钢丝绳、平衡重、轿厢开关门、检修起重吊钩等，及其有关电器部件，如图 10-46 所示。

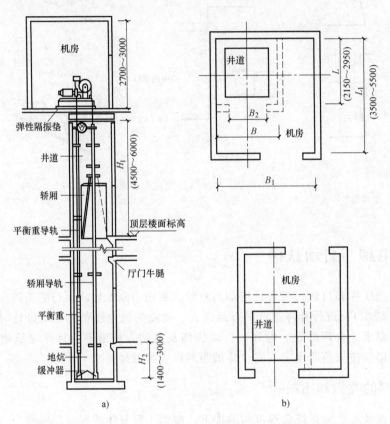

图 10-46　电梯的组成
a）电梯通过电梯门的剖面　b）电梯机房平面图

电梯井道是电梯运行的通道，一般采用现浇混凝土墙；当建筑物高度不大时，也可以采用砖墙；观光电梯可采用玻璃幕墙。井道内包括出入口、电梯轿厢、导轨、导轨撑架、平衡重及缓冲器等。不同用途的电梯，井道的平面形式不同，如图 10-47 所示。

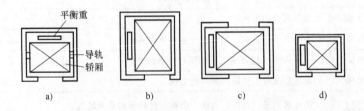

图 10-47　电梯的类型与井道平面
a）普通客梯　b）病床梯　c）货梯　d）小型杂物梯

10.7.2 自动扶梯和自动人行道

（1）自动扶梯 在客运站、码头、地铁、航空港、商场及公共大厅等人流络绎不绝的公共场所，宜设自动扶梯或自动人行道。自动扶梯适用于有大量人流上下的公共场所，坡度一般采用30°，按运输能力分为单人、双人两种型号，其位置应设在大厅的突出明显位置。自动扶梯由电动机械牵引，机房悬挂在楼板的下方，踏步与扶手同步，可以正向、逆向运行（见图10-48）。

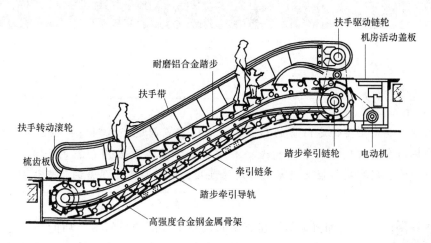

图 10-48 自动扶梯示意图

自动扶梯一般设在室内，也可以设在室外。自动扶梯的电动机械装置设置在楼板下面，占用较大的空间。底层应设置地坑，供安放机械装置用，并做防水处理。自动扶梯在楼板上应预留足够的安装洞口，具体尺寸应查阅电梯生产厂家的产品说明书。不同的生产厂家，自动扶梯的规格尺寸也不相同。

（2）自动人行道 自动人行道最大倾斜角为小于等于12°，适于大型交通建筑，例如航空站，火车站等。

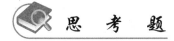 思 考 题

1. 楼梯主要是由哪几部分组成？
2. 楼梯的分类及其作用是什么？
3. 楼梯和坡道的坡度范围是多少？楼梯的适宜坡度是多少？
4. 楼梯段的最小净宽有何规定？平台宽度和梯段宽度的关系如何？
5. 楼梯的净空高度有哪些规定？如何调整首层通行平台下的净高？
6. 现浇钢筋混凝土楼梯有哪几种？在荷载的传递上有何不同？
7. 简述室外台阶的构造，并画图表示。

第11章 门 和 窗

导 读

本章提要：主要讲述门窗的形式、特点，重点阐述了木门窗、钢门窗、铝合金门窗、塑钢门窗、玻璃钢门窗的构造。本章的教学重点是常用门窗的形式、开启方式，门窗框与墙、门窗扇与框及门窗扇与扇的连接；教学难点是门窗的节点详图。

门窗概述

门和窗是房屋建筑物的重要组成部分。门主要功能是交通联系，并兼有采光、通风的作用；窗在房屋建筑物中主要是采光兼有通风的作用。它们均属建筑的围护构件。同时门窗的形状、尺度、排列组合以及材料，对建筑的整体造型和立面效果影响很大。在构造上门窗还应具有一定的保温、隔声、防雨、防火、防风沙等功能，并且要开启灵活、关闭紧密、坚固耐久、便于擦洗、符合 GB/T 50002—2013《建筑模数协调标准》的要求，以降低成本和适应建筑工业化生产的需要。在实际工程中，门窗的制作生产已具有标准化、规格化和商品化的特点。

■ 11.1 门的类型及构造

11.1.1 门的分类

1）根据门的使用材料不同可分为：木门、钢门、铝合金门、塑钢门、彩板门等。

2）根据门的开启方式不同可分为：平开门、弹簧门、推拉门、折叠门、转门、上翻门、升降门、卷帘门等。

平开门如图 11-1a 所示，具有构造简单，开启灵活，制作安装和维修方便等特点。有单扇、双扇和多扇，内开和外开等形式，是建筑中使用最广泛的门。

弹簧门如图 11-1b 所示，其形式与普通平开门基本相同，不同的是用弹簧铰链或用地弹簧代替普通铰链，开启后能自动关闭。单向弹簧门常用于有自动关闭要求的房间，如卫生间的门、纱门等。双向弹簧门多用于人流出入频繁或有自动关闭要求的公共场所，如公共建筑门厅的门等。双向弹簧门扇上通常应安装玻璃，供出入的人相互观察，以免碰撞。

推拉门如图 11-1c 所示，开启时门扇沿上下设置的轨道左右滑行，通常为单扇和双扇，开启后门扇可隐藏于墙内或悬于墙外。开启时不占空间，受力合理，不易变形，但难以严密关闭，构造也较复杂，多用作工业建筑中的仓库和车间大门。在民用建筑中，一般采用轻便推拉门分隔内部空间。

折叠门如图 11-1d 所示，门扇可拼合，折叠推移到门洞口的一侧或两侧，少占房间的使用面积。当两个房间相连的洞口较大，或大房间需要临时分隔成两个小房间时，可用多扇折叠门，可折叠推移到洞口一侧或两侧。但每侧均为双扇折叠门时，在两个门扇侧边用合页连接在一起，开关可同普通平开门一样。两侧均为多扇折叠门时，除在相邻各扇的侧面装合页之外，还需要在门顶和门底装滑轮导轨及可转动的五金配件。每侧折叠三扇或更多的门扇时，虽然可称为门，但实际上已成为折叠或移动式隔墙。

转门如图 11-1e 所示，是三扇或四扇门用同一竖轴组合成夹角相等、在弧形门套内水平旋转的门，对防止内外空气对流有一定的作用。它可以作为人员进出频繁，且有采暖或空调设备的公共建筑的外门，但不能作为疏散门。在转门的两旁还应设平开门或弹簧门，以作为不需要空气调节的季节或大量人流疏散之用。

上翻门如图 11-1f 所示，是充分利用上部空间，门扇不占用面积，五金及安装要求高。它适用于不经常开关的门。

升降门如图 11-1g 所示，是开启时门扇沿轨道上升，不占使用面积，常用于空间较高的民用建筑与工业建筑。

卷帘门如图 11-1h 所示，是由很多金属页片连接而成的门。开启时，门洞上部的转轴将金属页片向上卷起。它的特点是开启时不占使用面积，但加工复杂，造价高，常用于不经常开关的商业建筑的大门。

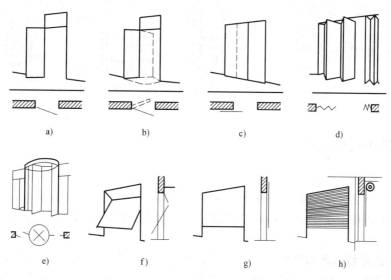

图 11-1 门的类型

a) 平开门 b) 弹簧门 c) 推拉门 d) 折叠门 e) 转门 f) 上翻门 g) 升降门 h) 卷帘门

11.1.2 门的尺寸

门的尺寸通常是指门洞的高、宽尺寸。门作为交通疏散通道，其洞口尺寸根据通行、搬运及与建筑物的比例关系确定，并要符合现行 GB/T 50002—2013《建筑模数协调标准》的规定。

　　一般民用建筑门洞的高度不宜小于 2100mm。如门设有亮子时，亮子高度一般为 300~600mm，门洞高度则为门扇高加亮子高，再加门框及门框与墙间的构造缝隙尺寸，即门洞高度一般为 2400~3000mm。公共建筑大门高度可根据美观需求适当提高。

　　门的宽度：单扇门为 700~1000mm，双扇门为 1200~1800mm。宽度在 2100mm 以上时，可设成三扇、四扇门或双扇带固定扇的门，因为门扇过宽易产生翘曲变形，同时也不利于开启。次要空间（如浴厕、储藏室等）门的宽度可窄些，一般为 700~800mm。

　　一般民用建筑门洞的宽度是门扇的宽度和两侧门框的构造宽度以及构造缝隙尺寸之和。现在一般民用建筑门（木门、铝合金门、钢门）均编制成标准图，在图上注明类型和相关尺寸，设计时可按需要直接选用。

11.1.3　门的组成

　　一般门主要由门框、门扇、亮子、五金零件及附件组成。

　　门框又称门樘，由上槛、中槛和边框等部分组成，多扇门还有中竖框。

　　门扇由上冒头、中冒头、下冒头和边梃等组成。为了通风采光，可在门的上部设腰窗（俗称上亮子），亮子有固定、平开及上、中、下悬等形式。

　　门框与墙间的缝隙常用木条盖缝，称门头线，俗称贴脸。门上还有五金零件，常见的有铰链、门锁、插销、拉手、停门器等，如图 11-2 所示。

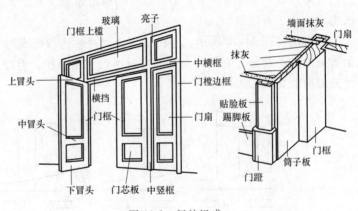

图 11-2　门的组成

11.1.4　平开木门构造

1. 门框

门框由边框、上框、中横框等组成，多扇门还要增设中竖框。有时视需要可设下框、贴脸板等附件。根据门洞高度、采光和比例的需要而设的上亮窗常可以开、关，可采用上悬、中悬或平开方式。

（1）门框的断面形状和尺寸　门框的断面形状，与门的类型和层数有关，同时要利于安装和满足使用要求，如密闭等，如图 11-3 所示。门框的断面尺寸主要考虑接榫牢固，还要考虑制作时刨光损耗。为便于门扇密闭，门框上要有裁口（或铲口）。根据门扇数与开启方式的不同，裁口的形式和尺寸为单裁口与双裁口两种。单裁口用于单层门，双裁口用于双层门或弹簧门。裁口宽度要比门扇厚度大 1~2mm，以利于安装和门扇开启。裁口深度一般为 8~10mm。

由于门框靠墙一面易受潮变形，则常在该面开 1~2 道背槽，以免产生翘曲变形，同时

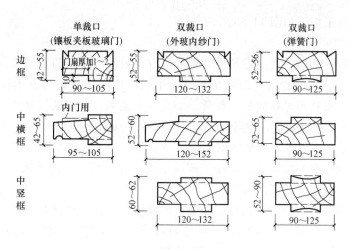

图 11-3　门框断面

也利于门框的嵌固。背槽的形状可为矩形或三角形，深度 8~10mm，宽 12~20mm。

（2）门框与墙体的连接构造　门框与墙体的连接构造，分立口和塞口两种。

塞口又称为塞樘，是在墙砌好后再安装门框。采用此法，洞口的宽度应比门框大 20~30mm，高度比门框大 10~20mm。门洞两侧砖墙上每隔 500~600mm 预埋木砖或预留缺口，以便用圆钉或水泥砂浆将门框固定。门框与墙间的缝隙需用沥青麻丝嵌填，如图 11-4 所示。

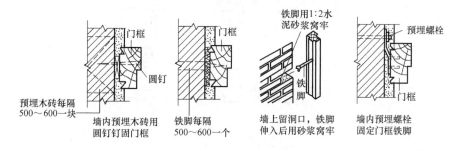

图 11-4　门框与墙体的连接构造

立口又称立樘，是在砌墙前用支撑先立门框，然后砌墙的连接构造。框与墙结合紧密，但施工不便。

（3）门框与墙的相对位置　门框在墙洞中的位置，有门框内平、门框居墙中和门框外平三种情况，一般情况下多做在开门方向一边，与抹灰面平齐，使门的开启角度较大。对较大尺寸的门，为牢固地安装，多居中设置，如图 11-5a 所示。

为防止受潮变形，在门框与墙的缝隙处开背槽，并做防潮处理，门框外侧的内外角做灰口，缝内填弹性密封材料。表面作贴脸板和木压条盖缝。贴脸板一般为 15~20mm 厚，30~75mm 宽。木压条厚与宽为 10~15mm，装修标准高的建筑，还可在门

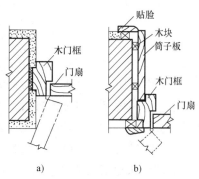

图 11-5　门框在墙中的位置
a）立中　b）内平

洞两侧和上方设筒子板，如图11-5b所示。

2. 门扇

根据门扇的构造不同，民用建筑中常见的门有夹板门、镶板门、弹簧门等形式。

（1）夹板门 夹板门的门扇由骨架和面板组成，用断面较小的方木做成骨架，用胶合板、硬质纤维板或塑料板等作面板，和骨架形成一个整体，共同抵抗变形。骨架边框断面通常为 $(30 \sim 35) \, \text{mm} \times (33 \sim 60) \, \text{mm}$，肋条断面通常为 $(10 \sim 25) \, \text{mm} \times (33 \sim 60) \, \text{mm}$，间距一般为 $200 \sim 400 \, \text{mm}$，为节约木材，也可用浸塑蜂窝纸板代替肋条。为了使夹板内的湿气易于排出，减少面板变形，骨架内的空气应贯通，可在上部设小通气孔。另外，门的四周可用 $15 \sim 20 \, \text{mm}$ 厚的木条镶边，以取得整齐美观的效果。

根据功能的需要，夹板门上也可以局部加玻璃或百叶，一般在装玻璃或百叶处，做一个木框，用压条镶嵌。夹板门构造简单，如图11-6所示，可利用小料、短料制作，它的自重轻，外形简洁，便于工业化生产，在一般民用建筑中广泛用作内门。

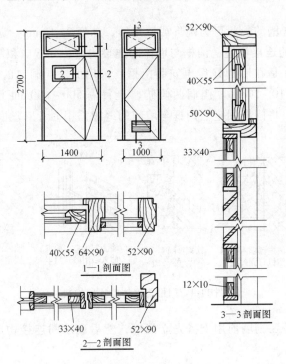

图 11-6 夹板门构造

（2）镶板门 镶板门的门扇由骨架和门芯板组成。骨架一般由上冒头、下冒头及边梃组成，有时中间还有一道或几道横冒头或一条竖向中梃。门芯板通常采用木板、胶合板、硬质纤维板、塑料板等。门芯板有时可部分或全部采用玻璃，则称为半玻璃（镶板）门或全玻璃（镶板）门。构造上与镶板门基本相同的还有纱门、百叶门等。

镶板门的门扇骨架的厚度一般为 $40 \sim 45 \, \text{mm}$，纱门的厚度可薄一些，多为 $30 \sim 35 \, \text{mm}$。上冒头、中冒头和边梃的宽度一般为 $75 \sim 120 \, \text{mm}$，下冒头的宽度通常为踢脚高度，一般为 $200 \, \text{mm}$ 左右，较大的下冒头，可减少门扇变形并保护门芯板，中冒头为了便于开槽装锁，其宽度可适当增加，以弥补开槽对中冒头材料的削弱。

木制门芯板一般用 10～15mm 厚的木板拼装成整块，镶入边梃和冒头中，板缝应结合紧密，不能因木材干缩变形而裂缝。门芯板的拼接方式有四种，分别为平缝胶合、木键拼缝、高低缝和企口缝，如图 11-7 所示。工程中常用的为高低缝和企口缝。

图 11-7 门芯板的拼接方式

a）平缝胶合 b）木缝拼缝 c）高低缝 d）企口缝

镶板门构造如图 11-8 所示，是常用的半玻璃镶板门的实例。门芯板连接采用暗槽结合，玻璃采用单面槽加小木条固定。

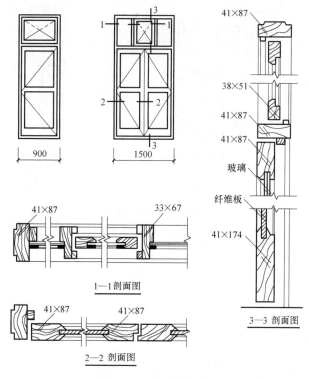

图 11-8 镶板门构造

（3）弹簧门 弹簧门是指利用弹簧铰链，开启后能自动关闭的门。弹簧铰链有单面弹簧、双面弹簧和地弹簧等形式。

单面弹簧门多为单扇，与普通平开门基本相同，只是铰链不同。双向弹簧门通常都为双扇门，其门扇在双向可自由开关，门框不需裁口，一般做成与门扇侧边对应的弧形对缝，为避免两门扇相互碰撞，又不使缝过大，通常上下冒头做平缝，两扇门的中缝做圆弧形，其弧面半径为门厚的 1～1.2 倍。地弹簧门的构造与双扇弹簧门基本相同，只是铰轴的位置不同，地弹簧装在地板上。弹簧门的门扇一般要用硬木，用料尺寸应比普通镶板门大一些，厚度一般为 42~50mm，上冒头、中冒头和边梃的宽度一般为 100~120mm，下冒头的宽度一般为 200~300mm。弹簧门的构造实例如图 11-9 所示。

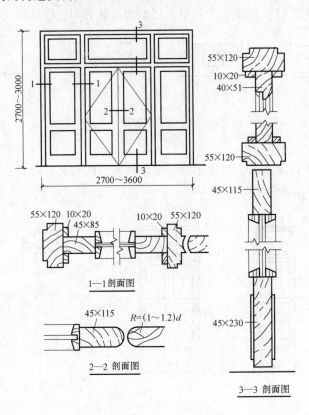

图 11-9　弹簧门的构造

■ 11.2　窗的类型

11.2.1　窗的分类

1. 根据框料不同

根据框料不同可分为：木窗、钢窗、铝合金窗及塑钢窗等。

（1）**木窗**　木窗加工制作方便，价格较低，应用较广，但防火能力差，木材耗量大。

（2）**钢窗**　钢窗强度高，防火性能好，挡光少，在建筑上应用很广，但钢窗易锈蚀，并且保温性较差。

（3）**铝合金窗**　铝合金窗美观，有良好的装饰性和密闭性，但保温差，成本较高。

（4）**塑钢窗**　塑钢窗具有木窗的保温性和铝合金窗的装饰性，是近年来为节约木材和有色金属发展起来的新品种，它的成本较高。

2. 根据开启方式不同

根据开启方式不同可分为：平开窗、悬窗、立转窗、推拉窗、固定窗等，如图 11-10 所示。

（1）平开窗 平开窗有内开和外开之分，其构造简单，制作、安装、维修、开启等都比较方便，在建筑中应用较广泛，如图 11-10a 所示。

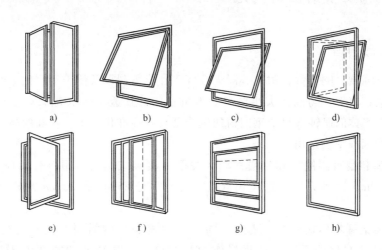

图 11-10　窗的不同开启方式

a）平开窗　b）上悬窗　c）中悬窗　d）下悬窗　e）立转窗　f）水平推拉窗　g）垂直推拉窗　h）固定窗

（2）悬窗 悬窗根据旋转轴的位置不同，分为上悬窗、中悬窗和下悬窗，如图 11-10b~图 11-10d 所示。上悬窗和中悬窗向外开，防雨效果好，且有利于通风，尤其用于高窗，开启较为方便，下悬窗应用较少。

（3）立转窗 立转窗的窗扇可沿竖轴转动。竖轴可设在窗扇中心，也可以略偏于窗扇一侧。立转窗的通风效果好，如图 11-10e 所示。

（4）推拉窗 推拉窗分水平推拉和垂直推拉。水平推拉窗需要在窗扇上下设轨槽，垂直推拉窗要有滑轮及平衡措施。推拉窗开启时不占室内外空间，窗扇和玻璃的尺寸可以较大，但它不能全部开启，通风效果受到影响。铝合金窗和塑钢窗常选用推拉方式，如图 11-10f、图 11-10g 所示。

（5）固定窗 固定窗为不能开启的窗，主要用作采光，玻璃尺寸可以较大，如图 11-10h所示。

11.2.2　窗的构造组成

窗主要由窗框和窗扇两部分组成。窗框又称为窗樘，一般由上框、下框、中横框、中竖框及边框等组成。窗扇由上冒头、中冒头（窗芯）、下冒头及边框组成。根据镶嵌材料的不同，有玻璃窗扇、纱窗扇和百叶窗扇等。窗框与墙的连接处，为满足不同的要求，有时加贴脸、窗台板、窗帘盒等，窗的构造组成如图 11-11所示。

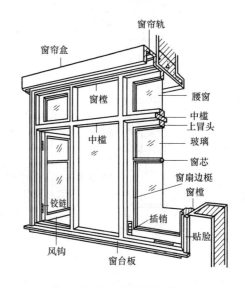

图 11-11　窗的构造组成

■ 11.3 金属及塑钢门窗构造

11.3.1 钢门窗构造

钢门窗具有强度、刚度大，耐久、耐火性好，外形美观以及便于工厂化生产等特点，并且钢窗的透光系数较大，与同样大小洞口的木窗相比，其透光面积高 15% 左右，但钢门窗易受酸碱和有害气体的腐蚀。目前钢门窗的生产已具备标准化、工厂化和商品化的特点，各地均有钢门窗的标准图供选用。

（1）钢门窗料型有实腹式和空腹式两大类型 实腹式钢门窗用料有多种断面和规格，多用 32mm 和 40mm 两种系列。空腹式钢门窗料通常是 25mm 和 32mm 的断面，其厚度为 1.5~2.5mm。

（2）钢门窗的基本形式 为了适应不同尺寸门窗洞口的需要，便于门窗的组合和运输，钢门窗都以标准化的系列门窗规格作为基本单元。其高度和宽度为 3M（300mm），常用的钢门的宽度有 900mm、1200mm、1500mm、1800mm，高度有 2100mm、2400mm、2700mm。

（3）钢门窗的组合与拼接构造 窗洞口尺寸不大时，可采用基本钢门窗，直接连接在洞口上。较大的门窗洞口则需要用标准的基本单元拼接组合而成。基本单元的组合方式有三种，即竖向组合、横向组合和横竖向组合。拼接之间用螺栓牢固连接，钢门窗的组合与拼接构造以实腹式为例，如图 11-12 所示。

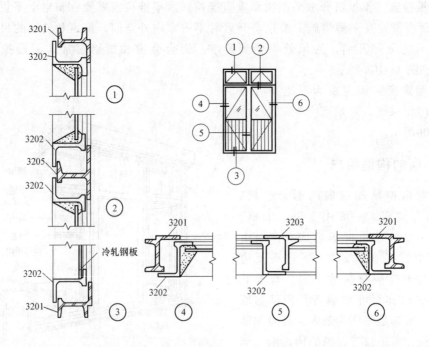

图 11-12 钢门窗的组合与拼接构造

（4）钢门窗与墙体的连接 钢门窗与墙体的连接方法采用塞口法，门窗框与洞口四周通过预埋件用螺钉牢固连接。固定点的间距为 500～700mm。在砖墙上安装时多预留孔洞，将燕尾形铁脚插入洞口，并用砂浆嵌牢。在钢筋混凝土梁或墙柱上则先预埋件，将钢门窗的 Z 形铁脚焊接在预埋板上，如图 11-13 所示。

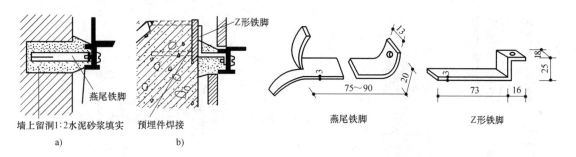

图 11-13　钢门窗与墙体的连接
a) 与砖墙连接　b) 与混凝土连接

11.3.2　铝合金门窗构造

（1）铝合金门窗的特点 铝合金门窗自重轻、性能好。如密封性好，气密性、水密性、隔声性、隔热性都比钢、木门窗有显著的提高，易加工、强度高、耐腐蚀、色泽美观。为了改善铝合金门窗的热桥散热，目前已有一种采用外铝合金、中间夹泡沫塑料的新型门窗型材。

（2）铝合金门窗的开启方式 铝合金门窗的开启方式多采用水平推拉式开启，也可采用平开、旋转等开启方式。

（3）铝合金门窗的连接构造 门窗框与墙体的连接构造，如图 11-14 所示。一般先在门

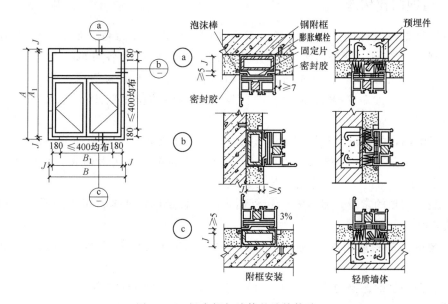

图 11-14　门窗框与墙体的连接构造

框外侧用螺钉固定钢质锚固件，并与洞口四周墙中预埋件焊接或锚固在一起。铝合金门的门扇玻璃是嵌固在铝合金门料中的凹槽内，并加密封条。铝合金平开门的连接构造，如图 11-15所示。

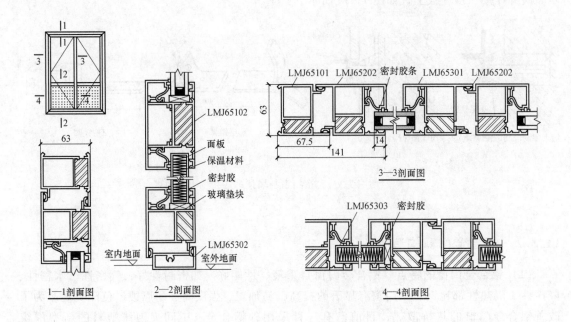

图 11-15　铝合金平开门连接构造

11.3.3　塑钢门窗构造

塑钢门窗是以改性硬质聚氯乙烯（简称 UPVC）为主要原料，加上一定比例的稳定剂、着色剂、填充剂、紫外线吸收剂等辅助剂，挤出成型的各种断面中空异型材。经切割后，在其内腔衬以型钢加强筋，用热熔焊接机焊接成型为门窗框扇，配装上橡胶密封条、压条、五金件等附件而制成的门窗，即所谓的塑钢门窗。它比全塑门窗刚度更强，自重更轻。

（1）塑钢门窗的特点　塑钢门窗强度好、耐冲击、抗风压、防盗性能好；保温、隔热、隔声性好；防水、气密性能优良；防火、耐老化、耐腐蚀、使用寿命长；易保养、外观精美、清洗容易；价格适中。可适用于各类建筑物。

（2）塑钢门窗的常用开启方式　塑钢门窗与铝合金门窗相似，可采用平开、推拉、旋转等形式开启。

（3）塑钢门的组成构件和断面形式　塑钢门的组成构件和断面形式，如图 11-16所示。

（4）塑钢门窗的连接构造　塑钢平开门连接构造，如图 11-17所示。塑钢推拉门连接构造，如图 11-18所示。

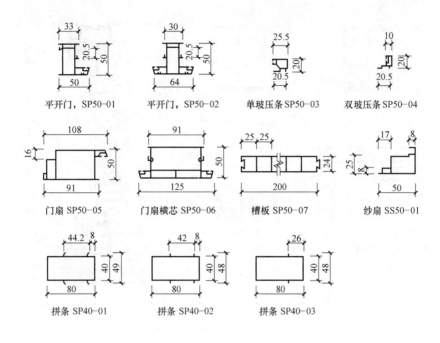

图 11-16　塑钢门的组成构件和断面形式

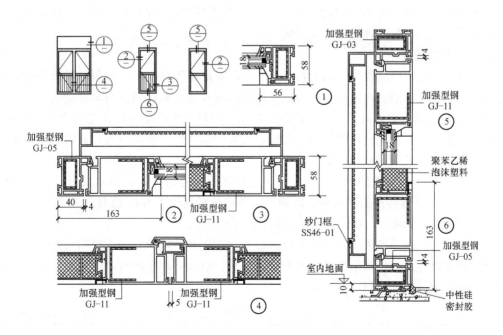

图 11-17　塑钢平开门连接构造

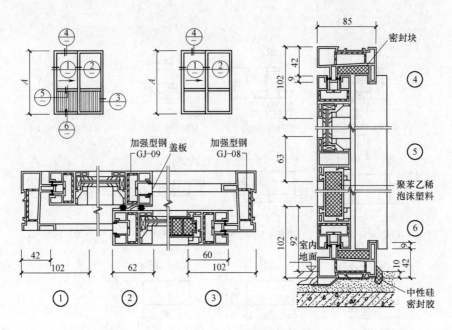

图 11-18　塑钢推拉门连接构造

11.3.4　节能门窗与构造

建筑外窗是建筑保温的最弱环节，我国则更为严重。例如我国严寒地区和寒冷地区住宅的窗传热系数为发达国家的 2~4 倍。以我国严寒地区住宅为例，在整个采暖期内通过窗与阳台门的传热和冷风渗透所引起的热损失，占房屋总能耗的 48% 以上。所以门窗节能是建筑节能的重点，是门窗设计中的重要课题。

1. 门窗节能的基本方法

通过门窗所造成的热损失有两个途径：一是门窗面由于热传导、辐射和对流所造成；另一是通过门窗各种缝隙的冷风渗透所造成。因此门窗节能应从这两方面采取措施。

（1）合理的缩小窗口面积　在 JGJ 26—2018《严寒和寒冷地区居住建筑节能设计标准》中已规定了我国北方住宅建筑各朝向不得超过的窗墙面积比。缩小门窗口面积意味着扩大墙面，而墙面的保温性能均比门窗好。

（2）增强窗（门）面的保温性能　我国建筑外门、外窗按其传热系数 K 值分为 10 级，表 11-1 是外门、外窗传热系数分级；玻璃门、外窗抗结露因子 CRF 值分为 10 级，见表 11-2（选自 GB/T 8484—2020《建筑外门窗保温性能检测方法》）。

从节能考虑，我国各采暖地区外窗保温性能，在上述节能设计标准中均有具体规定。窗扇保温性能可以通过增加窗扇层数和增加玻璃层数，以及采用特种玻璃，如中空玻璃、吸热玻璃、反射玻璃等措施达到。

表 11-1　外门、外窗传热系数分级　　　　　　　　　　　　　　　　　［单位：W/(m²·K)］

分级	1	2	3	4	5
分级指标值	$K \geqslant 5.0$	$5.0 > K \geqslant 4.0$	$4.0 > K \geqslant 3.5$	$3.5 > K \geqslant 3.0$	$3.0 > K \geqslant 2.5$

（续）

分级	6	7	8	9	10
分级指标值	$2.5>K \geqslant 2.0$	$2.0>K \geqslant 1.6$	$1.6>K \geqslant 1.3$	$1.3>K \geqslant 1.1$	$K<1.1$

表 11-2　玻璃门、外窗抗结露因子分级

分级	1	2	3	4	5
分级指标值	$CRF \leqslant 35$	$35<CRF \leqslant 40$	$40<CRF \leqslant 45$	$45<CRF \leqslant 50$	$50<CRF \leqslant 55$
分级	6	7	8	9	10
分级指标值	$55<CRF \leqslant 60$	$60<CRF \leqslant 65$	$65<CRF \leqslant 70$	$70<CRF \leqslant 75$	$CRF>75$

（3）切断热桥　木材和塑料的导热系数很小[木材 $\lambda=0.17\mathrm{W}/(\mathrm{m \cdot K})$，塑料 $\lambda=0.14\mathrm{W}/(\mathrm{m \cdot K})$]，而钢和铝的导热系数很高[钢 $\lambda=58.2\mathrm{W}/(\mathrm{m \cdot K})$，铝合金 $\lambda=230\mathrm{W}/(\mathrm{m \cdot K})$]。故在寒冷地区木窗和塑料窗可以设计为单层扇双层玻璃，而钢窗和普通的铝合金窗不利于寒冷地区使用。但可以采用双层扇的窗，或采用钢塑复合窗，以及绝缘型铝合金窗，以求得改善。绝缘型铝合金窗是将单一材料的铝合金窗用杆件，改用铝合金和硬塑料两种型材复合而成的复合型杆件，从而切断了整体铝合金杆件的热桥作用。图 11-19 是铝塑复合的铝合金窗用型材的断面形式。其内外两侧为铝合

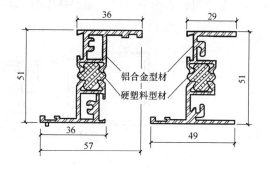

图 11-19　绝缘型铝合金窗用型材的断面形式

金，中间以硬塑料绝缘体隔断，导热情况与内表面温度均可大为改善。

（4）缩减缝长　窗（门）有大量缝隙，缝隙是冷风渗透之源。以严寒地区传统的保温住宅窗为例，其各种接缝的总长度达 34m 之多。采用大窗扇减少小窗扇，扩大单块玻璃面积减少窗芯，合理的减少可开扇的面积适当增加固定玻璃（或扇）面积，均可在一定程度上缩减缝隙总长度。

（5）有效的密封和密闭措施　根据我国 GB/T 7106—2019《建筑外门窗气密、水密、抗风压性能检测方法》标准的规定，建筑外窗按单位缝长和单位面积的空气渗透量共分为 8 级（见表 11-3）。JGJ 26—2018《严寒和寒冷地区居住建筑节能设计标准》规定，外窗及敞开式阳台门应具有良好的密闭性能。严寒和寒冷地区外窗及敞开式阳台门的气密性等级不应低于 GB/T 7106—2019《建筑外门窗气密、水密、抗风压性能检测方法》中规定的 6 级。因此，节能窗设计必须采取缝隙的密封和密闭措施，以保证节能效益。

表 11-3　建筑外门窗气密性能分级表

分级	1	2	3	4	5	6	7	8
单位缝长分级指标值 $q_1/(\mathrm{m^3/m \cdot h})$	$4.0 \geqslant q_1 > 3.5$	$3.5 \geqslant q_1 > 3.0$	$3.0 \geqslant q_1 > 2.5$	$2.5 \geqslant q_1 > 2.0$	$2.0 \geqslant q_1 > 1.5$	$1.5 \geqslant q_1 > 1.0$	$1.0 \geqslant q_1 > 0.5$	$q_1 \leqslant 0.5$

（续）

分级	1	2	3	4	5	6	7	8
单位面积分级指标值 $q_2/(\mathrm{m^3/m \cdot h})$	$12 \geqslant q_2 > 10.5$	$10.5 \geqslant q_2 > 9.0$	$9.0 \geqslant q_2 > 7.5$	$7.5 \geqslant q_2 > 6.0$	$6.0 \geqslant q_2 > 4.5$	$4.5 \geqslant q_2 > 3.0$	$3.0 \geqslant q_2 > 1.5$	$q_2 \leqslant 1.5$

注：采用标准状态下，压力差为10Pa时的单位开启缝长空气渗透量 q_1 和单位面积空气渗透量 q_2 作为分级指标。

2. 节能窗

（1）木窗 图11-20是我国严寒地区一种住宅保温节能木窗构造形式。其特点是在合理缩小窗面的条件下，采用大扇，扩大单块玻璃面积，设固定玻璃，缩小可开窗扇。采用多种密闭条和多层密封措施，采用单框双扇三玻璃窗面。与传统普通型双层保温窗相比，其单窗传热系数、密闭性能、单窗节能效益、窗内表面温度、采光面积均有明显提高，而且木材用量减少，冬季可以自由开、关，不必季节性封窗。

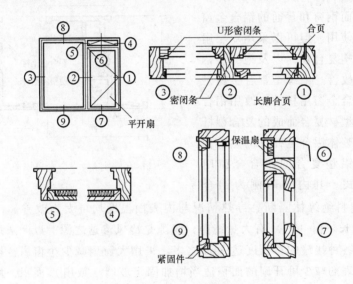

图11-20 保温节能木窗构造形式

（2）塑料窗 塑料门窗是以聚氯乙烯、改性聚氯乙烯或其他树脂为主要原料，轻质碳酸钙为填料，添加适量助剂和改性剂，经挤压机挤出成各种断面的空腹门窗异型材，再根据不同的品种规格选用不同断面异型材料组装而成。由于塑料的变形大、刚度差，一般在空腔内加入木条或型钢，以增加抗弯曲能力。

塑料门窗比木窗和金属门窗的隔热保温性能好，导热系数低。这是由于塑料门窗的型材是中空异型材，消除了金属门窗的"热桥"现象所致。各类窗的实际传热性能比较见表11-4。

表11-4 各类窗的实际传热性能比较 ［单位：$\mathrm{W/(m^2 \cdot K)}$］

铝合金窗	木 窗	塑 料 窗
5.95	1.72	0.44

塑料门窗线条清晰、挺拔，造型美观、表面光洁细腻，不但具有良好的装饰性，而且具有良好的隔热性和密封性。其气密性为木窗的 3 倍，铝窗的 1.5 倍，热损耗为金属窗的 1/1000，隔声效果比铝窗高 30dB 以上。同时塑料本身具有耐腐蚀等性能，不用涂涂料，可节约施工时间及费用，因此在国外发展很快，在建筑上得到大量应用。塑料门窗安装节点，如图 11-21 所示。

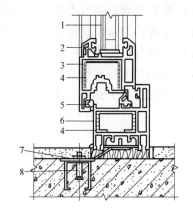

图 11-21 塑料门窗安装节点示意图
1—玻璃 2—玻璃压条 3—内扇
4—内钢衬 5—密封条 6—外框
7—地脚 8—膨胀螺栓

11.3.5 特殊要求的门窗

（1）防火门窗 防火门窗多用于加工易燃品的车间或仓库。

门窗框应与墙体固定牢固、垂直通角。通常用电焊或射钉枪将门窗框固定。甲、乙级防火门框上铲有防烟条槽，固定后油漆前用钉和树脂胶镶嵌固定防烟条。

根据车间对防火门耐火等级的要求，门扇可以采用钢板、木板外贴石棉板再包以镀锌薄钢板或木板外直接包镀锌薄钢板等构造措施，并在门扇上设泄气孔。防火门的开启方向必须面向易于人员疏散的地方。防火门常采用自重下滑关闭门，火灾发生时，易熔合金片熔断后，重锤落地，门扇依靠自重下滑关闭。当洞口尺寸较大时，可做成两个门扇相对下滑。

（2）保温门、隔声门 保温门要求门扇具有一定热阻值和门缝密闭处理，故常在门扇两层面板间填以轻质、疏松的材料（如玻璃棉、矿棉等）。

隔声门的隔声效果与门扇的材料及门缝的密闭有关，隔声门常采用多层复合结构，即在两层面板之间填吸声材料如玻璃棉、玻璃纤维板等。

一般保温门和隔声门的面板常采用整体板材，如五层胶合板、硬质木纤维板等。通常在门缝内粘贴填缝材料，如橡胶管、海绵橡胶条、泡沫塑料条等提高隔声、保温性能，并选择合理的裁口形式，如斜面裁口比较容易关闭紧密。

思 考 题

1. 简述门和窗的作用和要求。
2. 简述木窗的组成，窗框和窗扇的组成。
3. 确定窗的尺寸应考虑哪些因素？什么是窗墙面积比？有什么意义？
4. 窗框的安装方式与区别是什么？
5. 什么是双层玻璃扇？什么是中空玻璃？
6. 简述木门的组成，门框和门扇的组成。
7. 确定门的尺寸应考虑哪些因素？常用门扇的类型有哪些？
8. 试举例说明门框和门扇的断面形状。
9. 镶板门的用途和构造特点是什么？

10. 夹板门的用途和构造特点是什么？

11. 什么是弹簧门？有哪几种形式？

12. 简述钢门窗的优缺点，空腹钢窗与实腹钢窗的区别及优缺点。

13. 铝合金门窗有哪些优点？

14. 塑钢窗有哪些优点？

15. 简述门窗节能的基本方法。

第12章 变形缝

导读

    本章提要：主要讲述变形缝类型、特点，重点阐述了伸缩缝、沉降缝、防震缝的构造。本章的教学重点是伸缩缝、沉降缝、防震缝的应用与建筑物各部位的构造做法；教学难点是各种变形缝的节点详图设计。

■ 12.1 变形缝的作用、类型及要求

    建筑物由于受温度变化、地基不均匀沉降以及地震的影响，结构内将产生附加的变形和应力，如不采取措施或措施不当，会使建筑物产生裂缝，甚至倒塌，影响使用与安全。为避免这种状态的发生，可以采取"阻"或"让"两种不同措施。前者是通过加强建筑物的整体性，使其具有足够的强度与刚度，以阻碍这种破坏；后者是在变形敏感部位将结构断开，预留缝隙，使建筑物各部分能自由变形，不受约束，即以退让的方式避免破坏。后种措施比较经济，常被采用，但在构造上必须对缝隙加以处理，满足使用和美观要求。建筑物中这种预留缝隙称为变形缝。

    变形缝按其功能分为三种类型，即伸缩缝、沉降缝和防震缝。

12.1.1 伸缩缝

    建筑物处于温度变化之中，在昼夜温度循环和较长的冬夏季节循环作用下，其形状和尺寸因热胀冷缩而发生变化。当建筑物长度超过一定限度时，会因变形大而开裂，为避免这种现象，通常沿建筑物长度方向每隔一定距离预留缝隙，将建筑物断开。这种为适应温度变化而设置的缝隙称为伸缩缝，也称为温度缝。

    伸缩缝要求将建筑物的墙体、楼层、屋顶等地面以上构件全部断开，基础因受温度变化影响较小，不必断开。伸缩缝的设置间距，即建筑物的允许连续长度与结构所用的材料、结构类型、施工方式、建筑所处位置和环境有关。结构设计规范对砌体建筑和钢筋混凝土结构建筑中伸缩缝最大间距所做的规定见表12-1及表12-2。

表 12-1　砌体建筑伸缩缝的最大间距

砌体类型	屋顶或楼层结构类别		间距/m
各种砌体	整体式或装配整体式钢筋混凝土结构	有保温层或隔热层的屋顶、楼层	50
		无保温层或隔热层的屋顶	40
	装配式无檩体系钢筋混凝土结构	有保温层或隔热层的屋顶、楼层	60
		无保温层或隔热层的屋顶	50
	装配式有檩体系钢筋混凝土结构	有保温层或隔热层的屋顶、楼层	75
		无保温层或隔热层的屋顶	60
黏土砖、空心砖砌体	黏土瓦或石棉水泥瓦屋顶、木屋顶或楼层、砖石屋顶或楼层		100
石砌体			80
硅酸盐块砌体和混凝土块砌体			75

注：1. 层高大于 5m 的砌体结构单层建筑，其伸缩缝间距可按表中数值乘以 1.3，但当墙体采用硅酸盐砌块和混凝土砌块砌筑时，不得大于 75m。
　　2. 温度较高且变化频繁地区和严寒地区不采暖的建筑物墙体伸缩缝的最大间距，应按表中数值予以适当减小。

表 12-2　钢筋混凝土结构伸缩缝最大间距　　　　　（单位：m）

结构类别		室内或土中	露天
排架结构	装配式	100	70
框架结构	装配式	75	50
	现浇式	55	35
剪力墙结构	装配式	65	40
	现浇式	45	30
挡土墙、地下室墙等类型结构	装配式	40	30
	现浇式	30	20

注：1. 当屋面板上部无保温或隔热措施时，对框架、剪力墙结构的伸缩缝间距，可按表中露天栏的数值选用，对排架结构的伸缩缝间距，可按表中室内栏的数值适当减小。
　　2. 排架结构的柱高低于 8m 时宜适当减小伸缩缝间距。
　　3. 伸缩缝间距应考虑施工条件的影响，必要时（如材料收缩较大或室内结构因施工时外露时间较长）宜适当减小伸缩缝间距，伸缩缝宽度一般为 20～30mm。

12.1.2　沉降缝

由于地基的不均匀沉降，结构内将产生附加的应力，使建筑物某些薄弱部位发生竖向错动而开裂，沉降缝就是为了避免这种状态的产生而设置的缝隙。因此，凡属下列情况应考虑设置沉降缝。

1）同一建筑物两相邻部分的高度相差较大、荷载相差悬殊或结构形式不同时，如图 12-1a 所示。

2）建筑物建造在不同地基上，且难于保证均匀沉降时。

3）建筑物相邻两部分的基础形式不同，宽度和埋深相差悬殊时。

4）建筑物体型比较复杂，连接部位又比较薄弱时，如图 12-1b 所示。

5）新建建筑物与原有建筑物相毗连时，如图 12-1c 所示。

沉降缝与伸缩缝的作用不同，因此在构造上有所区别。沉降缝要求从基础到屋顶所有构件均须设缝分开，使沉降缝两侧建筑物成为独立的单元，各单元在竖向能自由沉降，不受约束。

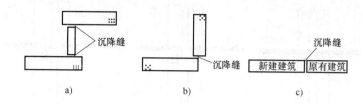

图 12-1　沉降缝设置部位举例

　　沉降缝的宽度与地基的性质和建筑物的高度有关，地基越软弱，建筑高度越大，缝宽也就越大。建于软弱地基上的建筑物，由于地基的不均匀沉陷，可能引起沉降缝两侧的结构倾斜，应加大缝宽。不同地基情况下的沉降缝宽度见表 12-3。沉降缝一般与伸缩缝合并设置，兼起伸缩缝的作用。

表 12-3　沉降缝宽度

地 基 性 质	建筑物高度（H）或层数	缝宽/mm
一般 地基	$H < 5m$	30
	$H = 5 \sim 10m$	50
	$H = 10 \sim 15m$	70
软弱 地基	2~3 层	50~80
	4~5 层	80~120
	6 层以上	>120
湿陷性黄土地基		>30~70

注：沉降缝两侧结构单元层数不同时，由于高层部分的影响，低层结构的倾斜往往很大，因此，沉降缝的宽度应按高层部分的高度确定。

12.1.3　防震缝

　　在地震烈度为 6~9 度的地区，当建筑物体型比较复杂或建筑物各部分的结构刚度、高度以及重量相差较悬殊时，应在变形敏感部位设缝，将建筑物分割成若干规整的结构单元；每个单元的体型规则、平面规整、结构体系单一，防止在地震波作用下相互挤压、拉伸，造成变形和破坏，这种缝隙称为防震缝。对多层砌体建筑来说，遇下列情况时宜设防震缝：

　　1）建筑立面高差在 6m 以上时。

　　2）建筑错层，且楼层错开距离较大时。

　　3）建筑物相邻部分的结构刚度、质量相差悬殊时。

　　防震缝应沿建筑物全高设置，缝的两侧应布置墙或柱，形成双墙、双柱或一墙一柱，使各部分结构封闭，提高刚度（见图 12-2）。防震缝应同伸缩缝、沉降缝尽量结合布置。一般情况下，基础不设缝，如与沉降缝合并设置时，基础也应设缝断开。防震缝的宽度根据建筑物高度和所在地区的地震烈度来确定。一般多层砌体建筑的缝宽取 50~100mm；多层钢筋混凝土框架结构建筑，高度在 15m 及 15m 以下时，缝宽为 70mm；当建筑高度超过 15m 时，按烈度增大缝宽：地震烈度 6 度，建筑每增高 5m，缝宽增加 20mm；地震烈度 7 度，建筑每增高 4m，缝宽增加 20mm；地震烈度 8 度，建筑每增高 3m，缝宽增加 20mm；地震烈度 9

度，建筑每增高 2m，缝宽增加 20mm。

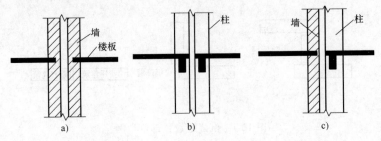

图 12-2　防震缝两侧结构布置
a）双墙方案　b）双柱方案　c）一墙一柱方案

12.2　变形缝构造

防止风、雨、冷热空气、灰砂等侵入室内，影响建筑使用和耐久性，也为了美观，构造上对缝隙须予以覆盖和装修。这些覆盖和装修同时必须保证变形缝能充分发挥其功能，使缝隙两侧结构单元的水平或竖向相对位移不受阻碍。

12.2.1　墙体变形缝

（1）伸缩缝　根据墙的厚度，伸缩缝可做成平缝、错口缝和企口缝等形式，如图 12-3 所示。

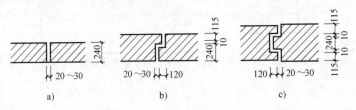

图 12-3　砖墙伸缩缝断面形式
a）平缝　b）错口缝　c）企口缝

为避免外界自然因素对室内的影响，外墙外侧缝口应填塞或覆盖具有防水、保温和防腐性能的弹性材料，如沥青麻丝、泡沫塑料条、橡胶条、油膏等。当缝口较宽时，还应用镀锌薄钢板、铝片等金属调节片覆盖。如墙面作抹灰处理，为防止抹灰脱落，可在金属片上加钉钢丝网后再抹灰。填缝或盖缝材料和构造应保证结构在水平方向的自由伸缩。考虑到缝隙对建筑立面的影响，通常将缝隙布置在外墙转折部位或利用雨水管将缝隙挡住，作隐蔽处理。外墙内侧及内缝口通常用具有一定装饰效果的木质盖缝条遮盖。木条固定在缝口的一侧，也可采用金属片盖缝，如图 12-4、图 12-5 所示。

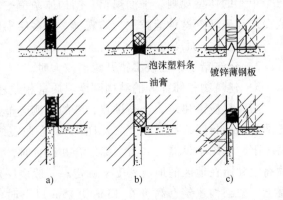

图 12-4　垂直墙体外侧伸缩缝口构造
a）沥青麻丝塞缝　b）油膏嵌缝　c）金属片盖缝

214

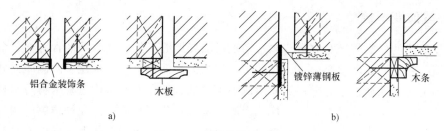

图 12-5 内墙伸缩缝口构造
a）平直墙体 b）转角墙体

（2）**沉降缝** 沉降缝一般兼起伸缩缝的作用。墙体沉降缝构造与伸缩缝构造基本相同，只是调节片或盖缝板在构造上能保证两侧结构在竖向的相对移动不受约束，如图 12-6 所示。

（3）**防震缝** 墙体防震缝构造与伸缩缝、沉降缝构造基本相同，只是防震缝一般较宽，通常采取覆盖做法。外缝口用镀锌薄钢板、铝片或橡胶条覆盖，内缝口常用木质盖板遮缝。寒冷地区的外缝口尚须用具有弹性的软质聚氯乙烯泡沫塑料、聚苯乙烯泡沫塑料等保温材料填实，如图 12-7 所示。

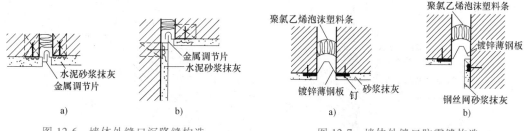

图 12-6 墙体外缝口沉降缝构造
a）平直墙体 b）转角墙体

图 12-7 墙体外缝口防震缝构造
a）平直墙体 b）转角墙体

12.2.2 楼地层变形缝

楼地层变形缝的位置与缝宽应与墙体变形缝一致。变形缝内也常以具有弹性的油膏、沥青麻丝、金属或塑料调节片等材料做填缝或盖缝处理，上铺与地面材料相同的活动盖板、铁板或橡胶条等以防灰尘下落。卫生间等有水房间中的变形缝还应做好防水处理。顶棚的缝隙盖板一般为木质或金属，木盖板一般固定在一侧以保证两侧结构的自由伸缩和沉降，如图 12-8所示。

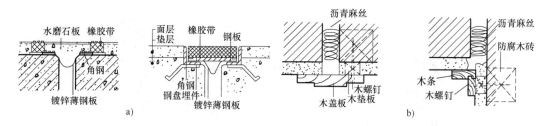

图 12-8 楼底层变形缝构造
a）地面变形缝构造 b）顶棚变形缝构造

12.2.3 屋顶变形缝

屋顶变形缝的位置与缝宽应与墙体、楼地层的变形缝一致。缝内用沥青麻丝、金属调节片等材料填缝和盖缝。屋顶变形缝一般建于建筑物的高低错落处，也建于两侧屋面处于同一标高处。不上人屋顶通常在缝隙一侧或两侧加砌矮墙，按屋面泛水构造要求将防水材料沿矮墙上卷，顶部缝隙用镀锌薄钢板、铝片、混凝土板或瓦片等覆盖，并允许两侧结构自由伸缩或沉降而不致渗漏雨水。寒冷地区在缝隙中应填以岩棉、泡沫塑料或沥青麻丝等具有一定弹性的保温材料。上人屋顶因使用要求一般不设矮墙，此时应切实做好防水，避免雨水渗漏，平屋顶变形缝构造如图 12-9、图 12-10 所示。

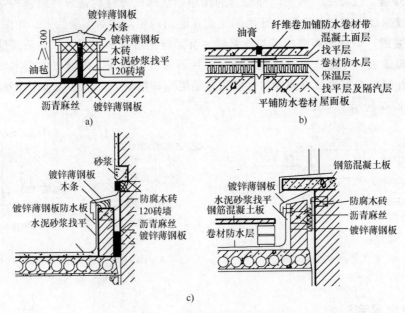

图 12-9　卷材防水屋顶变形缝构造
a）不上人屋顶平接变形缝　b）上人屋顶平接变形缝　c）高低错落处屋顶变形缝

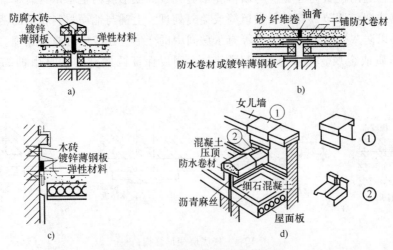

图 12-10　刚性防水平屋顶变形缝
a）不上人屋顶平接变形缝　b）上人屋顶平接变形缝　c）高低错落处屋顶变形缝　d）变形缝立体图

12.2.4 基础变形缝

基础沉降缝构造通常采取双基础、交叉式基础和挑梁基础 3 种方案，如图 12-11 所示。

（1）双基础方案 建筑物沉降缝两侧各设有承重墙，墙下有各自的基础。这样，每个结构单元都有封闭连续的基础和纵横墙，结构整体刚度大，但基础偏心受力，并在沉降时相互影响。

（2）交叉式基础方案 沉降缝两侧的基础交叉设置，在各自的基础上支撑基础梁，墙体砌在基础梁上的方案。

（3）悬挑基础方案 为使缝隙两侧结构单元能自由沉降又互不影响，经常在缝的一侧做成挑梁基础。缝两侧如需设置双墙，则在挑梁端部增设横梁，将墙支承其上。当缝隙两侧基础埋深相差较大以及新建筑与原有建筑毗连时，一般多采取挑梁基础方案。

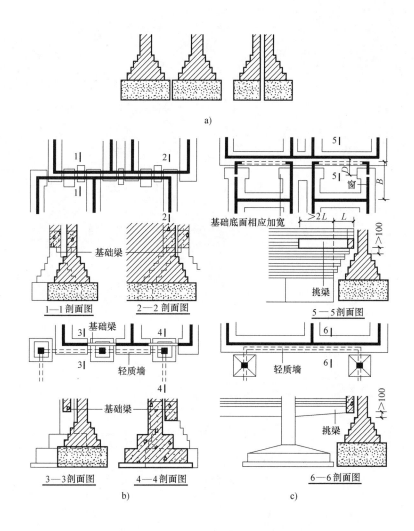

图 12-11 基础沉降缝的构造
a）双墙沉降缝 b）交叉式沉降缝 c）悬挑式沉降缝

思 考 题

1. 变形缝的作用是什么？它有哪几种基本类型？

2. 什么情况下须设伸缩缝？伸缩缝的宽度一般为多少？

3. 什么情况下须设沉降缝？沉降缝的宽度由哪些因素确定？

4. 什么情况下须设防震缝？确定防震缝宽度的主要依据是什么？

5. 伸缩缝、沉降缝、防震缝各有什么特点？它们在构造上有什么异同？

6. 用图表示内、外墙伸缩缝及沉降缝的构造。

7. 用图表示卷材防水平屋顶变形缝的构造。

第4篇

工业建筑设计

第13章 工业建筑概述

导 读

　　本章提要：主要介绍工业建筑的概念，工业建筑的主要特征，以及工业建筑的分类情况，掌握不同类型的厂房与生产用途和生产状况之间的联系。本章的教学重点、难点是工业建筑的分类情况。

■ 13.1　工业建筑概述

　　工业建筑是指从事各类工业生产及直接为生产服务的各种房屋，一般称为厂房。工业建筑设计既要满足生产的工艺要求，又要考虑工人的生活要求。与民用建筑相比，在设计原理、建筑技术、建筑材料、结构形式等方面既有相同之处，也有自己独特的特点。

■ 13.2　工业建筑的特点

　　工业建筑内要从事一定的工业生产活动，其内部空间的设计要满足工艺和设备的要求，并能很好地组织生产。工业建筑设计中必须要注意以下几方面特点：

工业建筑的特点

　　（1）满足生产工艺要求　工业建筑的设计要以生产工艺为基础，满足不同工业生产的同时，适当为工人创造良好的生产卫生条件，提高生产率和产品质量。

　　（2）内部有高大的通敞空间　很多工业建筑由于生产工艺要求，需要大量的或大型的生产设备和起重机械，因此，工业建筑的内部大多数是高大的通敞空间。

　　（3）结构、构造复杂　工业建筑的面积、体积较大，工艺形式多样，因此在空间处理、结构形式、采光通风和防水排水等建筑处理上都比较复杂，对技术的要求较高，且不同的生产工艺对应不同的工业建筑特征。

13.3 工业建筑分类

随着生产力的不断发展，工业建筑的类型也越来越多，生产工艺趋向更加先进和复杂，技术要求也更高，相应地对工业建筑设计提出更严格的要求。总结不同工业建筑的特征和设计标准，其可以分为以下几种类型：

1. 按用途分类

（1）主要生产厂房 用于完成产品从原材料到成品的加工的主要工艺过程的各类厂房，如：机械类工厂的铸造、锻造、冲压、铆焊、热处理、机械加工及装配等车间。

（2）辅助生产厂房 为主要生产车间服务的各类厂房，如：机修、木工、工具等车间。

（3）动力用厂房 为工厂提供能源和动力的各类厂房，如：发电站、锅炉房、氧气站等。

（4）储藏类用房 储存各类原料、半成品或成品的仓库，如：材料库、成品库等。

（5）运输工具用房 用来停放、检修各种运输工具的库房，如：汽车库、电瓶车库等。

2. 按层数分类

（1）单层厂房 广泛应用于机械、冶金等重型工业，适用于有大型设备及加工件，有较大动荷载和大型起重运输设备，需要水平方向组织工艺流程和运输的生产项目（见图13-1）。

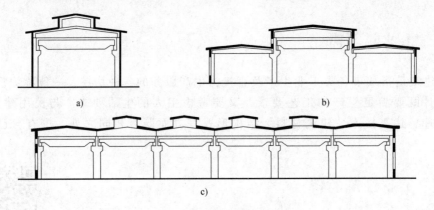

图 13-1 单层厂房
a）单跨 b）高低跨 c）多跨

（2）多层厂房 主要用于电子、食品、精密仪器和轻纺工业，适用于设备、产品较轻，易于竖向布置工艺流程的生产项目（见图13-2）。

（3）混合层数厂房 在同一厂房内既有单层也有多层，单层或跨层内设置大型生产设备，多用于化工和电力工业厂房（见图13-3）。

3. 按生产状况分类

（1）冷加工厂房 在正常温湿度状况下进行生产的车间，如：机械加工、装配等车间。

（2）热加工厂房 在高温或融化状态下进行生产的车间，生产中产生大量的热量及有害气体、烟尘等，如：铸造、冶炼锻造等车间。

（3）恒温恒湿厂房 在稳定的温湿度状态下进行生产的车间，如：纺织车间、精密仪器等车间。

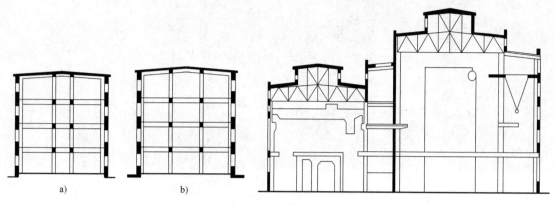

图 13-2　多层厂房
a）内廊式　b）统间式

图 13-3　混合层数厂房

（4）**洁净厂房**　为保证产品质量，在无尘无菌、无污染的洁净状态下进行生产的车间，如：医药加工、食品加工等车间。

4. 办公、科研、生产综合建筑（体）

在同一建筑里既有行政办公、科研开发，又有工业生产的综合性建筑，是现代高新产业界出现的新型建筑。

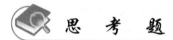 思　考　题

1. 什么是工业建筑？
2. 工业建筑和民用建筑相比较，有哪些特点？
3. 工业建筑是如何分类的？

第14章 单层工业建筑设计

导读

本章提要：介绍单层工业建筑的设计知识，包括单层工业建筑的组成、单层工业建筑内部常用的起重运输设备、单层工业建筑平面设计原理、单层工业建筑剖面设计、常用屋面排水方式，较详细阐述了单层工业建筑的定位轴线设计以及单层工业建筑构造设计。本章的教学重点是单层工业建筑的结构组成、设计原理以及平面定位轴线设计；教学难点是各种不同形式厂房平面定位轴线的绘制。

■ 14.1 单层工业建筑的组成

14.1.1 房屋的组成

房屋的组成是指单层工业建筑内部生产房间的组成。生产车间是工厂生产的基本管理单位，一般由四个部分组成：生产工段（也称为生产工部，是生产产品的主体部分）、辅助工段（为生产工段服务的部分）、库房部分（存放原料、材料、半成品、成品的地方）、行政办公生活用房。

14.1.2 构件的组成

（1）承重结构 目前我国单层工业建筑承重结构以排架结构居多，这类建筑跨度大、高度高、起重机荷载较大。这种结构受力合理、建筑设计灵活、施工方便，工业化程度较高。与钢结构相比可节省钢材，造价较低。但其自重大，抗震性能比钢结构要差。如图14-1所示为采用排架结构体系的单层工业建筑组成示意图。

构件的组成

1）横向排架由基础、柱子、屋架（或屋面大梁）组成。

2）纵向联系构件包括基础梁、连系梁、圈梁、吊车梁、屋面板等，它与横向排架构成骨架，保证厂房的整体性和稳定性。

3）屋架支撑、柱间支撑等支撑系统保证厂房的刚度。

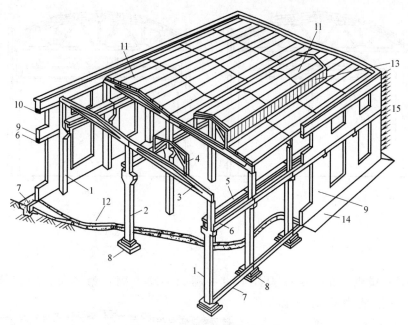

图 14-1　单层工业建筑的组成

1—边列柱　2—中列柱　3—屋面大梁　4—天窗架　5—吊车梁　6—连系梁
7—基础梁　8—基础　9—外墙　10—圈梁　11—屋面板　12—地面
13—天窗扇　14—散水　15—风荷载

（2）围护结构　单层工业建筑的外围护结构包括外墙、屋顶、地面、门窗、天窗等。

■ 14.2　单层工业建筑内部常用起重运输设备

在生产中为运送原材料、半成品、成品及安装、检修、操作和改装设备，工业建筑内需要设置必要的起重运输设备。其中各种起重机对工业建筑设计影响最大。常用起重机有以下几种：

（1）单轨悬挂式起重机　在厂房的结构下弦悬挂钢轨，起重机装在单轨上，按单轨线路运行或起吊重物，有手动和电动两种类型。起重量一般在3t以下，不超过5t。它操纵方便，布置灵活，但起重量不大（见图14-2）。

（2）梁式起重机　分为悬挂式和支撑式两种。悬挂式起重机是在屋架下弦悬挂双轨，在双轨下部安装起重机（见图14-3）；支撑式起重机是在两列柱的牛腿上设吊车梁和轨道，起重机装于轨道上。两种起重机的横梁均可沿轨道纵向

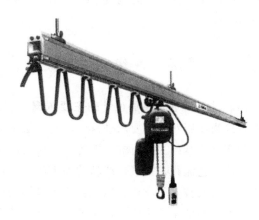

图 14-2　单轨悬挂式起重机

运行，梁上电葫芦可横向运行和起吊重物，起重量不超过5t，有手动和电动两种类型。

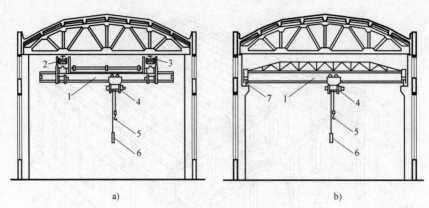

图 14-3　梁式起重机
a）悬挂梁式起重机　b）支承在梁上的梁式起重机
1—钢梁　2—运行装置　3—轨道　4—提升装置　5—吊钩　6—操纵开关　7—吊车梁

（3）桥式起重机　在厂房排架柱上设牛腿，牛腿上搁置吊车梁，吊车梁上安装钢轨，钢轨上放置能滑行的双榀钢桥架，桥架上支承小车（见图 14-4）；桥架沿建筑纵向运行，小车在桥架上面的轨道上横向运行。起重量为 5~400t，起重时为电动。司机室设在桥架一端的下方。桥式起重机适用于大跨度工业建筑。

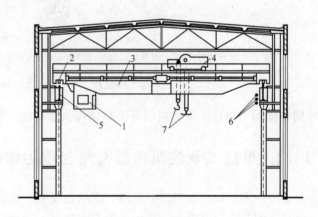

图 14-4　桥式起重机
1—起重机司机室　2—起重机轮　3—桥架　4—起重小车
5—吊车梁　6—电线　7—吊钩

工业建筑内外还因生产需要，时常采用火车、汽车、电瓶车、手推车、各式地面起重机、普通输送带、升降机等运输设备。

14.3　单层工业建筑平面设计

（1）生产工艺是平面设计的主要依据　民用建筑的平面设计及空间组合设计，主要是根据建筑物使用功能的要求进行的。而单层工业建筑平面及空间组合设计，则是在工艺设计及工艺布置的基础上进行的。因此，厂房内的生产工艺是平面设计的主要依据。

生产工艺流程是指某一产品的加工制作过程，即按照生产要求的程序，将原材料逐步通过生产设备及技术手段进行加工生产，最终制成半成品或成品的全过程。

一幅完整的工艺平面图，主要包括下面几个内容：

1）根据生产的规模、性质、产品规格等确定的生产工艺流程。

2）选择和布置生产设备和起重运输设备。

3）划分车间内部各生产工段及其所占有的面积。

4）初步拟定厂房的跨间数、跨度和长度。

5）提出生产对建筑设计的具体要求，如采光、通风、防振、防尘、防辐射等。如图 14-5 所示是机械加工装配车间的生产工艺流程示意图。

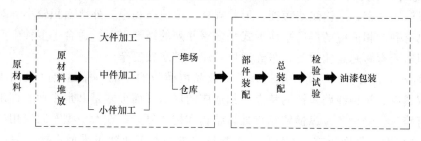

图 14-5 机械加工装配车间的生产工艺流程示意图

（2）单层工业建筑常用平面形式 确定单层工业建筑平面形式的因素很多，主要有：生产规模大小、生产性质、生产特征、工艺流程布置、交通运输方式以及土建技术条件等。

单层工业建筑平面形式概括起来可分为一般和特殊两种类型。一般的平面形式是以矩形为主，特殊的平面形式有 L 形、U 形、E 形等（见图 14-6）。

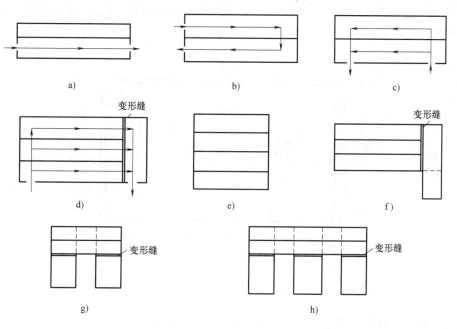

图 14-6 单层工业建筑常见平面形式
a）~d）矩形 e）方形 f）L 形 g）U 形 h）E 形

1）生产工艺流程与平面形式。生产工艺流程的形式有直线式、往复式和垂直式三种。各种流程类型的工艺特点及与之相适应的工业建筑平面形式如下：

① 直线式。原材料由厂房一端进入，而成品或半成品由另一端运出（见图 14-6a），可直接用起重机将配件运送到加工和装配工段，生产线路简捷，连续性好。这种布置方式多适用于规模不大，起重机负荷较小的厂房。相适应的建筑平面形式是矩形平面。采用这种布置的厂房可以是单跨，也可以是多跨平行布置。具有建筑结构简单，扩建方便的特点。采用单

跨或两跨平行矩形平面，采光通风较易解决，但当厂房建筑长宽比过大时，会使平面形成窄条状，外墙面积过大，不利于保温隔热，也不够经济。

② 往复式。原材料由厂房一端进入，而成品由同一端运出（见图14-6b、c、d）。它的特点是工段联系紧密，运输线路短捷，形状规整，占地面积小，外墙面积较小，对节约材料和保温隔热有利。相适应的厂房平面形式是多跨并列的矩形平面。适合于多种生产性质的工业建筑，但需要有跨越运输设备，采光通风及屋面排水较复杂。

③ 垂直式。原材料由厂房一端进入，而成品由横跨的装配一端运出（见图14-6f）。具有工艺流程紧凑，运输线路短捷的特点。相适应的厂房平面形式是L形平面，即出现了垂直跨，需要有跨越运输设备。纵横跨相接处，结构和构造复杂，在大中型车间应用广泛。

2）生产状况与平面形式。不同的生产特征也影响着工业建筑平面形式。如一些热加工车间炼钢、轧钢、锻工等车间，在生产过程中会产生大量的烟尘和余热，使得生产环境恶化。在这类厂房设计中，就必须使厂房具有良好的自然通风，迅速排除掉这些余热和烟尘。在平面布置时，应以L形、U形、E形为好，且平面不宜太宽（见图14-6f、g、h）。

（3）柱网选择 在工业建筑中，起承重作用的柱子在平面上排列所形成的网格就称为柱网。柱网的尺寸是由柱距和跨度组成的。如图14-7所示是单层厂房柱网尺寸示意图，图中柱子横向定位轴线间的距离称为柱距，纵向定位轴线间的距离称为跨度。柱网的选择实际上就是选择柱距和跨度。

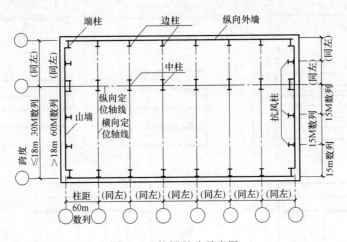

图 14-7 柱网尺寸示意图

确定柱网时，首先由工艺设计人员根据生产工艺和设备布置要求，对柱距和跨度提出初始要求，建筑设计人员在此基础上，依据建筑及结构的设计标准，最终确定厂房的柱距和跨度。柱网确定应遵循以下原则：

1）满足生产工艺要求。柱距和跨度要满足设备的大小和布置方式、材料和加工件的运输、生产操作和维修等生产工艺所需的空间要求。

2）符合 GB/T 50006—2010《厂房建筑模数协调标准》的要求。该标准规定，当屋架跨度≤18m 时，采用扩大模数 30M 的数列，即跨度尺寸可取 6m、9m、12m、15m、18m；当屋架跨度>18m 时，采用扩大模数 60M 的数列，即跨度尺寸是 24m、30m、36m、42m 等。柱距一般采用 60M 数列，即 6m、12m、18m 等。其中 6m 为基本柱距，在单层工业建筑体系中广泛采用。

3）扩大柱网的优越性。随着科学技术的不断发展，工业建筑内部的生产工艺、生产设备、运输设备等也在不断地变化、更新。为适应这种变化，工业建筑设计应有一定的灵活性与通用性，还要考虑后续的可持续性使用，可以采用扩大柱网，即扩大厂房的柱距与跨度。常用扩大柱网（柱距×跨度）为 12m×12m、12m×15m、12m×18m、12m×24m、18m×18m、24m×24m 等。

扩大柱网的主要优点是：可以有效提高厂房面积的利用率；有利于大型设备的布置和产品的运输；提高工业建筑的通用性，适应生产工艺的变更及生产设备的更新；有利于提高起重机的服务范围；减少建筑结构构件的数量，加快建设速度。矩形平面 144m×24m 单层厂房各柱网构件数量比较见表 14-1。

表 14-1　矩形平面 144m×24m 单层厂房各柱网构件数量比较

构件名称	单位	柱网（柱距×跨度）				备注
		6×24	12×24	18×24	24×24	
屋架	榀	25	13	9	7	跨度均为24m
柱	根	50	26	18	14	不包括抗风柱
基础	个	50	26	18	14	温度伸缩缝单基础双杯口
总计		125	65	45	35	

14.4　单层工业建筑剖面设计

单层工业建筑的剖面设计是在平面设计的基础上进行的，是非常重要的一个内容，着重解决厂房内部在垂直空间处理上如何满足生产的各种要求。

单层工业建筑剖面设计主要任务是：确定厂房高度；解决车间的采光、通风及屋面排水等问题。

14.4.1　单层工业建筑高度的确定

单层工业建筑的高度是指室内地坪到屋顶承重结构最低点的距离，一般可以用柱顶标高来代表单层厂房的高度。但在特殊情况下，如屋顶承重结构为下沉或为倾斜时，单层工业建筑的高度必须是由室内地坪到屋顶承重结构的最低点。

14.4.2　柱顶标高

（1）无起重机厂房　在无起重机厂房中，柱顶标高是按最大生产设备高度及安装检修所需的净空高度来确定的，且应符合 GBZ 1—2010《工业企业设计卫生标准》的要求，同时还必须符合扩大模数 3M（300mm）数列规定。无起重机厂房柱顶标高一般不得低于 3.9m。

（2）有起重机厂房　如图 14-8 所示，在有起重机的厂房中，不同的起重机对厂房高度的影

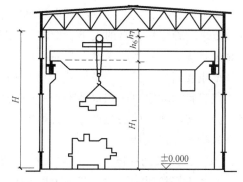

图 14-8　工业建筑高度的确定

响不尽相同。对于采用梁式起重机或桥式起重机的厂房来说，柱顶标高计算如下式所示。

$$柱顶标高\ H = H_1 + H_2 \tag{14-1}$$

式中　H——柱顶标高（m），须符合扩大模数 3M 数列；

　　　　H_1——起重机轨道顶面标高（m），也称为轨顶标高，一般由工艺设计人员提出，应为柱牛腿标高（符合扩大模数 3M 数列，如牛腿标高大于 7.2m 时，应符合扩大模数 6M 数列）与吊车梁高、起重机轨道高及垫层厚度之和；

　　　　H_2——起重机轨道顶面至柱顶标高（m），$H_2 = h_6 + h_7$；

其中　h_6——起重机轨顶至小车顶面的高度（m），根据起重机样本资料查出；

　　　　h_7——小车顶面到屋架下弦底面之间的安全净空尺寸（mm），应考虑到屋架的挠度、厂房可能不均匀沉陷、起重机起重量等因素，最小尺寸为 220mm，湿陷黄土地区一般不小于 300mm，根据起重机起重量可取 300mm、400mm、500mm。

由于起重机梁的高度、起重机轨道及其固定方案的不同，计算出的轨顶标高（H_1）可能会与工艺人员提出的轨顶标高有差异，这时要进行调整，使最后确定的轨顶标高应等于或大于工艺人员提出的轨顶标高。H_1 重新调整确定后，再进行柱顶标高（H）的计算。

在多跨厂房中，车间高度可能会高低不一，出现高低跨，屋面的高低错落处就会出现墙梁、女儿墙、泛水等，使构件种类增多，导致剖面形式、结构和构造复杂化，造成施工不变并增加造价。为了简化结构、构造和施工，当相邻两跨间的高差不大时，可将低跨抬高变成等高跨，虽然增加材料，但总体上是经济的。根据我国《厂房建筑统一化基本规则》规定：在多跨工业建筑中，当高差值等于或小于 1.2m 时不设高差；在不采暖的工业建筑中，高跨一侧仅有一个低跨，且高差值等于或小于 1.8m 时，也不设高差。另外，有关建筑抗震的技术文件还建议，当有地震设防要求时，上述高差小于 2.4m，宜做等高跨处理。

14.4.3　室内地坪标高的确定

工业建筑室内地坪的绝对标高由总平面设计来确定，室内地坪相对标高一般确定为 ±0.000。为防止雨水侵入室内，同时考虑到运输车辆出入车间方便，工业建筑室内外高差不宜设太大，一般取 150~200mm，且常用坡道连接。

14.4.4　天然采光

工业建筑室内利用采光窗取得天然光线进行照明的称为天然采光。由于天然光线质量好，且节能省电，因此，单层厂房尽可能采用天然采光。天然采光设计要根据室内生产对光线的要求，确定采光口的大小、形式及位置，保证室内光线充足且满足生产需要。厂房采光的效果直接影响到生产效率、产品质量以及工人的劳动卫生条件，是衡量厂房建筑质量标准的一个重要因素。因此，工业建筑开窗面积如果太小，车间内光线就会太暗，影响内部生产；但盲目加大窗口面积也会带来一些危害，如增加造价、增加冬季采暖和夏季空调能耗。因此，经济、适用的采光设计，必须根据工业建筑内部生产性质对采光的要求，按照建筑设计采光标准进行设计。

（1）天然采光标准　太阳是天然光的光源，是建筑采光的主要光源。天然光强度高、变化快，不好控制。因此，我国 GB 50033—2013《建筑采光设计标准》规定，在采光设计中，天然采光标准以采光系数为指标，并满足采光系数最低值的要求。采光系数是指室内某一点直接或间接接受天空漫射光所形成的照度与同一时间不受遮挡的该天空半球在室外水平面上产生的天空漫射光照度之比，如下式所示。

$$C = (E_\text{N}/E_\text{W}) \times 100\% \tag{14-2}$$

式中　C——室内某点的采光系数（%）；

$\quad\quad E_\text{N}$——室内某点的照度（lx）；

$\quad\quad E_\text{W}$——同一时间的室外照度（lx）。

照度是水平面上接受到的光线强弱的指标，其单位是勒克斯（lx）。不管室外照度如何变化，室内某一点的采光系数是不变的。采光系数用符号 C 表示，是无量纲量。

我国 GB 50033—2013《建筑采光设计标准》中要求采光设计的光源以全阴天天空扩散光作为标准。根据各地光气候条件将我国划分为 Ⅰ~Ⅴ 个光气候区，采光设计时，各光气候区取不同的光气候系数 K（详见 GB 50033—2013《建筑采光设计标准》）。在标准中给出不同作业场所工作面上的采光系数标准值见表 14-2。侧面采光系数标准采用最低值 C_min 作为标准，顶部采光取采光系数平均值 C_av 作为标准。

表 14-2　视觉作业场所工作面上的采光系数标准

采光等级	视觉作业分类		侧面采光		顶部采光	
	作业精确度	识别对象的最小尺寸 d/mm	室内天然光临界照度/lx	采光系数 C_min（%）	室内天然光临界照度/lx	采光系数 C_av（%）
Ⅰ	特别精细	$d \leqslant 0.15$	250	5	350	7
Ⅱ	很精细	$0.15 < d \leqslant 0.3$	150	3	225	4.5
Ⅲ	精细	$0.3 < d \leqslant 1.0$	100	2	150	3
Ⅳ	一般	$1.0 < d \leqslant 5.0$	50	1	75	1.5
Ⅴ	粗糙	$d > 5.0$	25	0.5	35	0.7

（2）天然采光的质量要求　在进行工业建筑采光设计时，应注意工作面上光线的来源方向，避免对生产操作产生遮挡和不利的阴影。要求工作面上各部分的照度比较接近，避免出现过于明亮和特别阴暗的地方，使整个车间的照度比较均匀。可以通过以下措施减少对工人产生的不舒适眩光影响：

1）应减少或避免工作区有直射阳光。

2）工人的视觉背景不宜为窗口。

3）可利用室内外遮阳措施降低窗户的亮度或天空视域。

4）采光窗周围的内墙面尽量用浅色粉刷。

（3）天然采光方式　按照采光口在工业建筑外围护结构上的不同位置，可分为三种形式：侧面采光（侧窗）、顶部采光（天窗）、混合采光（侧窗+天窗）（见图 14-9）。

每种采光方式由于采光口所在位置不同，在面积相同的情况下，采光效果也不尽相同。

1）侧面采光。将采光窗布置在外墙上的为侧面采光，可以分为单侧、双侧采光两种。根据侧窗在外墙高低位置的不同，又可分为低侧窗、高侧窗。

侧面采光在解决工业建筑的采光要求时比其他方式经济适用、构造简单、施工方便，因此，在设计时应尽可能地采取此种采光方式。侧面采光随着工业建筑进深的增加而迅速降低，采光系数衰减很快。单侧采光的有效进深约为侧窗口上沿至地面高度 h 的 1.5~2.0 倍。

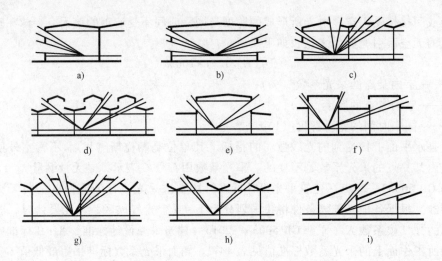

图 14-9 单层工业建筑天然采光

a) 单侧窗采光 b) 双侧窗采光 c) 混合采光 d) 矩形天窗采光 e) 高侧窗采光
f) 横向下沉式天窗采光 g) 平天窗采光 h) M天窗采光 i) 锯齿形天窗采光

因此单侧采光的厂房，其进深一般不超过窗高的 1.5~2.0 倍为宜。如果工业建筑很宽，可以用双侧采光的方式来弥补单侧采光照度不够的缺陷（见图 14-10）。

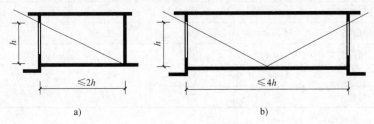

图 14-10 侧面采光
a) 单侧窗采光 b) 双侧窗采光

在有桥式起重机的厂房中，为避免吊车梁遮挡光线，常将侧窗分成上下两段布置，即高、低侧窗（见图 14-11），有利于提高远窗点的照度和天然采光的均匀度。高侧窗窗台宜高于吊车梁面约 600mm，低侧窗窗台一般应高于工作面的高度，为方便侧窗开关，工作面高度通常取 1000mm 左右为宜。如果是多跨厂房，在工艺条件允许的情况下，尽量利用厂房的高低差处开设高侧窗解决建筑的采光问题。沿纵墙工作面上的光线分布情况和窗户及窗间墙的宽度有关。窗间墙越宽，光线越明暗不均，因而窗间墙不宜设得太宽，一般以等于或小于窗宽为好。如果沿墙工作面上要求光线要均匀，那就可减少窗间墙的宽度或取消窗间墙做成带形窗。

2) 顶部采光。顶部采光主要包括矩形天窗、锯齿

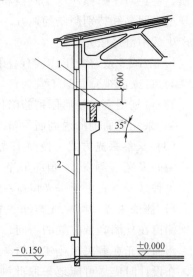

图 14-11 高低侧窗示意图
1—高侧窗 2—低侧窗

形天窗、平天窗等。

① 矩形天窗。矩形天窗的厂房剖面形式如图14-12所示。当窗扇朝向南北时，室内光线均匀，直射光较少；由于窗面垂直，不易积灰，且利于防水；窗扇一般可开启，可起到通风作用。其缺点是结构复杂、构件类型多、自重大、造价高、增加了厂房的体积、抗震性能不好。为获得良好的采光效果，天窗宽度 b 宜为厂房跨度 L 的 $1/3\sim1/2$，天窗的高宽比 h/b 易为 0.3 左右，不宜大于 0.45；相邻两天窗的边缘距离 l 应大于相邻天窗高度和的 1.5 倍，即 $l>1.5$ (h_1+h_2)（见图14-13）。

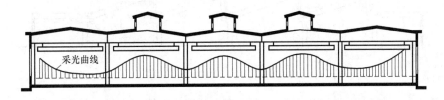

图 14-12　矩形天窗厂房剖面

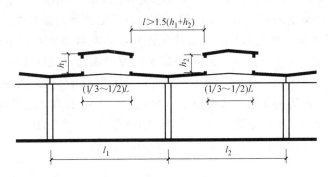

图 14-13　天窗宽度与跨度的关系

② 平天窗。在屋盖上直接设置水平或接近水平的采光口，它可以成点、成块、成带形布置（见图14-14）。平天窗的采光效率高，采光均匀，采光系数为矩形天窗的 2.0~2.5 倍，即在同样采光标准要求下需要的采光面积为矩形天窗的 $1/3\sim1/2$。

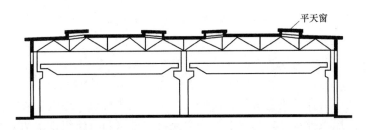

图 14-14　平天窗剖面

平天窗具有布置灵活、构造简单、施工方便、造价低等优点。其缺点是太阳光直射车间易产生眩光；采暖地区玻璃易结露，造成水滴下落；炎热地区通过平天窗透过大量的太阳辐射热。在尘多雨少的地区容易积尘和污染，影响采光效果。平天窗一般不起通风作用，因此在冷加工车间中应用较多。

③ 锯齿形天窗。将工业建筑屋盖做成锯齿形，采光窗设在垂直面上，一般窗口向北或接近北向（见图 14-15）。这种天窗利用天棚倾斜面反射光线，因此，具有比矩形天窗采光效率高的优点；在满足相同的采光标准的前提下，锯齿形天窗可以比矩形天窗节约玻璃面积30%左右。

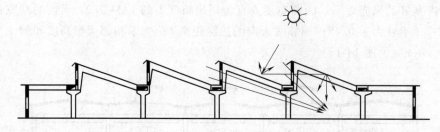

图 14-15　锯齿形天窗剖面

窗扇可开启，起到通风作用。无直射阳光进入工业建筑，或射进的阳光很少，室内光线稳定、均匀，可避免产生眩光。因此，对于要求光线稳定，要保持一定温度、湿度的工业建筑等对生产工艺有特殊要求的厂房，如纺织厂等，多采用这种天窗形式。

④ 横向下沉式天窗。将相邻柱距的整垮屋面板上下交替布置在屋架的上下弦上，利用屋面板位置的高差（屋架上下弦的高差）做采光口而形成的（见图 14-16）。这种天窗布置灵活，可根据使用要求每隔一个柱距或几个柱距布置，其造价较矩形天窗低。当厂房为东西向时，横向下沉式天窗为南北向，可避免东、西晒，故多用于朝向为东西向的冷加工车间。由于其通风口面积较大，所以还适用于对采光、通风都有要求的热加工车间。其缺点是窗扇形式受屋架限制，不够标准且构造复杂，厂房纵向刚度较差。

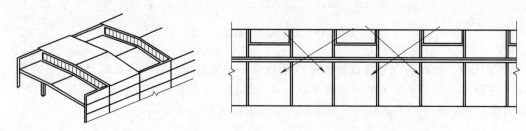

图 14-16　横向下沉式天窗剖面

■ 14.5　屋面排水方式

屋面排水方式应结合工业建筑的剖面形式、生产工艺特点、地区气候特征、经济技术条件等因素来确定。屋面排水方式基本上可分为无组织排水和有组织排水两大类。

1. 无组织排水

屋面上不设天沟，厂房内部也没有雨水管和地下雨水管网，雨水顺着屋面流向屋檐，再自由落到室外地面上，也称为自由落水。构造简单、施工方便、造价经济。适用于降水量少的地区，檐口较低的单跨厂房或多跨厂房的边跨屋面，以及工艺上有特殊要求的厂房。

无组织排水的厂房屋面必须设挑檐，其长度一般不小于500mm，辅助厂房或天窗的挑檐长度可减少到300mm。

2. 有组织排水

通过屋面自身或长天沟、雨水斗、雨水管等，将雨水有组织地排到散水坡、室外明沟或雨水管网中，可分为以下几种方式：

（1）内落水　如图14-17所示，将屋面汇集的雨水引向中间跨天沟和边跨檐沟处，经雨水斗引入厂房内部的雨水竖管及地下雨水管网，多用于多跨厂房。

优点：屋面排水组织比较灵活。在严寒多雪地区，采用此种排水方式可较好地防止因冻胀开裂引起的对屋檐和室外雨水管的破坏。

缺点：材料消耗多；室内需设雨水地沟，可能会影响工艺设备的布置；结构较复杂，屋面易渗漏；造价较高。

（2）内落外排水　多跨厂房中可用水平悬吊管将雨水斗连通到外墙的雨水管上，悬吊管需穿过外墙，使雨水在外墙处经竖管排到散水坡、室外明沟等（见图14-18）。水平悬吊管应有一定的排水坡度，可沿屋架横向设置，也可沿柱子纵向设置。

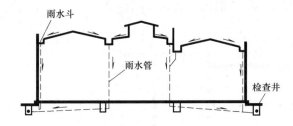

图14-17　内落水排水示意图

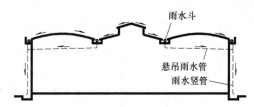

图14-18　内落外排水示意图

这种方式免去了在厂房内部地面设雨水地沟的情况，有利于工艺设备的摆放。但当水平悬吊管的长度较大时，由于坡降会占据厂房上部的有效空间，影响设备运行。

（3）檐沟外排水　当工业建筑较高，或所在地降雨量较大，不易做无组织排水时，可在檐口处做檐沟汇集雨水，并通过雨水斗将雨水排到外墙上的雨水竖管中（见图14-19）。

檐沟外排水构造简单、施工方便、比较经济，故在厂房中采用较多。

（4）长天沟外排水　沿工业建筑屋面的长度方向做贯通的天沟，并利用天沟的纵向坡度将雨水引向端部山墙外侧雨水竖管排出的一种方式（见图14-20）。

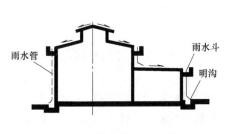

图14-19　檐沟外排水示意图

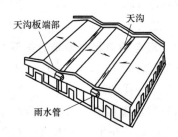

图14-20　长天沟外排水示意图

其特点是屋架受力合理，构件定型。但山墙处排水立管多，屋面易渗漏，施工有一定难度，且造价偏高。

■ 14.6 单层工业建筑的定位轴线

单层工业建筑定位轴线是确定工业建筑主要建筑承重构件的平面位置及其标志尺寸的基准线，也是工业建筑施工放线和设备安装定位的依据。在确定工业建筑定位轴线时，必须执行 GB/T 50006—2010《厂房建筑模数协调标准》的有关规定。

确定工业建筑的定位轴线先要确定柱网，并在柱网的基础上划分定位轴线。通常把垂直于工业建筑长度方向（平行于屋架）的定位轴线称为横向定位轴线，相邻两横向定位轴线间的距离即是柱距；把平行于工业建筑长度方向（垂直于屋架）的定位轴线称为纵向定位轴线，相邻两纵向定位轴线间的距离即是跨度。轴线的标注遵循 GB/T 50104—2010《建筑制图标准》，标注在平面图上，横向定位轴线从左至右依次用阿拉伯字母 1、2、3……顺序进行编号，纵向定位轴线从下向上依次用大写英文字母 A、B、C 顺序进行编号，编号时不能使用 I、O、Z 三个字母，以免与阿拉伯字母 1、0、2 混淆（见图 14-21）。

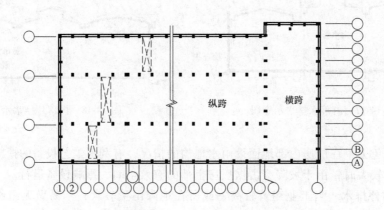

图 14-21　单层工业建筑定位轴线示意图

14.6.1　横向定位轴线

横向定位轴线用来标定工业建筑纵向构件如吊车梁、连系梁、基础梁、屋面板、纵向支撑等，主要考虑构造简单、结构合理可行。

1. 山墙与横向定位轴线的关系（端柱处）

单层厂房的山墙，按受力情况分为非承重山墙和承重山墙，这两种情况下横向定位轴线的标注是不一样的。

（1）非承重山墙　山墙为非承重墙时，横向定位轴线与山墙内缘重合，端部柱断面的中心线自横向定位轴线向内侧移 600mm（见图 14-22）。这样标注的原因，是因为山墙内侧一般都设有抗风柱，抗风柱上柱需要与屋架上弦连接的构造需要，这样标注还可以使其与横向变形缝处定位轴线的标定方法相一致，有利于简化构件，协调统一。

（2）承重山墙　山墙为砌体承重墙时，墙体内缘与横向定位轴线的距离按砌体的块材类别为半块或半块的倍数，或者墙体厚度的一半，如图 14-23 所示中的值，以保证构件在墙体上有足够的结构支撑长度。

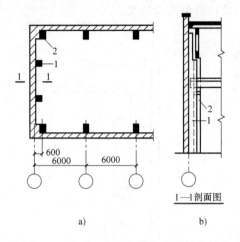

1—1剖面图

a)　　　　　b)

图 14-22　非承重山墙与横向定位轴线的关系
a) 平面　b) 剖面

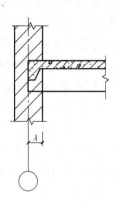

图 14-23　承重山墙横向定位轴线

2. 中间柱与横向定位轴线的关系

中间柱的横向定位轴线与柱断面的中心线相重合，且屋架的中心线也与横向定位轴线相重合，横向定位轴线之间的距离即是柱距，在一般情况下，也就是屋面板、吊车梁、连系梁长度方向的标注尺寸（见图 14-24）。

3. 横向变形缝处柱与横向定位轴线的关系

横向变形缝处一般在结构上采用双柱处理，以使结构和构造简单。此处采用两条定位轴线，考虑符合模数及施工要求，两柱的中心线应从定位轴线向缝两侧各内移 600mm（见图 14-25）；两定位轴线间的距离称作插入距，用 a_i 来表示；此时 a_i 等于变形缝宽 a_e。

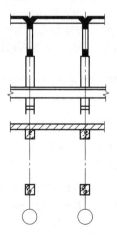

图 14-24　中间柱与横向定位轴线的关系

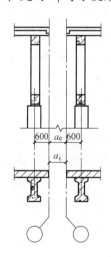

图 14-25　横向伸缩缝处双柱处理

14.6.2　纵向定位轴线

纵向定位轴线用来标定厂房横向构件如屋架或屋面大梁长度的标志尺寸和确定大型屋面

板边缘的位置。纵向定位轴线的具体位置应使结构合理、构造简单、构件规格少，在有起重机的工业建筑中，还要保证起重机能安全运行以及检修的安全需要。

1. 外墙、边柱与纵向定位轴线的关系

在有梁式起重机和桥式起重机的厂房中，由于屋架或屋面大梁以及起重机的生产制作都是标准化的，为使起重机与结构构件相协调，GB/T 50006—2010《厂房建筑模数协调标准》中对起重机规格与工业建筑跨度的关系表达见式 14-3：

$$L_k = L - 2e \qquad (14-3)$$

式中　L_k——起重机跨度，即起重机两轨道中心线之间的距离（m），可从起重机规格资料中查出；

　　　L——屋架跨度，即纵向定位轴线之间的距离（m）；

　　　e——起重机轨道中心线至纵向定位轴线的距离（mm），一般取750mm；当起重机起重量大于50t或者为重级工作制需要设走道板时，取1000mm。

根据图 14-26 所示，$e = h + C_b + B$ 　　(14-4)

式中　h——上柱断面宽度（mm），根据厂房高度、跨度、柱距及起重机起重量确定；

　　　C_b——起重机端部外缘至上柱内缘的安全净空尺寸（mm），与起重机起重量有关，当起重机起重量 $Q \leqslant$ 50t 时，$C_b \geqslant 80mm$，$Q \geqslant 75t$ 时，$C_b \geqslant$ 100mm；

　　　B——起重机桥架端部构造长度（mm），及起重机轨道中心线至起重机端部外缘的距离，可从起重机规格资料中查出。

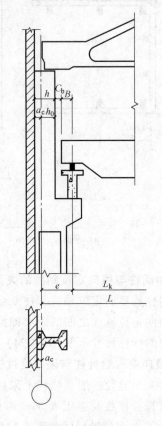

图 14-26　起重机与工业建筑空间关系示意图
h—上柱宽度，一般为400mm，500mm
h_0—轴线至上柱内缘的距离
C_b—上柱内缘至起重机桥架端部的缝隙宽度（安全间隙）
B—桥架端头长度，其值随起重机起重量大小而异

由于受起重机形式、起重量、高度、厂房柱距、跨度不同、是否设置安全走道板等因素的影响，边柱外缘与纵向定位轴线的关系有以下两种情况：

（1）封闭式结合　定位轴线与边柱外缘相重合的定位方式，称为封闭式结合的纵向定位轴线。这种情况下，屋架上的屋面板与外墙内缘紧紧相靠，没有缝隙，所以称为封闭式结合（见图 14-27a）。适用于无起重机或只有悬挂式起重机，以及柱距为 6m，桥式起重机起重量 $Q \leqslant 20t/5t$ 条件下的工业建筑。

此种情况下相应的参数为：$B \leqslant 260mm$，$C_b \geqslant 80mm$，$h \leqslant 400mm$，$e = 750mm$，因此：$e - (h + B) \geqslant 90mm$，满足 $C_b \geqslant 80mm$ 的要求。

采用封闭式结合时，屋面板全部采用标准板，不需设非标准的补充构件，构造简单、施工方便、造价经济。

（2）非封闭式结合　这种定位方法是指纵向定位轴线与边柱外缘有一定的距离，而屋面板与外墙内缘之间也有一段空隙，所以成为非封闭式结合的纵向定位轴线（见图14-27b）。

当 $Q \geq 30t/5t$ 时，$B = 300mm$，$C_b = 80mm$，起重机起重量大或柱距较大，所以 $h = 400mm$；在不设走道板时，$e = 750mm$。这样，$C_b = e - (h + B) = 50mm$，不能满足上述 $C_b \geq 80mm$ 的要求。

由于 B 和 h 值都比 $Q \leq 20t/5t$ 条件时的大，如继续采用封闭式结合定位方法，已不能满足起重机运行所需安全间隙要求。此时的解决办法是将边柱外缘自定位轴线向外移动一定距离，这个距离称为联系尺寸，用 a_c 来表示。a_c 的值宜采用300mm或其整数倍，以防止增加构件的类型。当外墙为砌体时，可为500mm或其整数倍。

采用封闭式结合时，屋面板只能铺到定位轴线处，与外墙内缘之间出现了非封闭的构造间隙，需要加铺非标准的补充构件板来填补间隙。所以导致构造复杂，施工较麻烦，造价也相应增加。

2. 中柱与纵向定位轴线的关系

在多跨厂房中，中柱有两种形式，即平行等高跨和平行不等高跨（也叫高低跨）。并且，还有中柱处设变形缝和不设变形缝两种情况。

（1）等高跨中柱与纵向定位轴线的关系　当厂房为平行等高跨时，通常设置单柱单轴线，柱的中心线与定位轴线相重合（见图14-28a）。此时，上柱断面一般取600mm，以满足屋架或屋面大梁的支承长度，且上柱不带牛腿，构造简单。

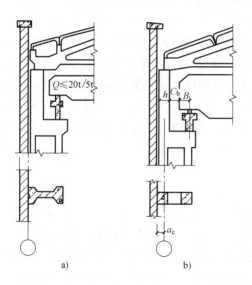

图14-27　外墙的边柱与纵向定位轴线的关系
a）封闭式结合　b）非封闭式结合

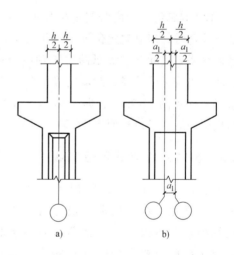

图14-28　平行等高跨中柱与纵向
定位轴线的关系
a）封闭式结合　b）非封闭式结合

当等高跨两侧或一侧的起重机起重量大于等于30t/5t时，厂房柱距>6m或构造要求等原因，纵向定位轴线需采用非封闭式结合才能满足起重机安全运行的要求时，中柱仍然可以采用单柱，但需设两条定位轴线。两条定位轴线间的距离为插入距 a_i。此时，柱的中心线一般与插入距中心线重合（见图14-28b）。

（2）高低跨中柱与纵向定位轴线的关系

1）单柱单轴线。当高低跨处采用单柱时，如果高跨起重机起重量$Q \leqslant 20t/5t$，则高跨上柱外缘和封墙内缘与纵向定位轴线相重合（见图14-29a）。

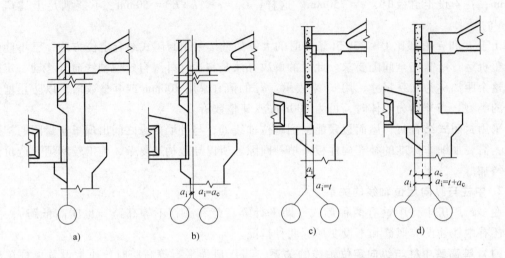

图14-29　高低跨中柱与纵向定位轴线的关系
a）单轴线　b）双轴线　c）双轴线　d）双轴线
a_i—插入距　a_c—联系尺寸　t—封墙厚度

2）单柱双轴线　当高跨起重机起重量较大，在$Q \geqslant 30t/5t$时，其上柱外缘与纵向定位轴线不能重合时，即纵向定位轴线为非封闭式结合。此时采用两条定位轴线：高跨轴线自上柱外缘内移联系尺寸a_c；将低跨定位轴线与高跨定位轴线之间的距离设为插入距a_i。此时低跨定位轴线与上柱外缘、封墙内缘重合，低跨定位轴线与高跨定位轴线之间的插入距离等于联系尺寸（见图14-29b），即$a_i = a_c$。这时同一柱子的两条定位轴线分属高低跨。如封墙采用墙板结构时，可以按照图14-29c、d所示进行定位。

14.6.3　纵横跨相交处定位轴线

当工业建筑厂房有纵横跨相交时，由于纵跨和横跨的长度、高度、起重机起重量都不相同，为简化结构和构造，设计时常将纵跨和横跨的结构分开，并在相交处设变形缝，使纵横跨各自独立。纵横跨有各自的柱列和定位轴线，在相交处设双柱、双定位轴线。对于纵跨，相交处的处理相当于山墙处的处理；对于横跨，相交处的处理相当于边柱和外墙处的处理。纵横跨相交处采用双柱单墙处理，相交处外墙不落地，成为悬墙，属于横跨。相交处两条定位轴线间插入距$a_i = a_e + t$或$a_i = a_e + t + a_c$（见图14-30）。当封墙为砌体时，a_e值为变形缝的宽度；封墙为墙板时，a_e值取变形缝的宽度或吊装墙板净空尺寸的较大者。

有纵横跨相交的工业建筑，其定位轴线编号常常是以跨数较多部分为标准进行统一编排。

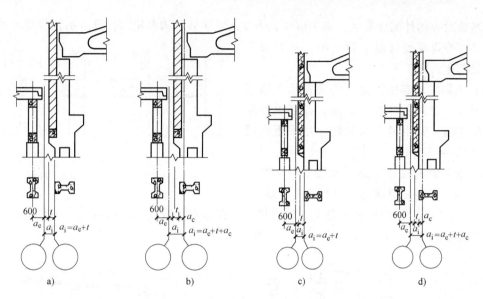

图 14-30　纵横跨相交处柱与定位轴线的关系

a) 未加联系尺寸　b) 加联系尺寸　c) 封墙为墙板　d) 封墙为墙板

a_i—插入距　a_c—联系尺寸　t—封墙厚度　a_e—缝宽

■ 14.7　单层工业建筑构造设计

14.7.1　单层工业建筑外墙构造

单层工业建筑的外墙按其材料类别分为砖墙、砌块墙、板材墙等；按其承重形式可分为承重墙、非承重墙等。当单层工业建筑跨度及高度不大，没有或只有较小的起重运输设备时，一般可采用承重墙直接承担屋盖与起重运输设备等荷载。当单层工业建筑跨度及高度较大、起重运输设备较重时，通常用钢筋混凝土（或钢）排架柱来承担屋盖与起重运输设备等荷载，这时外墙只起围护作用，这种围护墙又分为自承重的砌体墙、大型板材墙和挂板墙。

1. 承重砌体墙

承重砌体墙经济实用，但墙体整体性差、抗震能力弱，其使用范围受到很大限制。根据 GB 50011—2010《建筑抗震设计规范（2016 年版)》的规定，适用于以下范围：

1）单跨和等高多跨且无起重机的车间、仓库等。

2）跨度不大于 15m 且柱顶标高不大于 6.6m。

2. 自承重砌体墙

使用广泛，适用于跨度、高度、风荷载和振动荷载较大的大中型厂房，可采用砖砌体和砌块砌筑。

（1）墙和柱的相对位置　排架柱和外墙的相对位置通常有四种构造方案（见图 14-31）。其中方案 a) 构造简单、施工方便、热工性能好，便于厂房构配件的定型化和统一化，采用最多；方案 b) 把排架柱局部嵌入墙内，比前者稍节约土地，可在一定程度上加强柱列的刚度，但基础梁等构件配件复杂，施工麻烦；方案 c）和 d）基本相同，虽可加强排架柱的刚度，但结构外露易受气温变化影响，基础梁等构配件复杂化，施工不变。

（2）**墙和柱的连接构造** 为使自承重墙与排架柱保持一定的整体性和稳定性，必须加强墙与柱的连结。其中最常用的做法是采用钢筋拉法（见图 14-32）。

（3）**女儿墙的拉结构造** 女儿墙厚一般不小于240mm，其高度应满足安全和抗震的要求。在非地震区，宜设高度1m左右的女儿墙或护栏。在地震区或受振动影响较大的厂房，女儿墙高度不应超过500mm，并设钢筋混凝土压顶（见图 14-33）。

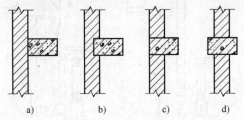

图 14-31 厂房外墙与柱的相对位置

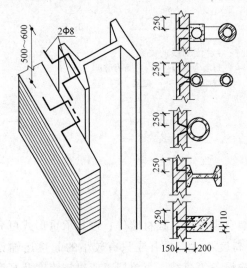

图 14-32 墙和柱的连结

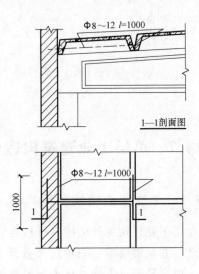

图 14-33 女儿墙与屋面的连结

（4）**抗风柱的拉结构造** 厂房山墙比纵墙高且承受水平风荷载，应设置钢筋混凝土抗风柱来保证自承重山墙的刚度和稳定性。抗风柱的间距以6m为宜，个别可采用4.5m和7.5m柱距。抗风柱的下端插入基础杯口，其上端通过一个特制的"弹簧"钢板与屋架相连结，使二者之间只传递水平力而不传递垂直力（见图 14-34）。

（5）**自承重墙的下部构造** 自承重墙直接支承在基础梁上，基础梁支承在杯形基础的杯口上，这样可以避免墙、柱、基础交接的复杂构造，同时加快施工进度，方便构件的定型化和统一化。

根据基础埋深不同，基础梁有不同的搁置方式（见图 14-35）。不论哪种形式，基础梁顶面的标高通常低于室内地面 50mm，并高于室外地面 100mm，车间室内外高差为

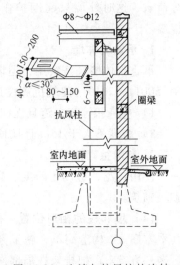

图 14-34 山墙与抗风柱的连结

150mm，可以防止雨水倒流，也便于设置坡道，并保护基础梁。

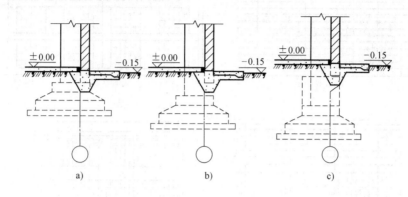

图 14-35　自承重砖墙下部构造

a）基础梁设置在杯口上　b）基础梁设置在垫块上　c）基础梁设置在小牛腿（或高杯基础的杯口）上

（6）连系梁构造　连系梁是联系排架柱并增强厂房纵向刚度的重要措施，同时它还承担着上部墙体荷载。连系梁多采用预制装配式和装配整体式的构造方式，跨度一般为 4~6m，支承在排架柱外伸的牛腿上，并通过螺栓或焊接与柱子连结（见图 14-36）。梁的断面形状一般为矩形或 L 形，若梁的位置与门窗过梁一致，并在同一水平面上能胶圈封闭时，可兼做过梁和圈梁。

3. 大型板材墙

采用大型板材墙可成倍地提高工程效率，加快建设速度。同时它还具有良好的抗震性能。因此大型板材墙将成为我国工业建筑广泛采用的外墙类型之一。

图 14-36　连系梁构造

a）螺栓连结　b）焊接连结

（1）墙板的类型　墙板的类型很多，按其受力状况分为承重墙板和非承重墙板；按其保温性能分为保温墙板和非保温墙板；按所用材料分为单一材料墙板和复合材料墙板；按其规格分为基本板、异形板和各种辅助构件；按其在墙面的位置分为一般板、檐下板、女儿墙板和山尖板等。

（2）墙板的布置　墙板在墙面上的布置方式，最广泛采用的是横向布置，其次是混合布置，竖向布置采用较少（见图 14-37）。

横向布置时板型少，以柱距为板长，板柱相连，板缝处理较方便。山墙墙板布置与侧墙相同，山尖部位可布置成台阶形、人字形、折线形等（见图 14-38）。台阶形山尖异形墙板少，但连接用钢较多，人字形则相反，折线形介于两者之间。

（3）墙板的规格　单层厂房基本板的长度应符合我国 GB/T 50006—2010《厂房建筑模

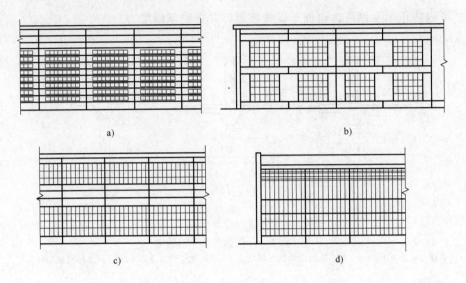

图 14-37　墙板布置方式
a）横向布置（有带窗板）　b）横向布置（通长带型窗）　c）混合布置　d）竖向布置

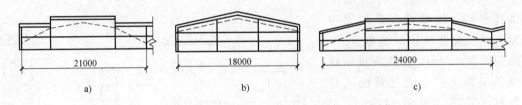

图 14-38　墙板布置方式
a）台阶形　b）人字形　c）折线形

数协调标准》的规定，并考虑山墙抗风柱柱距，有 4500mm、6000mm、7500mm、12000mm 等规格。根据生产工艺的需要，也可采用 9000mm 的板长。基本板高度应符合 3M 模数，规定为 1800mm、1500mm、1200mm 和 900mm 四种。基本板厚度应符合 1/5M 模数，并按结构计算确定。

4. 轻质板材墙

在单层厂房外墙中，石棉水泥波瓦、塑料外墙板、铝合金板以及压型钢板等轻质板材的使用日益广泛。它们的连接构造基本相同，现以压型钢板墙为例简要叙述如下。

压型钢板墙是靠固定在柱上的水平墙梁固定的。墙梁与连系梁相似，但采用型钢（槽钢或角钢）制作。墙梁与柱的固结有预埋钢板焊接或螺栓连接两种。压型钢板与墙梁的连接，是在压型钢板上钻直径 6.5mm 的孔洞，然后用钩头螺栓固定在墙梁上，也可以采用木螺丝或拉铆钉固定。

14.7.2　单层工业建筑天窗构造

单层工业建筑由于跨度较大或工艺需要，经常在屋顶上开设天窗用作厂房的采光和通风。本章前面已经介绍过常见的天窗形式，下面重点介绍这几种天窗的构造知识。

1. 矩形天窗

矩形天窗具有中等的照度，光线均匀，防雨较好，窗扇可开启以兼作通风，故在冷加工车间广泛应用。它的缺点是构件类型多、自重大、造价高。

矩形天窗主要由天窗架、天窗扇、天窗屋面板、天窗侧板及天窗端壁等构件组成（见图 14-39）。

（1）天窗架　天窗架是天窗的承重构件，支承在屋架上弦上，常用钢筋混凝土或型钢制作。

钢筋混凝土天窗架与钢筋混凝土屋架配合使用，一般为∏形或 W 形，也可做成双 Y 形（见图 14-40a）。钢天窗架质量小、制作及

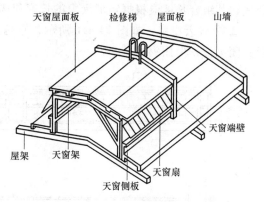

图 14-39　矩形天窗组成

吊装方便，除用于钢屋架上外，也可用于钢筋混凝土屋架。常用的∏形和 W 形钢筋混凝土天窗架的尺寸见表 14-3。钢天窗架常用的形式有桁架式和多压杆式两种（见图 14-40b）。

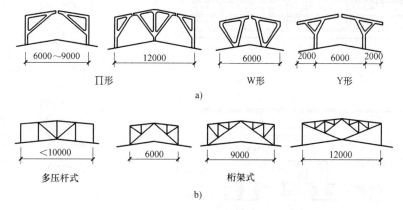

图 14-40　天窗架形式示例
a）钢筋混凝土天窗架　b）钢天窗架

表 14-3　常用钢筋混凝土天窗架的尺寸　（单位：mm）

天窗架形式	∏形							W 形	
天窗架跨度（标志尺寸）	6000				9000			6000	
天窗扇高度	1200	1500	2×900	2×1200	2×900	2×1200	2×1500	1200	1500
天窗架高度	2070	2370	2670	3270	2670	3270	3870	1950	2250

（2）天窗扇　天窗扇的主要作用是采光、通风和挡雨。可用木材、钢材及塑料等制作，其中钢天窗扇应用最广。它的开启方式有两种：上悬式和中悬式。前者防雨性能较好，但开启角度不能大于 45°，故通风较差；后者开启角度可达 60°~80°，故通风流畅，但防雨性能欠佳。

1）上悬式钢天窗扇。我国 J815 定型上悬式钢天窗扇的高度有三种：900mm、1200mm、1500mm。根据需要，可组合成表 14-3 所列出的各种高度。上悬式钢天窗扇可采用通长布置

和分段布置两种。

① 通长天窗扇。如图 14-41a 所示，它由两个端部固定窗扇和若干个中间开启窗扇连接而成，其组合长度应根据矩形天窗的长度和选用天窗扇开关器的启动能力来确定。

② 分段天窗扇。如图 14-41b 所示，它是在每个柱距内分别设置天窗扇，其特点是开启及关闭灵活，但用钢量较多。

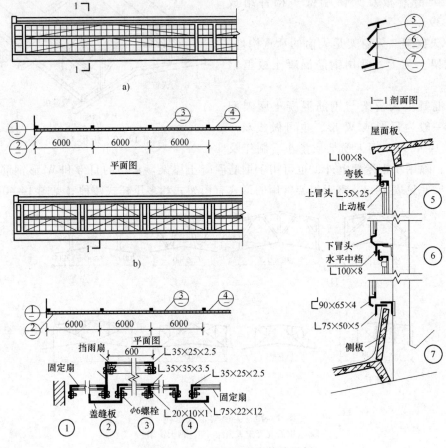

图 14-41 上悬钢天窗扇构造示例

a）通长天窗扇立面 b）分段天窗扇立面

2）中悬式钢天窗扇。中悬式钢天窗扇因受天窗架的阻挡只能分段设置，一个柱距内仅设一樘窗扇。我国定型产品的中悬钢天窗扇高度有三种：900mm、1200mm、1500mm，可按需要组合。窗扇的上冒头、下冒头及边梃均为角钢，窗芯为 T 型钢，窗扇转轴固定在两侧的竖框上。

（3）天窗端壁 天窗两端的承重围护构件称为天窗端壁。通常采用预制钢筋混凝土端壁板（见图 14-42a）或钢天窗架石棉水泥瓦端壁（见图 14-42b）。前者用于钢筋混凝土屋架；后者多用于钢屋架。为了节省材料，钢筋混凝土天窗端壁常做成肋形板代替天窗架，支承天窗屋面板。端壁板及天窗架与屋架上弦的连接均通过预埋件焊接。

（4）天窗屋顶和檐口 天窗的屋顶构造一般与厂房屋顶构造相同。当采用钢筋混凝土天窗架，无檩体系大型屋面板时，其檐口构造有两类：一是带挑檐的屋面板，采用无组织排

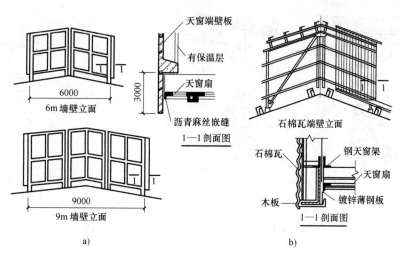

图 14-42 天窗端壁构造示意图
a) 钢筋混凝土端壁 b) 石棉水泥瓦端壁

水，其挑檐出挑长度一般为 500mm（见图 14-43a）；二是采用带檐沟的屋面板，有组织排水（见图 14-43b）；或者在天窗架端部预埋件焊接钢牛腿，支承天沟（见图 14-43c）。有保温的厂房，天窗屋面应设保温层。

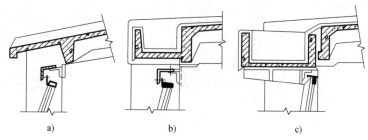

图 14-43 钢筋混凝土天窗檐口
a) 挑檐板 b) 带檐沟屋面板 c) 牛腿支承屋面板

（5）天窗侧板 在天窗扇下部需设置天窗侧板，侧板的作用是防止雨水溅入车间及防止因屋面积雪挡住天窗扇。从屋面至侧板上缘的距离一般为 300mm，积雪较深的地区，可采用 500mm。侧板的形式应与屋面板构造相适应。当屋面为无檩体系时，侧板可采用钢筋混凝土槽形板（见图 14-44a）或钢筋混凝土小型平板（见图 14-44b）。当屋面为有檩体系时，侧板常采用石棉瓦、压型钢板等轻质材料（见图 14-45）。

2. 平天窗

平天窗采光效率高，且布置灵活、构造简单、适应性强。但应注意避免眩光，做好玻璃的安全防护，及时清理积尘，选用合适的通风措施。它适用于一般冷加工车间。

（1）平天窗类型 平天窗的类型有采光罩、采光板、采光带 3 种（见图 14-46）。

1）采光罩是在屋面板的孔洞上设置锥形、弧形透光材料（见图 14-46a）。

2）采光板是在屋面板的孔洞上设置平板透光材料（见图 14-46b）。

3）采光带是在屋面通长（横向或纵向）孔洞上设置平板透光材料（见图 14-46c）。

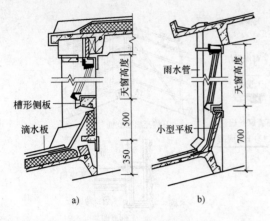
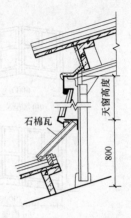

图 14-44　钢筋混凝土侧板
a）槽形侧板　b）小型侧板

图 14-45　钢天窗架轻质侧板

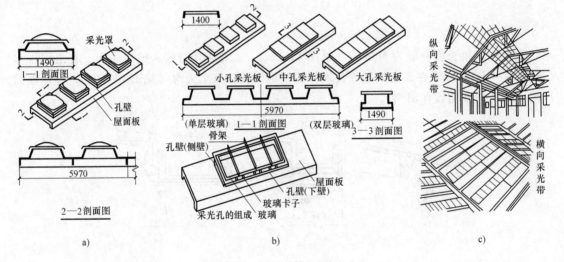

图 14-46　平天窗的各种形式
a）采光罩　b）采光板的形式和组成　c）采光带

（2）平天窗的构造　平天窗类型虽然很多，但其构造要点是基本相同的，即井壁、横档、透光材料的选择及搭接、防眩光、安全防护、通风措施等。如图 14-47 所示为平天窗（采光板）的构造组成。

1）井壁构造。平天窗采光口的边框称为井壁。它主要采用钢筋混凝土制作，可整体浇注也可预制装配。井壁高度一般为 150~250mm，且应大于积雪深度。图 14-48a、b 分别为整浇井壁和预制井壁的构造示意图。

2）玻璃搭接构造。平天窗的透光材料主要采用玻璃。当采用两块或两块以上玻璃时，玻璃搭接需要满足防水要求（见图 14-49）。

3）透光材料及安全措施。透光材料可采用安全玻璃、有机玻璃和玻璃钢等。由于玻璃的透光率高，光线质量好，所以采用玻璃最多。从安全性能方面可考虑选择钢化玻璃、夹层玻璃、夹丝玻璃等。从热工性能方面来看，可考虑选择吸热玻璃、反射玻璃、中空玻璃等。如果采用非安全玻璃应在其下设金属安全网。若采用普通平板玻璃，应避免直射阳光产生眩光及辐射热，可在平板玻璃下方设遮阳格片。

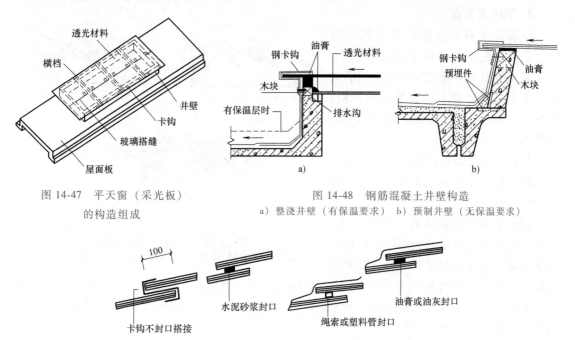

图 14-47 平天窗（采光板）
的构造组成

图 14-48 钢筋混凝土井壁构造
a）整浇井壁（有保温要求） b）预制井壁（无保温要求）

图 14-49 上下玻璃搭接构造

4）通风措施。平天窗的作用主要是采光，若需兼做自然通风时，有以下几种方式：采光板或采光罩的窗扇做成能开启和关闭的形式，如图 14-50a 所示；带通风百叶的采光罩，如图 14-50b 所示；组合式通风采光罩，它是在两个采光罩之间设挡风板，两个采光罩之间的垂直口是开敞的，并设有挡雨板，既可通风，又可防雨，如图 14-50c 所示；在南方炎热地区，可采用天窗结合通风屋脊进行通风的方式，如图 14-50d 所示。

3. 锯齿形天窗

锯齿形天窗是将厂房屋盖做成锯齿形，在其垂直面（或稍倾斜）设置采光、通风口。它具有采光效率高，光线稳定等特点，但应注意其采光方向性强，车间内的机械设置宜与天窗布置垂直。锯齿形天窗多用于要求光线稳定和需要调节温度、湿度的厂房（如纺织、精密机械等类型的单层厂房）。

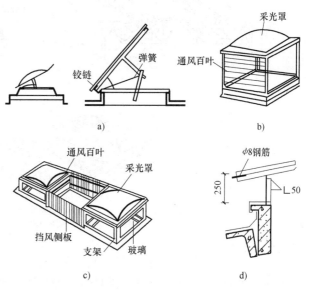

图 14-50 平天窗的通风构造
a）可开启式 b）百叶式 c）组合式 d）通风屋脊式

为了保证采光均匀，锯齿形天窗的轴线间距不宜超过工作面至天窗下缘高度的 2 倍。因此，在跨度较大的厂房中设锯齿形天窗时，宜在屋架上设多排天窗（见图 14-51）。

4. 下沉式天窗

下沉式天窗是在拟设置天窗的部位，把屋面板下移铺在屋架的下弦上，从而利用屋架上下弦之间的空间构成天窗。下沉式天窗没有天窗架和挡风板，降低了高度，减轻了荷载，但增加了结构和施工的复杂程度。

根据其下沉部位的不同，可分为纵向下沉、横向下沉和井式下沉 3 种类型（见图 14-52）。

（1）纵向下沉式天窗 如图 14-52a 所示，是将下沉的屋面板沿厂房纵轴方向通长地搁置在屋架下弦上。根据其下沉位置的不同分为两侧下沉、中间下沉和中间双下沉三种形式。两侧下沉的天窗通风采光效果均较好，中间下沉的天窗采光、通风均不如两侧下沉的天窗，较少采用；中间双下沉的天窗采光、通风效果好，适用面大。

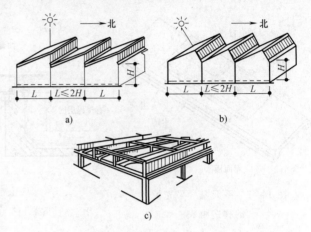

图 14-51 锯齿形天窗示意图
a）垂直玻璃面 b）倾斜玻璃面 c）一跨内设多排锯齿形天窗

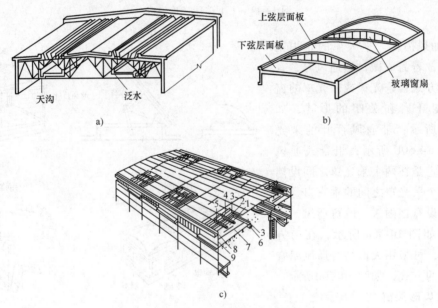

图 14-52 下沉式天窗示意图
a）纵向下沉式天窗（中间双下沉） b）横向下沉式天窗 c）井式天窗
1—水平口 2—垂直口 3—泛水口 4—挡雨片 5—空格板 6—檩条
7—井底板 8—天沟 9—挡风侧墙

（2）横向下沉式天窗 如图 14-52b 所示，是将相邻柱距的整跨屋面板一上一下交错布置在屋架的上、下弦，利用屋架高度形成横向的天窗。横向下沉式天窗可根据采光要求及热源布置情况灵活布置。特别是当厂房的跨间为东西向时，横向天窗为南北向，可避免东西晒。

（3）井式天窗　如图14-52c所示，是将屋面拟设天窗位置的屋面板下沉铺在屋架下弦上，形成一个个凹嵌在屋架空间内的井式天窗。它具有布置灵活、排风路径短捷、通风性能好、采光均匀等特点。在热加工车间中广泛采用，一些局部热源的冷加工车间也有应用。

14.7.3　单层工业建筑大门、地面构造

1. 大门的尺寸与类型

工业厂房大门主要是供人、货流通行及疏散之用。因此门的尺寸应根据所需运输工具类型、规格、运输货物的外形并考虑通行方便等因素来确定。一般门的宽度应比满载货物时的车辆宽600~1000mm，高度应高出400~600mm。常用厂房大门的规格尺寸，如图14-53所示。

运输工具 \ 洞口宽	2100	2100	3000	3300	3600	3900	4200 4500	洞口高
3t矿车	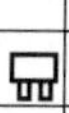 ▢							2100
电瓶车		▢						2400
轻型卡车			▢					2700
中型卡车				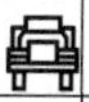 ▢				3000
重型卡车					 ▢			3900
汽车起重机						 ▢		4200
火车							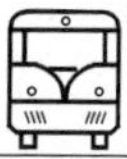 ▢	5100 5400

图 14-53　厂房大门尺寸

一般大门的材料有木、钢木、普通型钢和空腹薄壁钢等几种。门宽1.8m以内时可采用木制大门。当门洞尺寸较大时，为了防止门扇变形常采用钢木大门或钢板门。高大的门洞需采用各种钢门或空腹薄壁钢门。

大门的开启方式有平开、推拉、折叠、升降、上翻、卷帘等。

2. 大门的一般构造

（1）平开门　平开门是由门扇、铰链及门框组成。门洞尺寸一般不宜大于3.6m×3.6m，门扇可由木、钢和钢木组合而成。门框有钢筋混凝土和砌体两种（见图14-54）。当门洞宽度大于3m时，设钢筋混凝

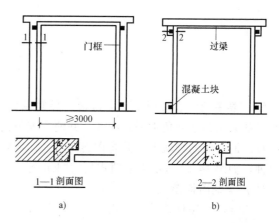

图 14-54　厂房大门门框
a）钢筋混凝土门框　b）砌体门框（预埋混凝土块）

土门框。洞口较小时可采用砌体砌筑门框，墙内砌入有预埋件的混凝土块。一般每个门扇设两个铰链。如图 14-55 所示为常用钢木平开大门示例。

（2）推拉门 推拉门由门窗、门轨、地槽、滑轮及门框组成。门扇可采用钢木门、钢板门、空腹薄壁钢门等。根据门洞大小，可布置成多种形式。推拉门的支撑方式分为上挂式和下滑式两种，当门扇高度小于 4m 时，用上挂式。当门扇高度大于 4m 时，多用下滑式，在门洞上下均设导轨，下面的导轨承受门扇的重量（见图 14-56）。推拉门位于墙外时，需设雨篷。

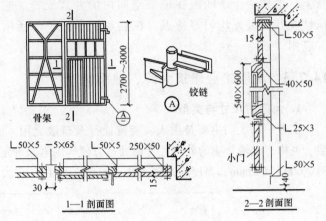

图 14-55 钢木平开门构造示例

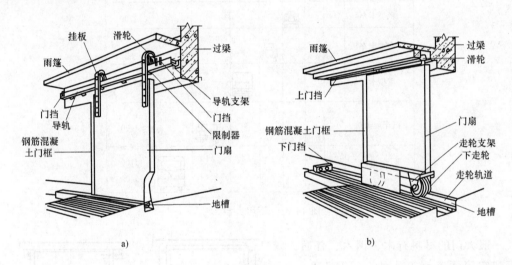

图 14-56 不同形式的推拉门
a) 上挂式 b) 下滑式

（3）卷帘门 卷帘门主要由帘板、导轨及传动装置组成。帘板由铝合金页板组成。页板的下部采用钢板和角钢增强刚度，并便于安设门锁。页板的上部与卷筒连接，开启时，页板沿着门洞两侧的导轨上升并卷在卷筒上。门洞的上部安设传动装置，传动装置分手动和电动两种。如图 14-57 所示为电动式卷帘门示例。

3. 厂房地面构造

厂房地面与民用建筑地面构造基本相同，一般由面层、垫层和地基组成。但厂房的地面通常面积大、荷载大，还要满足各种生产使用要求。因此，合理地选择厂房地面材料及构造，不仅对生产，而且对投资都有较大的影响。

（1）面层选择 面层是直接承受各种物理和化学作用的表面层，应根据生产特征、使用要求和影响地面的各种因素来选择地面。面层的选用可参见表 14-4。

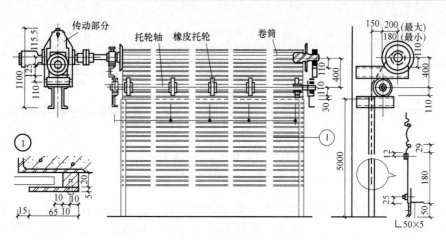

图 14-57　电动式卷帘门构造示意图

表 14-4　地面面层选择

生产特征及对垫层使用要求	适宜的面层	生产特征举例
机动车行驶、受坚硬物体磨损	混凝土、铁屑水泥、粗石	车型通道、仓库、钢绳车间等
坚硬物体对地面产生冲击（10kg 以内）	混凝土、块石、缸砖	机械加工车间、金属结构车间等
坚硬物体对地面有较大冲击（50kg 以上）	矿渣、碎石、素土	铸造、锻压、冲压、废钢处理等
受高温作用地段（500℃ 以上）	矿渣、凸缘铸铁板、素土	铸造车间的熔化浇铸工段、轧钢车间加热和轧机工段、玻璃熔制工段
有水和其他中性液体作用地段	混凝土、水磨石、陶板	选矿车间、造纸车间
有防爆要求	菱苦土、木砖沥青砂浆	精苯车间、氢气车间、火药仓库等
有酸性介质作用	耐酸陶板、聚氯乙烯塑料	硫酸车间的净化、硝酸车间的吸收浓缩
有碱性介质作用	耐碱沥青混凝土、陶板	纯碱车间、液氨车间、碱熔炉工体段
不导电地面	石油沥青混凝土、聚氯乙烯塑料	电解车间
要求高度清洁	水磨石、陶板马赛克、拼花木地板、聚氯乙烯塑料、地漆布	光学精密器械、仪器仪表、钟表、电讯器材装配

（2）细部构造

1）垫层缩缝。混凝土垫层需考虑温度变化产生的附加应力的影响，同时防止因混凝土收缩变形所导致的地面裂缝。一般厂房内混凝土垫层按 3～6m 间距设置纵向缩缝，6～12m 间距设置横向缩缝，设置防冻胀层的地面纵横向缩缝间距不宜大于 3m。垫层缩缝的构造形式有平头缝、企口缝、假缝（见图 14-58），一般多为平头缝。企口缝适合于垫层厚度大于 150mm 的情况，假缝只能用于横向缩缝。

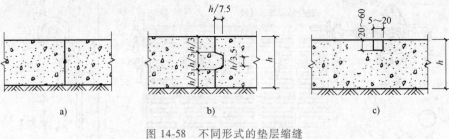

图 14-58　不同形式的垫层缩缝

a）平头缝　b）企口缝　c）假缝

2）变形缝。地面变形缝的位置应与建筑物的变形缝一致。同时在地面荷载差异较大和受局部冲击荷载的部分也应设变形缝。变形缝应贯穿地面各构造层次，并用嵌缝材料填充（见图 14-59）。

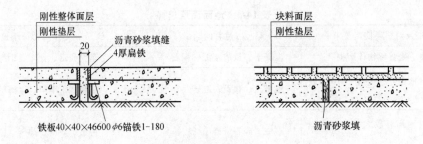

图 14-59　地面变形缝构造

（3）垫层　垫层是承受并传递地面荷载至地基的构造层次，可分为刚性和柔性两类。刚性垫层整体性好、不透水、强度大，适用于荷载大且要求变形小的地面；柔性垫层在荷载作用下产生一定的塑性变形，造价较低，适用于承受冲击和强振动作用的地面。

垫层的厚度主要由作用在地面上的荷载确定，地基的承载能力对它也有一定的影响，对于较大荷载需经计算确定。地面垫层的最小厚度应满足表 14-5 的规定。

表 14-5　地面垫层最小厚度

垫 层 名 称	材料强度等级或配合比	厚度/mm
混凝土	≥C10	60
四合土	1:1:6:12（水泥:石灰膏:砂:碎砖）	80
三合土	1:3:6（熟化石灰:砂:碎砖）	100
灰土	3:7或2:8（熟化石灰:黏性土）	100
砂、炉渣、碎（卵）石		60
矿渣		80

（4）厂房地面对地基的要求　地面应铺设在均匀密实的地基上。当地基土层不够密实时，应用夯实、掺骨料、铺设灰土层等措施加强。地面垫层下的填土应选用砂土、粉土、黏性土及其他有效填料，不得使用过湿土、淤泥、腐殖土、冻土、膨胀土及有机物含量大于8%的土。

思 考 题

1. 装配式钢筋混凝土排架结构厂房的主要结构构件有哪些？绘简图说明。

2. 单层工业建筑内部有哪些常用的起重运输设备？

3. 单层工业建筑平面有哪几种常用的形式？其适用范围是什么？

4. 什么是柱网？柱网由哪两个尺寸组成？常用的柱距、跨度尺寸有哪些？

5. 什么是厂房高度？根据什么来确定厂房高度？绘简图说明厂房各部分高度组成。

6. 单层工业建筑屋面排水方式有哪些？

7. 单层工业建筑的定位轴线是如何确定的？绘图表示不同位置、不同情况下横向定位轴线、纵向定位轴线以及纵横跨相交处定位轴线的确定方法。

8. 矩形天窗由哪些构件组成？各构件通常采用哪些材料制作？

9. 平天窗有哪几种？采用平天窗应注意哪些问题及解决问题的主要措施是什么？

10. 锯齿形天窗的适用范围是什么？

11. 厂房大门的构造要求是什么？大门如何分类？

12. 地面垫层有哪几种？各有什么特点？

参考文献

[1] 姜亿南. 房屋建筑学 [M]. 2 版. 北京：机械工业出版社，2009.

[2] 同济大学，西安建筑科技大学，东南大学，等. 房屋建筑学 [M]. 4 版. 北京：中国建筑工业出版社，2006.

[3] 王崇杰. 房屋建筑学 [M]. 2 版. 北京：中国建筑工业出版社，2008.

[4] 张根凤，于立宝. 房屋建筑学 [M]. 2 版. 武汉：华中科技大学出版社，2012.

[5] 陈瑞亮，吕知鑫，李培. 房屋建筑学 [M]. 北京：水利水电出版社，2011.

[6] 钱坤，王若竹，吴歌. 房屋建筑学 [M]. 武汉：武汉大学出版社，2014.

[7] 王雪松，许景峰. 房屋建筑学 [M]. 重庆：重庆大学出版社，2013.

[8] 陆可人，欧晓星，刁文怡. 房屋建筑学与城市规划导论 [M]. 南京：东南大学出版社，2002.

[9] 边颖. 建筑外立面设计 [M]. 2 版. 北京：机械工业出版社，2012.

[10] 彭一刚. 建筑空间组合论 [M]. 3 版. 北京：中国建筑工业出版社，2008.

[11] 王子茹. 房屋建筑识图 [M]. 北京：中国建材工业出版社，2014.

[12] 孙勇，张耀军，周翠玲. 建筑构造与表达 [M]. 北京：化学工业出版社，2006.

[13] 金少蓉. 房屋建筑学课程设计及习题集 [M]. 重庆：重庆大学出版社，2005.

[14] 李必瑜，魏宏杨. 建筑构造：上册 [M]. 4 版. 北京：中国建筑工业出版社，2008.

[15] 裴刚，安艳华. 建筑构造：上册 [M]. 武汉：华中科技大学出版社，2008.

[16] 中华人民共和国住房和城乡建设部. 建筑抗震设计规范（2016 年版）：GB 50011—2010 [S]. 北京：中国建筑工业出版社，2010.

[17] 中华人民共和国住房和城乡建设部. 砌体结构设计规范：GB 50003—2011 [S]. 北京：中国计划出版社，2012.

[18] 中华人民共和国住房和城乡建设部. 砌体结构工程施工质量验收规范：GB 50203—2011 [S]. 北京：中国建筑工业出版社，2012.

[19] 崔艳秋，姜丽荣，吕树俭，等. 建筑概论 [M]. 2 版. 北京：中国建筑工业出版社，2006.

[20] 刘建荣. 房屋建筑学 [M]. 武汉：武汉大学出版社，2007.

[21] 中华人民共和国住房和城乡建设部工程质量安全监管司，中国建筑标准设计研究院. 全国民用建筑工程设计技术措施（2009 年版）规划·建筑·景观 [Z]. 北京：中国计划出版社，2010.

[22] 中华人民共和国住房和城乡建设部. 屋面工程技术规范：GB 50345—2012 [S]. 北京：中国建筑工业出版社，2012.

[23] 中华人民共和国住房和城乡建设部. 建筑设计防火规范（2018 年版）：GB 50016—2014 [S]. 北京：中国计划出版社，2015.

[24] 聂洪达，郄恩田. 房屋建筑学 [M]. 2 版. 北京：北京大学出版社，2012.

[25] 王万江，金少蓉，周振伦. 房屋建筑学 [M]. 重庆：重庆大学出版社，2011.

[26] 叶雁冰，刘克难. 房屋建筑学 [M]. 北京：机械工业出版社，2012.

[27] 中华人民共和国住房和城乡建设部. 建筑防火通用规范：GB 55037—2022 [S]. 北京：中国计划出版社，2023.